电脑 Diannao | 即学即用 | 系列
Jixuejiyong Xilie

Windows XP 即学即用

刘开庆　编著

电子科技大学出版社

图书在版编目（CIP）数据

Windows XP 即学即用 / 刘开庆编著. 一成都：电子科技大学出版社，2008.1

（电脑即学即用系列）

ISBN 978-7-81114-721-6

Ⅰ. W… Ⅱ. 刘… Ⅲ. 窗口软件，Windows XP Ⅳ. TP316.7

中国版本图书馆 CIP 数据核字（2007）第 192205 号

Windows XP 即学即用

刘开庆 编著

出　　版：电子科技大学出版社（成都市一环路东一段 159 号电子信息产业大厦　邮编：610051）

策划编辑：谢应成

责任编辑：郭　庆

主　　页：www. uestcp. com.cn

电子邮箱：uestcp @ uestcp.com.cn

发　　行：新华书店经销

印　　刷：四川南方印务有限公司

成品尺寸：185 mm×230 mm　印张 12. 25　字数 282 千字

版　　次：2008 年 1 月第一版

印　　次：2008 年 1 月第一次印刷

书　　号：ISBN 978-7-81114-721-6

定　　价：20. 00 元

《电脑即学即用系列》序

电脑作为现代办公设备必不可少的一种工具，已经广泛地应用到各个领域，正在改变着人们的生产和生活。不会使用电脑就跟不上时代，因此，如何快速地学会电脑操作技能，就成为现代社会每个人都需要解决的新问题。

为适应这种需求，各类学历教育学校以及社会培训学校都开设计算机专业方面的课程，各类学校也将非计算机专业学生的电脑知识和技能教育纳入教学计划。为此，我们组织了一批教学精英编写这套《电脑即学即用》系列，以满足学校教学和学习电脑知识人员的需要。本套教材的作者均长期从事一线教育工作，熟悉教学内容的编排，了解学生的需求和接受能力，并将丰富的授课和写作经验融入本套教材的编写中。

本套教材涵盖了计算机各个应用领域，包括操作系统使用、办公软件、互联网、网页制作、计算机组装、图形图像、二维动画、三维动画、电脑制图等。众多的图书品种可以满足不同读者、不同电脑课程设置的需要。

本套丛书全部以最流行软件为基础，详细讲解每个软件的使用方法及应用技巧，并以大量的案例贯穿于教学过程中，使读者真正熟练掌握所学软件，融会贯通。本套丛书具有以下特点：

1. 本丛书紧密结合自学与课堂教学的特点，针对广大初、中级读者电脑基础知识薄弱的现状，突出基础知识和实践指导方面的内容。

2. 版式设计简洁、大方，突出重点，对于标题、正文、注释、技巧等都设计了醒目的字体，读者阅读起来会感到轻松愉快。

3. 语言精练实用，不讲深奥的原理，只介绍学习电脑应用最需要的内容。

4. 以详细、直观的步骤讲解相关操作，方便读者阅读。本套丛书在实例的讲解上注意选材，书中的实例都具有较强的代表性。

5. 本套丛书中涉及的制作实例、素材等内容均可在 http://www.zrbook.net 网站上下载使用。

编　者

2007 年 10月

Windows XP 即学即用 前言

Windows XP 是微软公司推出的一款优秀的操作系统软件，它是在 Windows 2000 和 Windows Me 的基础上升级出的产品。Windows XP 继承了这两个软件的优点，并在很大范围内进行了改进，其中包含有许多新增特性、改进程序以及工具。Windows XP 是一款功能全面、强大的操作系统，它不但具有良好的多媒体性能、网络性能、安全性和稳定性，同时也具备良好的硬件兼容性。

本书是基础类丛书，为了让初学者能够较快地熟习该软件，本书将知识点与实例相融合，从而使本书具有了很强的可操作性。在内容上突出由浅入深、循序渐进。本书适合初学者学习，也可作为电脑爱好者的自学手册。

全书共有 8 章，其主要内容如下：

第 1 章简单介绍了 Windows XP 的版本类型及特性，着重介绍了安装 Windows XP 前的准备工作及安装 Windows XP 的具体操作过程。

第 2 章主要介绍 Windows XP 操作系统中的最为基础的知识，包括 Windows XP 的桌面、用户账户、输入法、软键盘与屏幕键盘等。

第 3 章主要介绍了 Windows XP 操作系统中对文档的管理。包括对文件及文件夹的认识，对资源管理器、我的电脑的认识，并介绍了很多常用管理文档的方法等。

第 4 章主要介绍了在 Windows XP 操作系统中安装和卸载应用程序的各种方法。

第 5 章主要介绍了对 Windows XP 系统的管理，包括添加硬件及使用添加的硬件、配置系统选项和使用 Windows 任务管理器等。

第 6 章主要介绍了 Windows XP 对磁盘的管理，其中包括文件系统和管理磁盘两个方面的知识。

第 7 章主要介绍了 Windows XP 中的两个娱乐工具：Windows Media Player 和录音机。

第 8 章简单介绍了电脑入网的基础知识，包括连接方式的种类、域名和 IP 地址的概述等；使用 IE 浏览器浏览网页；使用电子邮箱收发邮件。

由于水平有限，时间仓促，错误在所难免，恳请读者批评指正。

刘开庆

2007 年 10 月

Windows XP 即学即用　目录

第 1 章　安装 Windows XP

本 章 要 点：

- Windows XP 简介
- 准备安装 Windows XP
- 安装 Windows XP

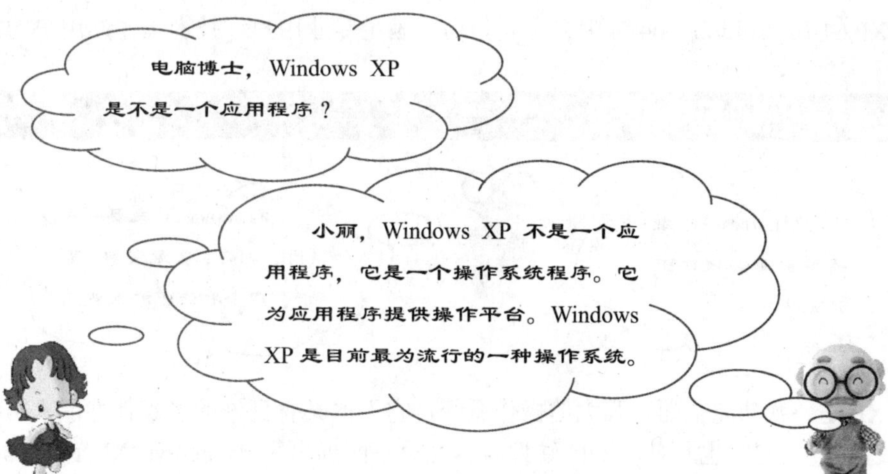

1.1 Windows XP 简介

Windows XP 是微软公司推出的一款优秀的操作系统软件，它是在 Windows 2000 和 Windows Me 的基础上升级出的产品。Windows XP 继承了这两个软件的优点，并在很大范围内进行了改进，其中包含许多新增特性、改进程序以及工具。微软公司根据不同用户群的需要推出了 3 种 Windows XP 版本，不同的版本对计算机硬件配置有不同的要求。

1.1.1 Windows XP 版本介绍

Windows XP 是目前最流行的操作系统之一，它是微软公司继 Windows 2000 和 Windows Me 之后推出的一款性能更佳的 Windows 产品。

Windows XP 共有 3 个版本：Windows XP Professional（专业版）、Windows XP Home Edition（家庭版）和 Windows XP 64-Bit Edition（64 位版）。这 3 个版本是针对不同用户而设计的。

Windows XP Professional（专业版）适合于商业用户，该版本具有最大限度的可扩展性和可靠性。

Windows XP Home Edition（家庭版）适合于家庭用户，该版本具有很好的数字媒体平台，侧重于满足家庭用户娱乐和游戏的需求。

Windows XP 64-Bit Edition（64 位版）主要是为了满足专业用户、技术工作站用户的需求而设计的。

1.1.2 Windows XP 对硬件配置的要求

Windows XP 是一款功能全面、强大的操作系统，它不但具有良好的多媒体性能、网络性能、安全性和稳定性，同时也具备良好的硬件兼容性。下面列出了 Windows XP Professional 和 Windows XP Home Edition 版本对硬件配置的一般要求。

1 Windows XP Professional 对硬件配置的要求如下：

CPU： Intel PⅢ 500MHz
内存： 256MB
硬盘空间： 4GB
显卡： 4MB 以上的 PCI 或 AGP 显卡
声卡： 最新的 PCI 声卡
CD-ROM： 8x 以上 CD-ROM

2 Windows XP Home Edition 对硬件配置的要求如下：

CPU： Intel PⅡ 450MHz
内存： 128MB
硬盘空间： 4GB
显卡： 8MB 以上的 PCI 或 AGP 显卡
声卡： 最新的 PCI 声卡
CD-ROM： 8x 以上 CD-ROM 或 DVD

1.2 准备安装 Windows XP

在安装 Windows XP 之前，建议先执行以下几个步骤：

1．检查系统兼容性。通过此步骤能够检查 Windows XP 是否与计算机中的系统及硬件相兼容。

2．关闭病毒防护软件。如果开启病毒防护软件，有可能导致不能安装成功。

3．备份文件。使用 Windows 内置的备份向导或使用其他一些专用的备份工具，将系统中重要的文件备份，以防止丢失文件。

4．选择安装类型。根据需要选择“升级”、“完全”或“多重引导”安装。

1.2.1 检查系统兼容性

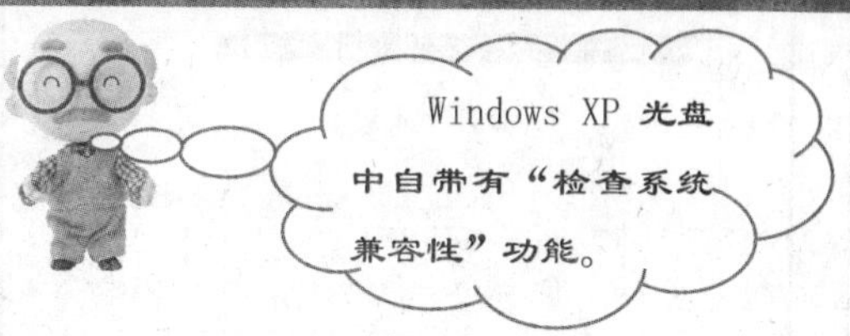

1 将 Windows XP 光盘放入光驱，光驱即可自动播放，弹出如下图所示的欢迎界面。

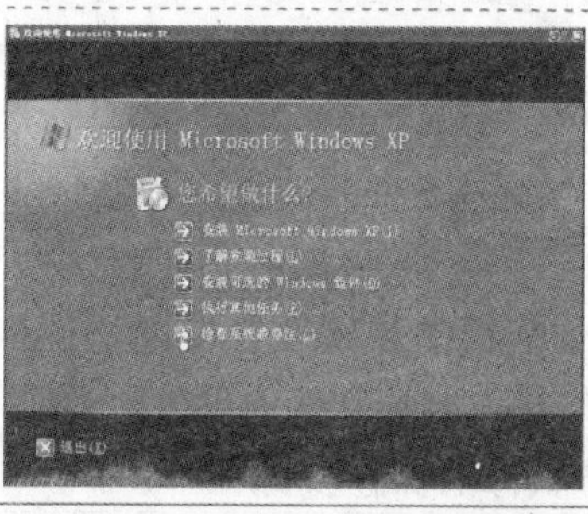

2 单击“检查系统兼容性”左边的按钮，弹出如下图所示的界面。

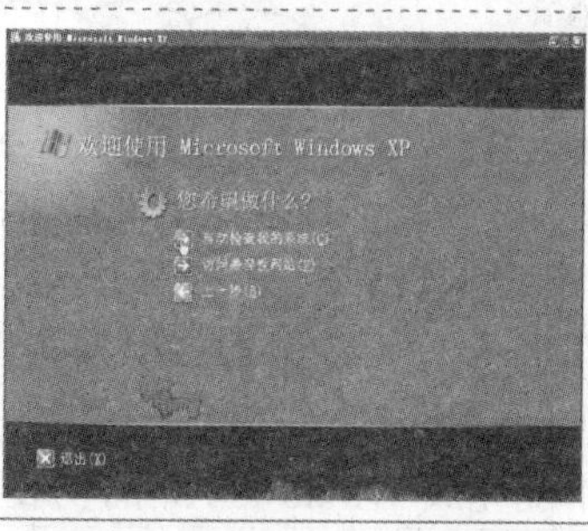

3 单击“自动检查我的系统”左边的按钮，弹出“升级顾问”对话框，根据需要选择“是”或“否”，单击“下一步”按钮。

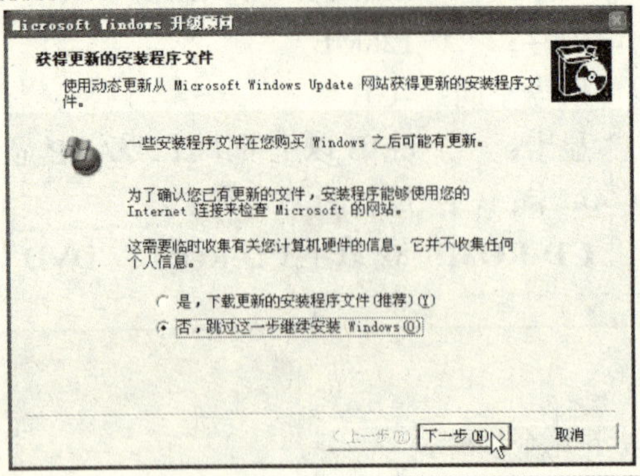

4 Windows XP 即可自动检查。

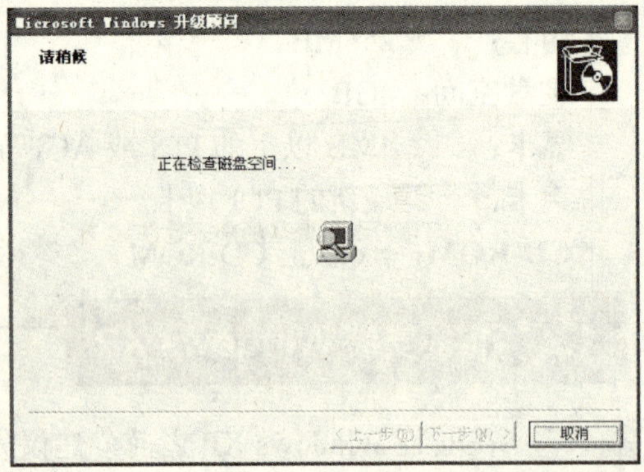

5 检查完毕后，在“升级顾问”对话框中将显示“系统兼容性”，如下图所示为“完全兼容”。单击“完成”按钮，即可完成“检查兼容性”操作。

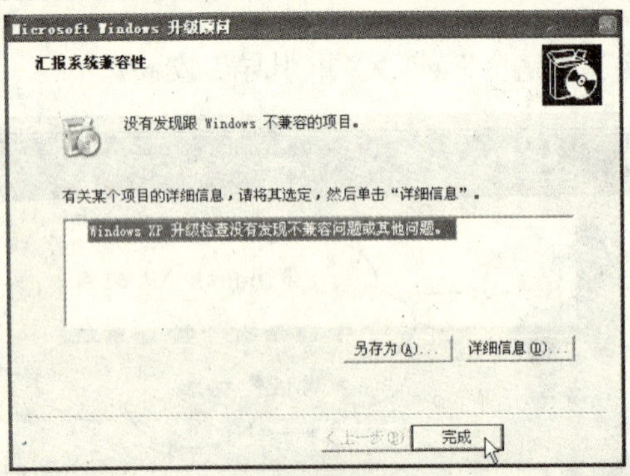

提示：

如果某个组件与 Windows XP 不兼容，在左图中将显示不兼容的组件。单击“详细信息”按钮，可查看不兼容的原因。解决不兼容组件有两种途径。

其一：升级不兼容的硬件或软件，查找一个与之类似的兼容程序或设备。

其二：删除该程序或停止使用不兼容的设备。

1.2.2 关闭病毒防护软件

如果未关闭病毒防护软件，在安装 Windows XP 时，病毒防护软件会干扰 Windows XP 的安装，延长安装时间。甚至有可能将 Windows XP 中的某些内容误认为是病毒，而阻止其安装，导致不能完成 Windows XP 的安装。介绍关闭病毒防护软件的操作步骤如下：

1　右击任务栏中“卡巴斯基反病毒软件 6.0” 图标，在弹出的菜单中单击“退出”命令，即可退出该程序。

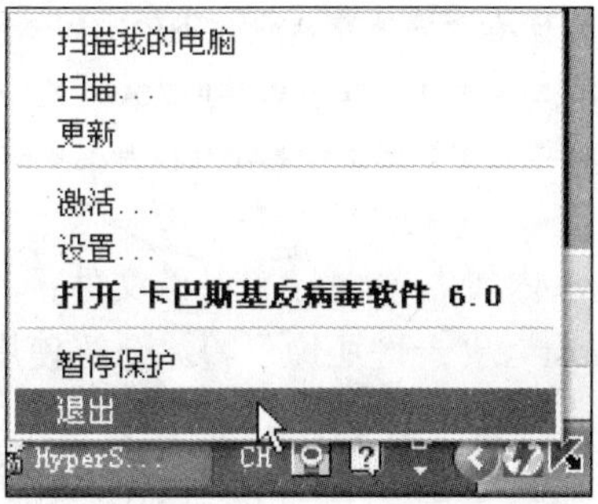

2　右击任务栏中“360 安全卫士” 图标，在弹出的菜单中单击“退出”命令。

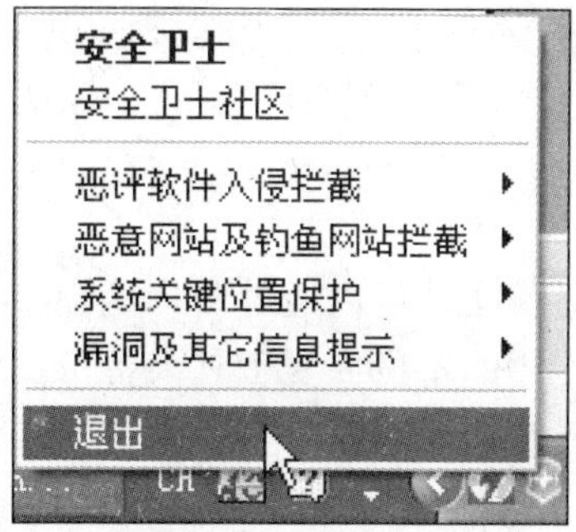

3　弹出“奇虎 360 安全卫士”对话框，单击“确定”按钮，即可退出该程序。

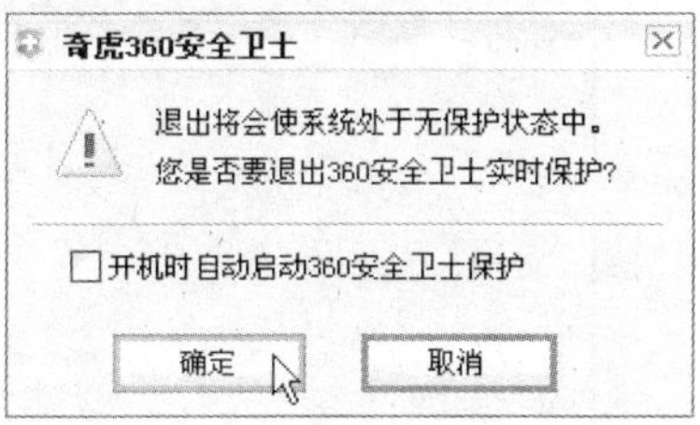

提示：

笔者在系统中安装了“360 安全卫士”和“卡巴斯基反病毒软件”。在安装 Windows XP 前需退出这两个程序。而有的用户会使用其他一些杀毒软件，如“瑞星杀毒”、“金山毒霸”等，都可以采用在右键菜单中单击退出的方法来退出程序。

4　执行“开始 / 控制面板”菜单命令，弹出“控制面板”窗口，双击“Windows 防火墙”图标。

5　弹出“Windows 防火墙”对话框，默认显示“常规”面板，选择“关闭”选项，再单击“确定”按钮，即可关闭“Windows 防火墙”。

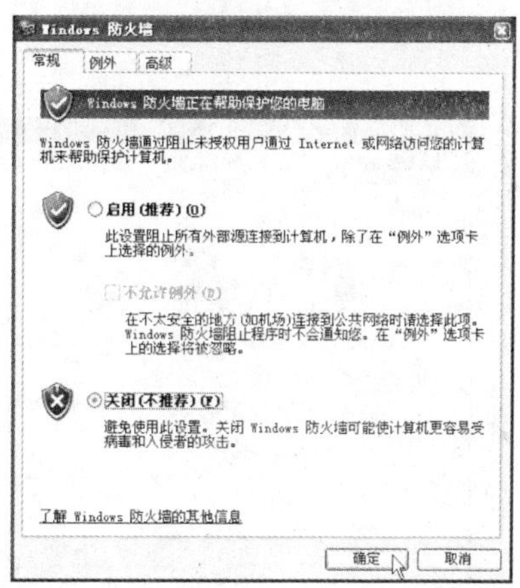

1.2.3 备份文件

备份文件可以通过两种途径。其一是使用 Windows 内置备份向导来备份文件；其二是使用一些专用的备份恢复工具来备份文件，如“Norton Ghost”、“一键还原”等。介绍使用 Windows 内置备份向导来备份重要内容的操作步骤如下：

1 执行“开始 / 所有程序 / 附件 / 系统工具 / 备份”菜单命令，弹出“备份或还原向导”对话框。

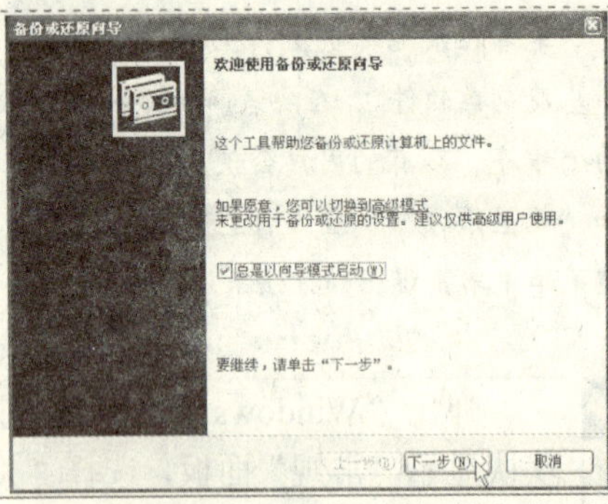

2 单击“下一步”按钮，在弹出的对话框中选择“备份文件和设置”单选项。

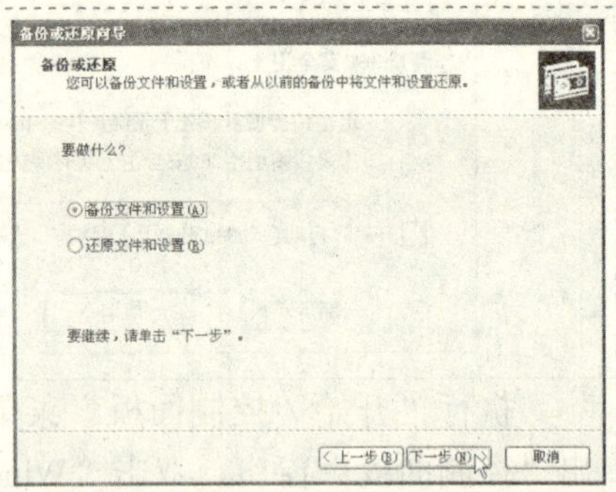

3 单击“下一步”按钮，在弹出的对话框中选择“让我选择要备份的内容”单选项。

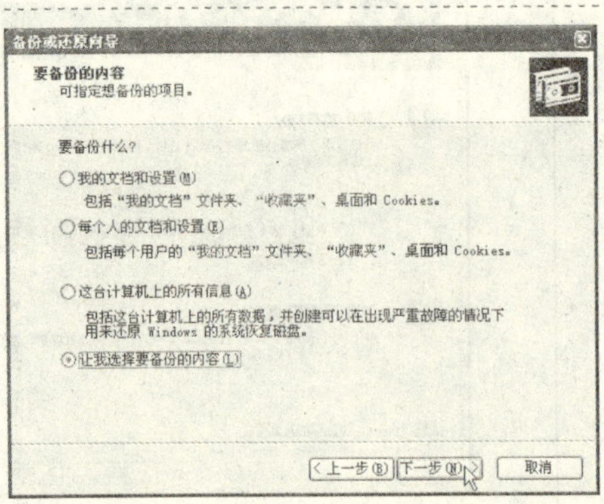

4 单击“下一步”按钮，在弹出的对话框左边区域勾选需要备份的文件夹，如勾选“3ds max 8.0 基础”文件夹，在右边区域显示该文件夹中的所有文件及文件夹。

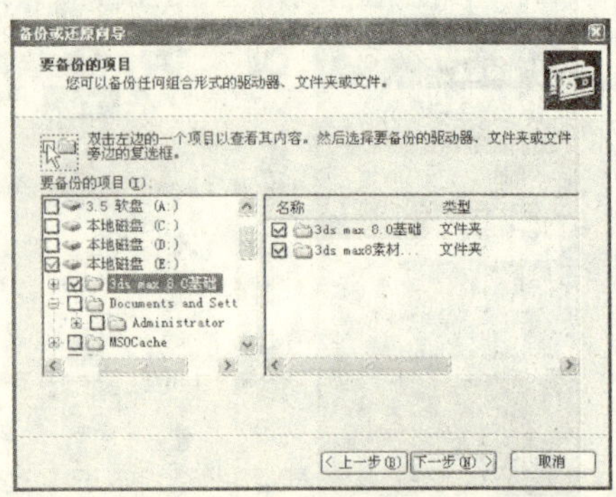

5 继续勾选其他需要备份的文件，在右边区域还可以取消不需要备份文件的选择。

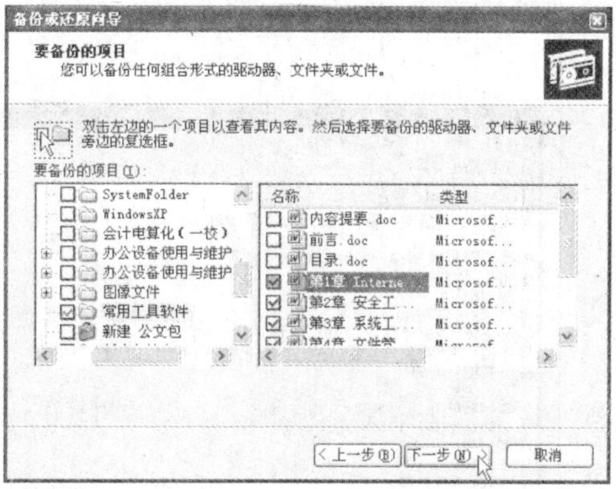

6 选择完毕后，单击“下一步”按钮，在弹出的对话框中单击“浏览”按钮。

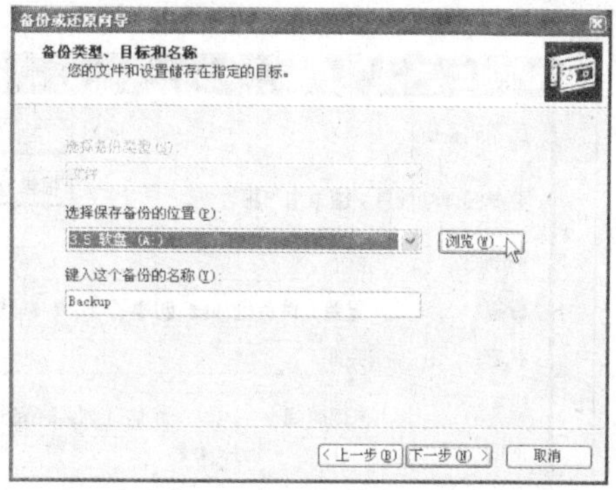

7 在弹出的对话框中指定文件保存路径及重命名。

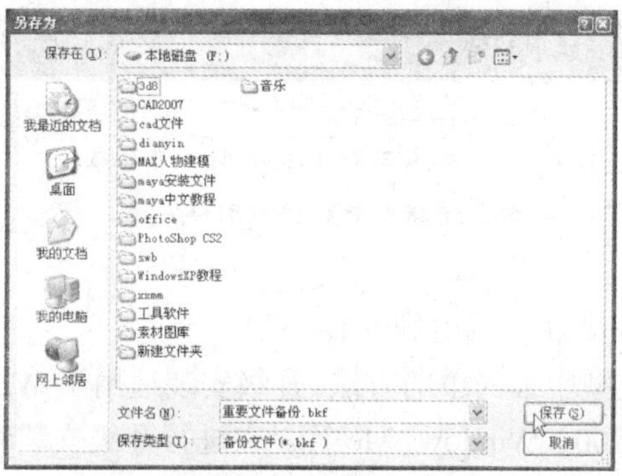

8 单击“保存”按钮，返回到上一个对话框，单击“下一步”按钮。

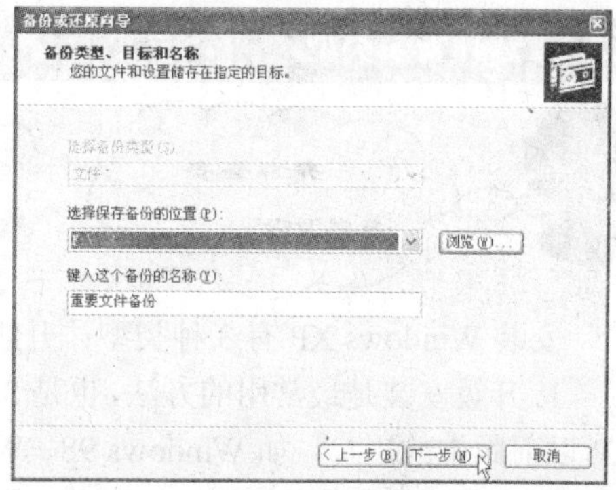

9 弹出如下图所示的对话框，单击“完成”按钮。

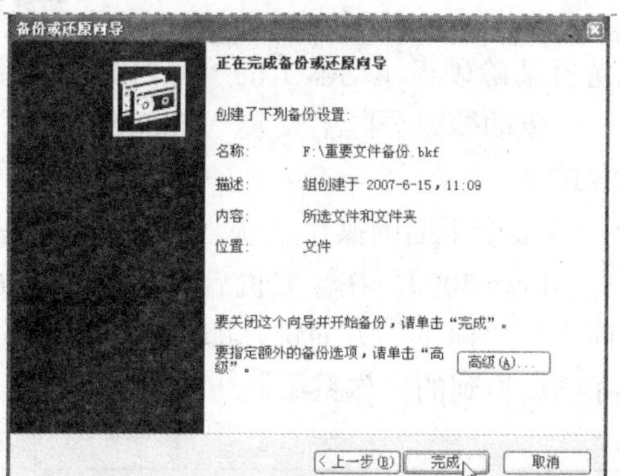

10 弹出如下图所示的对话框，在该对话框中显示备份文件的进度。

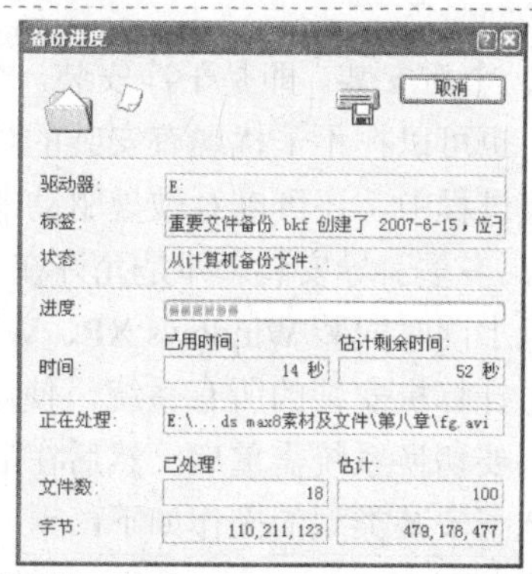

11 备份完成后，弹出如下图所示的对话框，单击“关闭”按钮，即可关闭该对话框，如需查看备份信息，可单击“报告”按钮。

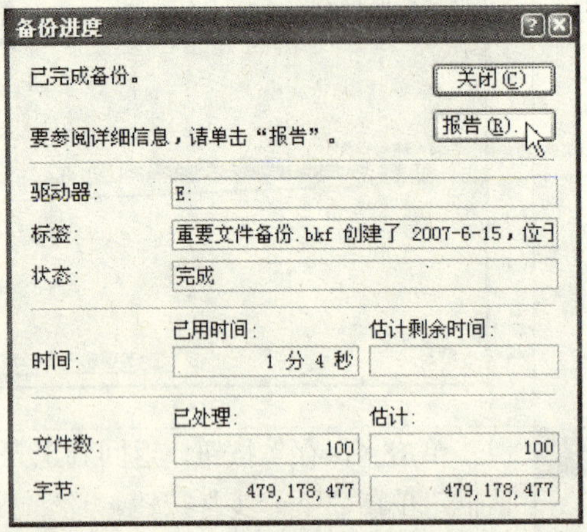

12 弹出“backup01.log-记事本”文件，在该文件中显示了备份教程中的具体信息。

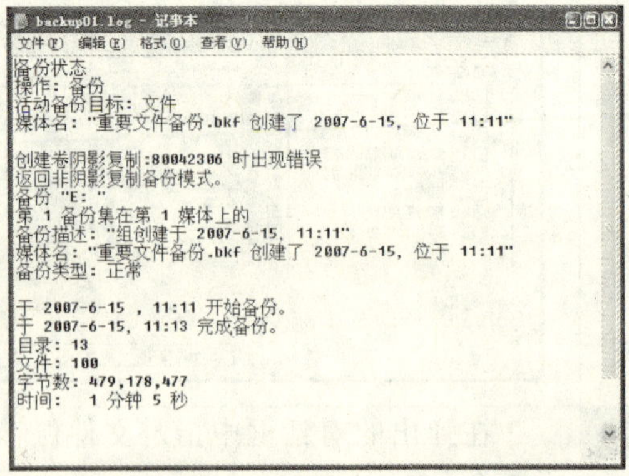

1.2.4 选择安装类型

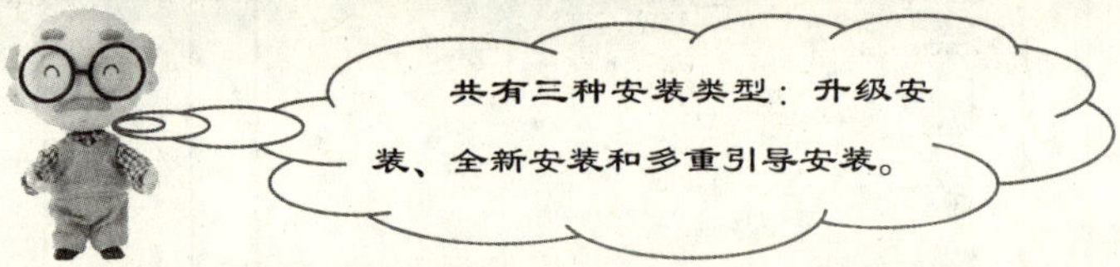

安装 Windows XP 有 3 种类型：升级、全新安装和多重引导安装。

1. 升级安装是最常用的方法，也是 3 种安装类型中最简单的方法。升级安装适用于 Windows XP 以前版本的用户，如 Windows 98、Windows 2000、Windows Me 等。在进行升级安装时，现有的操作系统将替换为 Windows XP，同时不会影响计算机中原有的其他数据及多数用户设置。

注意：Windows 2000 只能升级到 Windows XP Professional 版。而 Windows Me 只能升级到 Windows XP Home Edition 版。

2. 全新安装。即是干净安装。全新安装可以选择清除硬盘驱动器上的所有内容，从头开始安装。也可以在不干扰现有安装的情况下，在另一个驱动器或分区上安装 Windows XP。在全新安装过程中，还可以对硬盘驱动器进行分区和格式化。

3. 多重引导安装。即是允许在一台计算机上运行多个不同的操作系统。例如，可以在一台计算机上同时安装 Windows XP、Windows 98 或 Windows 2000。在计算机启动时出现的菜单中列出了计算机安装的所有系统，使用键盘中的“向上”、“向下”方向键，即可选择启动的操作系统。要切换系统需重启，然后在启动菜单中选择要切换到的操作系统。

选择安装类型的操作如下：

1 在 Windows XP 欢迎界面中单击“安装 Microsoft Windows XP”。

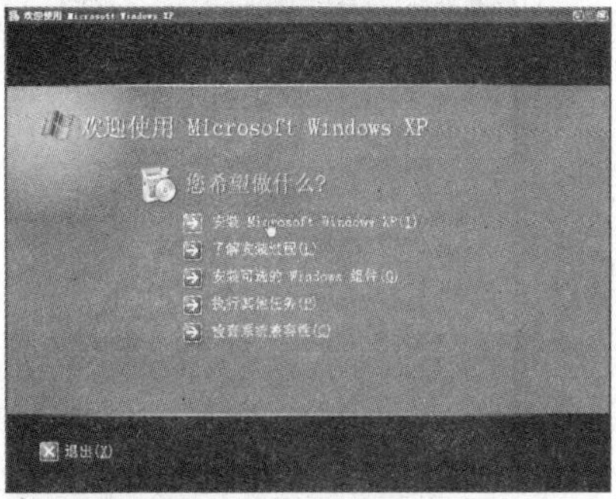

2 弹出“Windows 安装程序”对话框，单击“安装类型”右边的下拉箭头，在弹出的列表中即可选择安装类型。

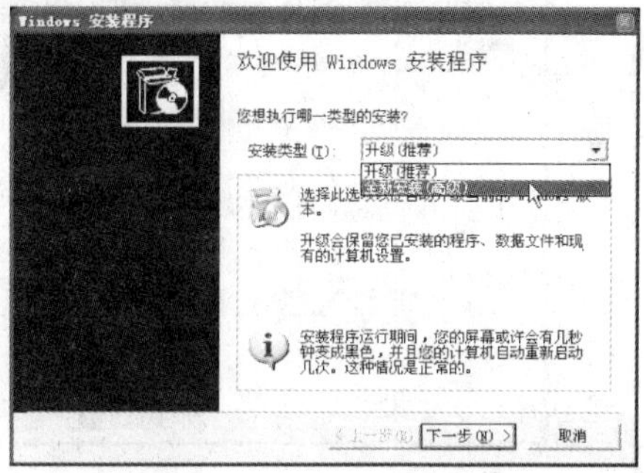

1.3 安装 Windows XP

Windows XP 有 3 种安装方法，为了方便初学者，本节以全新安装为例进行介绍。全新安装 Windows XP 后，还需要安装相应的一些驱动程序，计算机才能正常运行。

1.3.1 全新安装 Windows XP

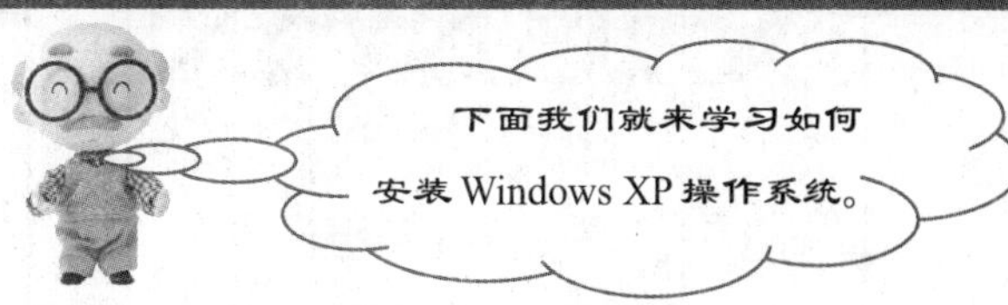

介绍全新安装 Windows XP 的操作步骤如下：

1 紧接上幅图，选择“全新安装”类型后，单击“下一步”按钮。弹出“许可协议”对话框，选择“我接受这个协议”单选项，单击“下一步”按钮。

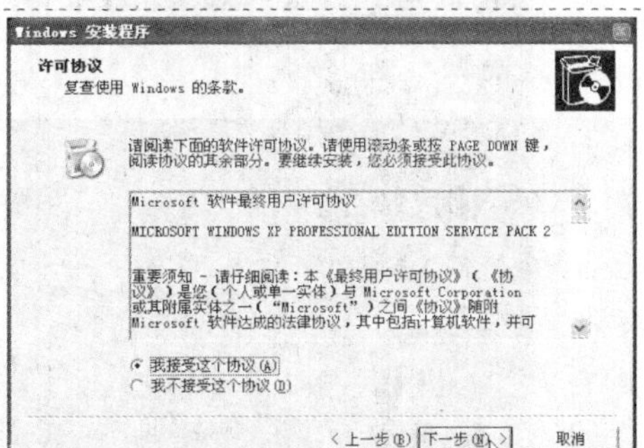

2 弹出“您的产品密钥”对话框，将 Windows XP CD 盒中的密钥输入对话框中，单击“下一步”按钮。

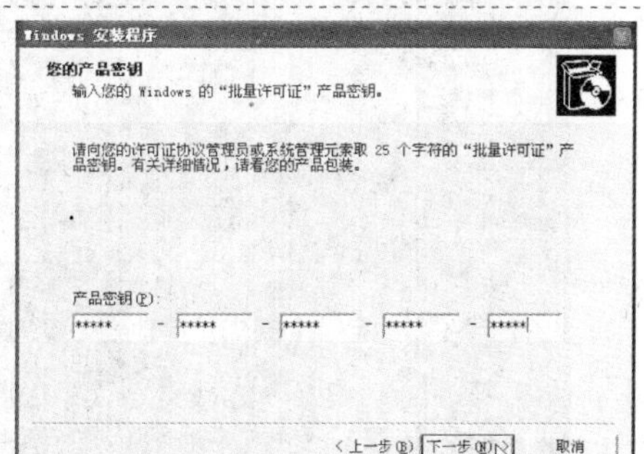

3 弹出“安装选项”对话框，在该对话框中根据用户需要进行设置。如单击“高级选项”按钮。

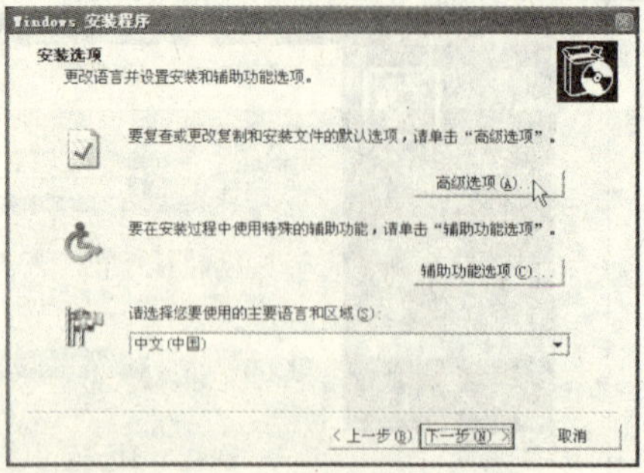

4 弹出“Windows XP 安装选项”对话框，在该对话框中根据用户需要进行设置，设置完成后，单击“确定”按钮。

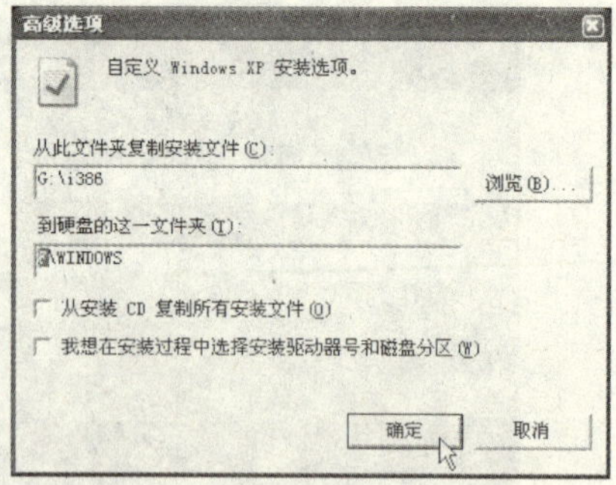

5 返回到上一个对话框，单击“下一步”按钮，弹出“建议升级到 NTFS”对话框，根据用户需要选择，单击“下一步”按钮。

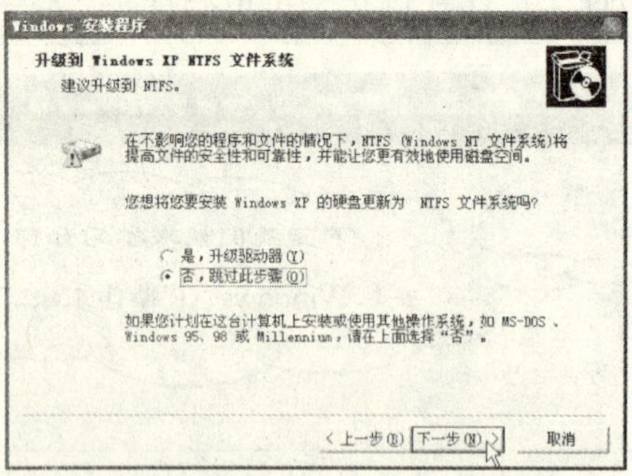

6 弹出“获得更新的安装程序文件”对话框，根据用户需要选择，单击“下一步”按钮。

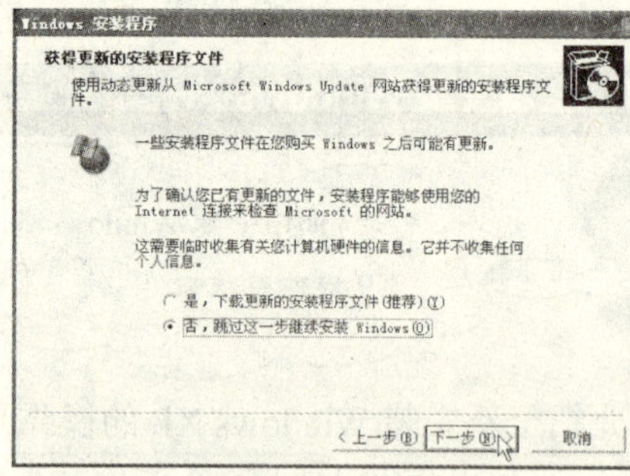

7 此时，系统即开始复制安装文件，并显示安装程序完成需要的大致时间。

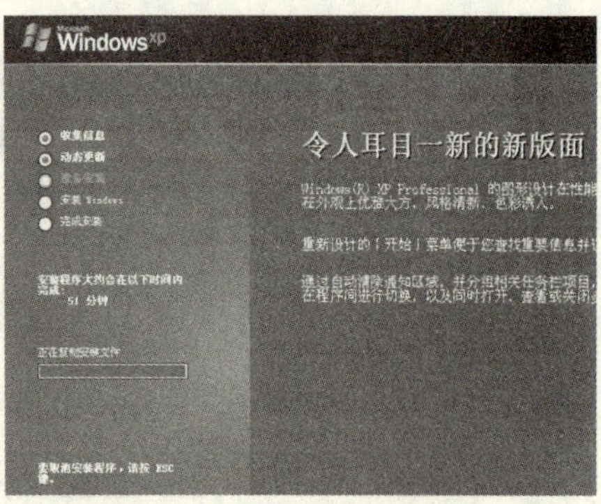

8 这时系统会重新启动计算机。

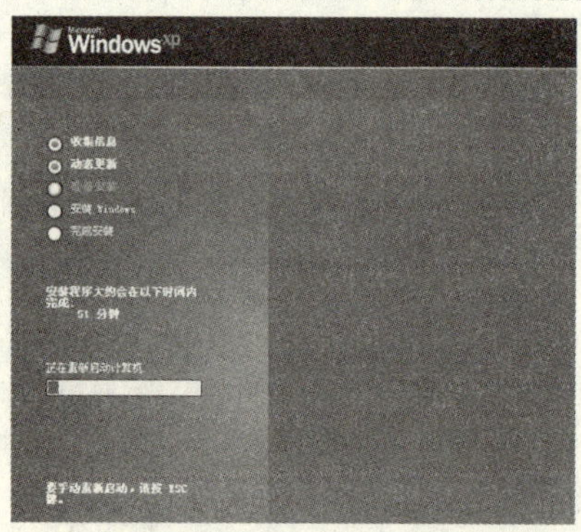

9 重启计算机后，进入如下图所示的界面，按“F8”键，即我同意 Windows XP 许可协议。

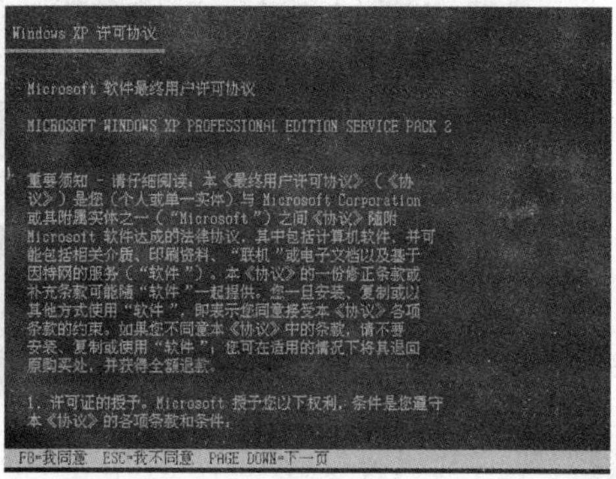

10 弹出如下图所示的界面，在该界面中显示 Windows 正在加载文件。此时需等待一些时间。在界面的底部显示加载的信息。

11 加载完成后，弹出如下图所示的界面。此时需进行分区操作。

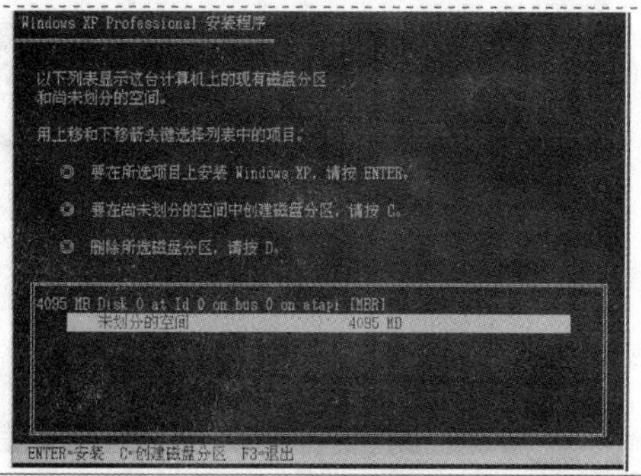

12 按“Enter”键，进入如下图所示的界面，根据需要键入数值。

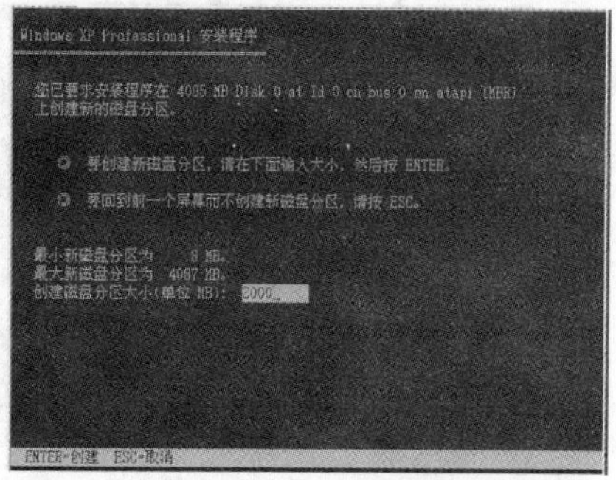

13 按“Enter”键，返回到上一个界面，继续为“未划分的空间”创建分区，重复此操作，完成多个分区的创建。使用方向键，选择一个分区，如 C：分区 1。

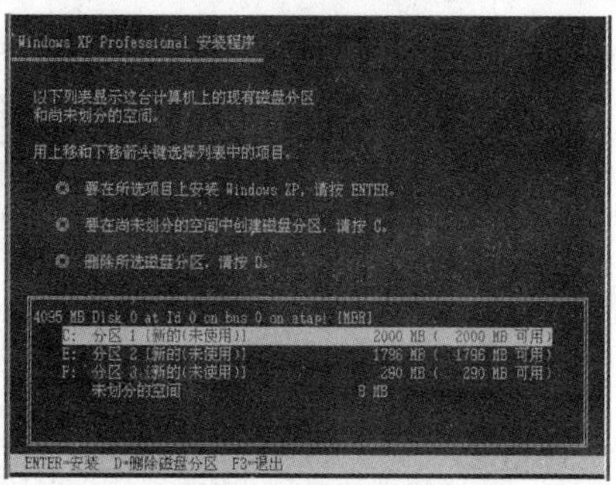

14 按“Enter”键，弹出如下图所示的界面，选择一个“文件系统”格式化分区，如选择“用 FAT 文件系统格式化磁盘分区”。

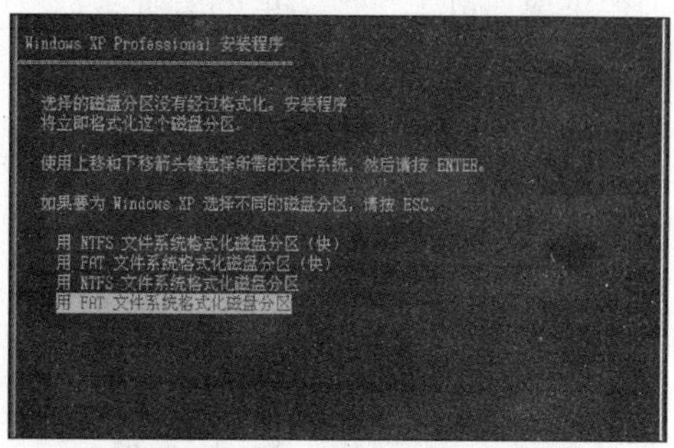

15 按“Enter”键，安装程序即开始格式化选择的磁盘分区。

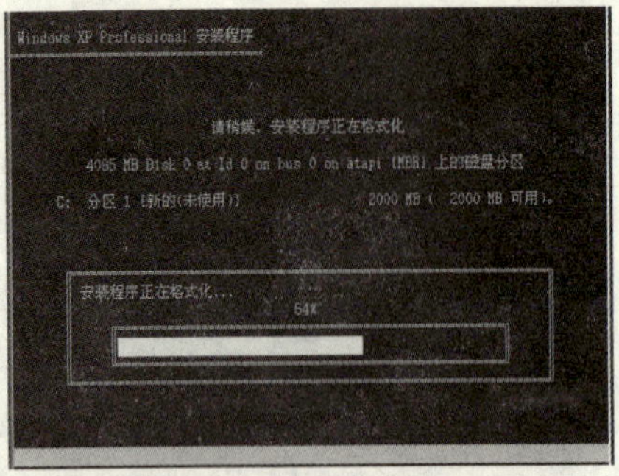

16 格式化完成后，安装程序即开始复制文件，如下图所示。此过程需要较长的一段时间，需耐心等待。

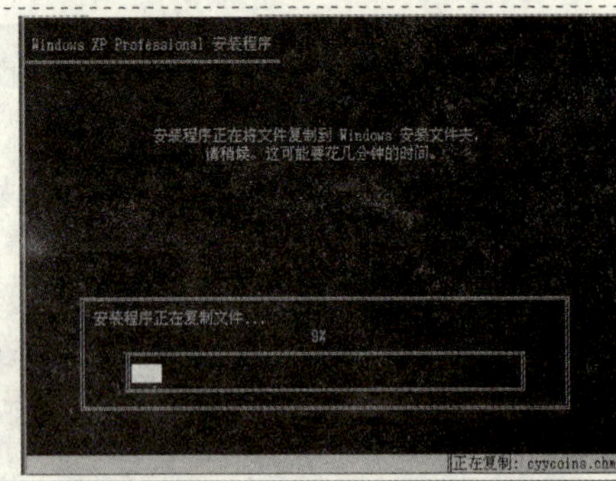

17 文件复制完成后，弹出如下图所示的界面，显示将在 5 秒之内重新启动。

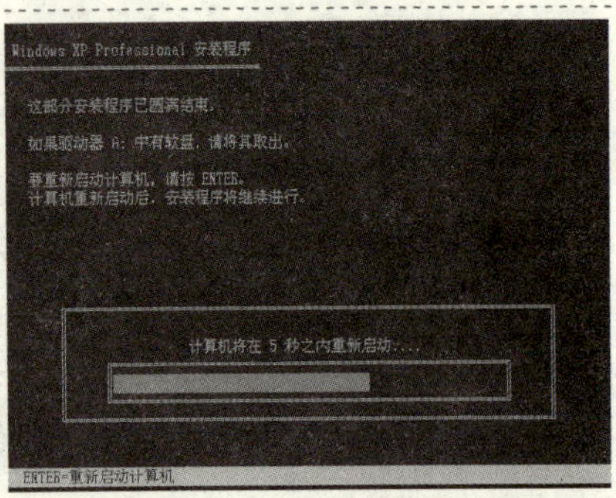

18 计算机将自动重启，弹出如下图所示的界面，显示即将安装 Windows，并估计大约会在 39 分钟内完成安装。

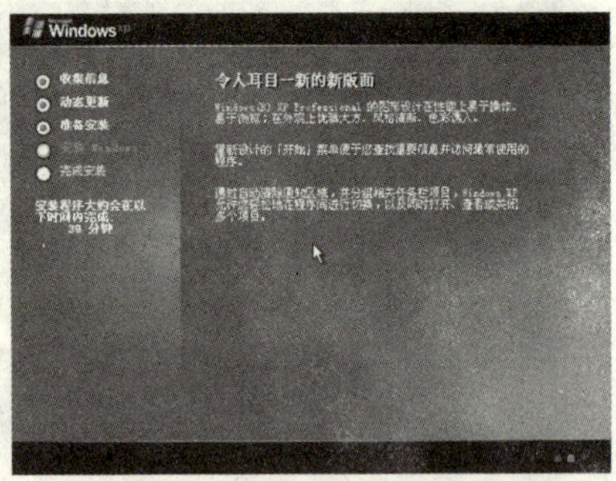

19 弹出如下图所示的对话框，在该对话框中可以单击“自定义”按钮，设置“区域和语言选项”；单击“详细信息”按钮，设置“文字输入语言”。通常在此对话框中不进行设置，单击“下一步”按钮。

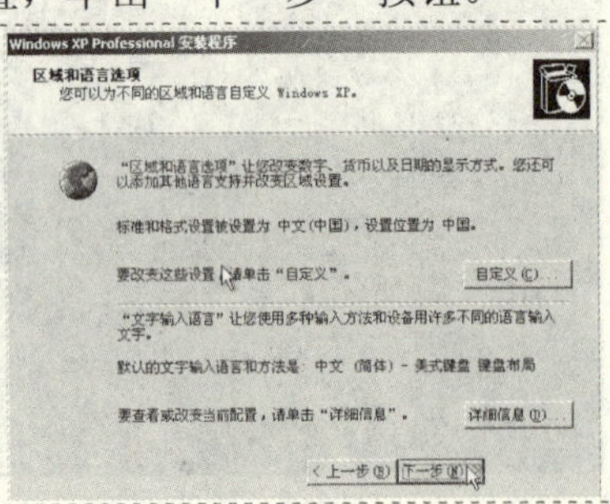

20 弹出如下图所示的对话框，输入自己的姓名或单位名称，也可以不输入，单击“下一步”按钮。

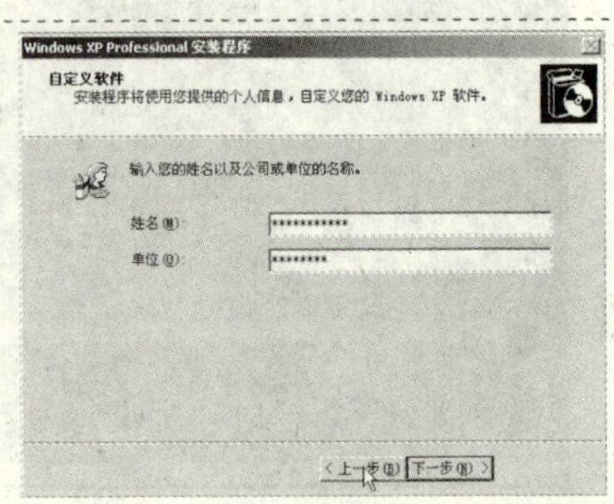

21 弹出如下图所示的对话框 ，输入获得的产品密钥，单击“下一步”按钮。

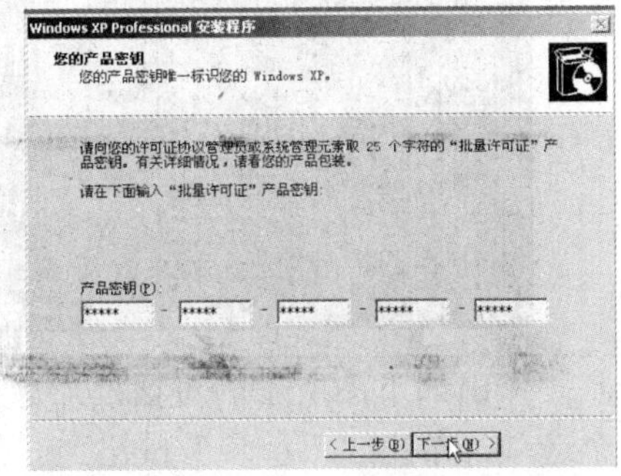

22 弹出如下图所示的对话框，在该对话框中可以为计算机重新命名，并设置系统管理员密码。设置完成后，单击“下一步”按钮。

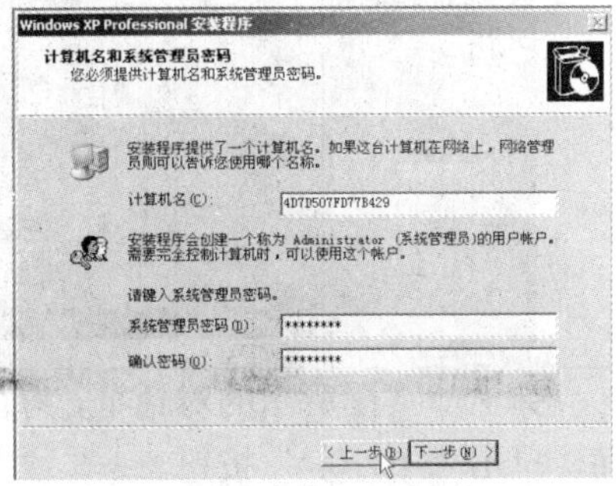

23 弹出如下图所示的对话框，在该对话框中可以选择“时区”及设置“日期和时间”。设置完成后，单击“下一步”按钮。

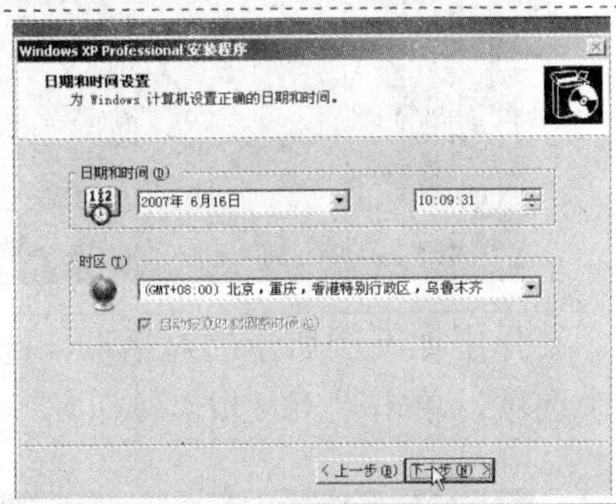

24 Windows XP 开始安装网络，如下图所示。

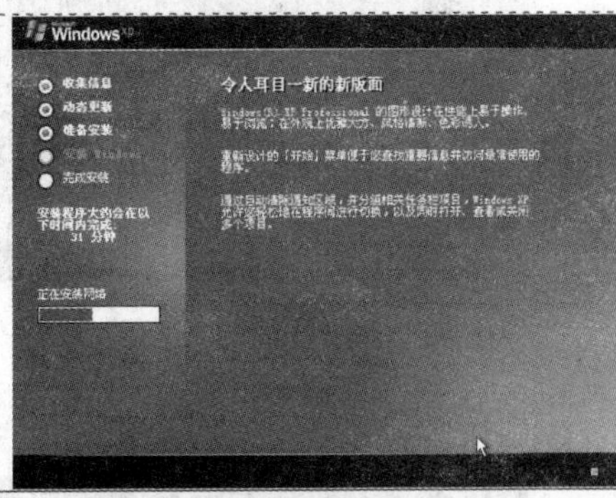

25 弹出如下图所示的对话框，选择“典型设置”选项，单击“下一步”按钮。

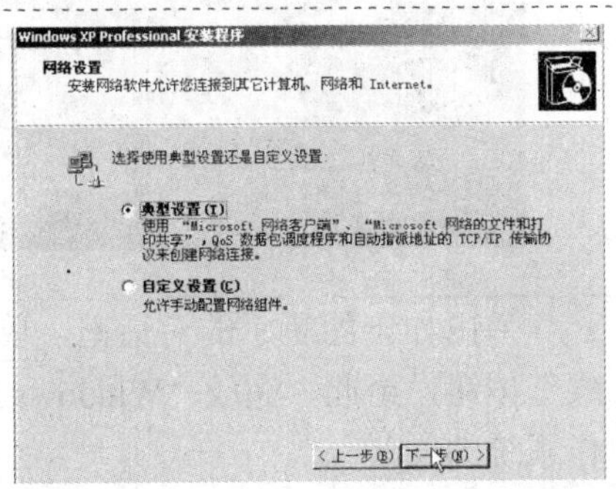

26 弹出如下图所示的对话框，为了节省安装时间，选择第一个选项，单击“下一步”按钮。

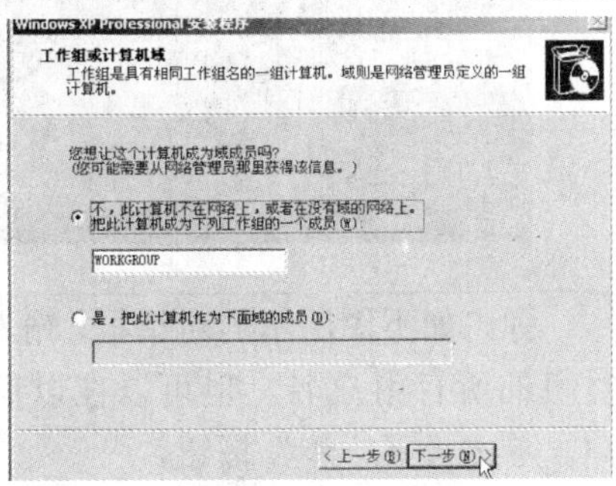

27 Windows XP 跳过网络安装，开始复制文件，进行安装。

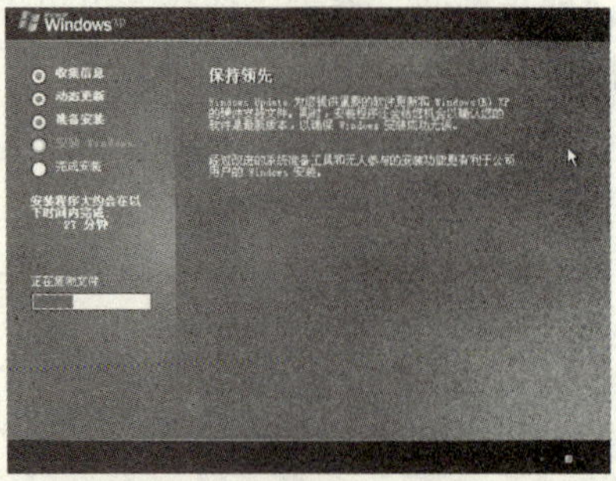

28 安装完成后，将自动重启。进入“Windows XP”系统。

29 弹出如下图所示的对话框，为了节省时间，单击“下一步”按钮。

30 弹出如下图所示的对话框，选择第二个选项，单击“下一步”按钮。

31 弹出如下图所示的对话框，单击“跳过”按钮。

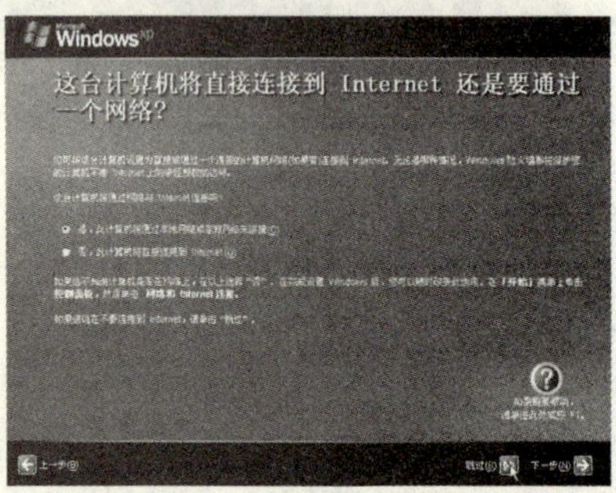

32 弹出如下图所示的对话框，选择第二个选项，单击“下一步”按钮。

33 弹出如下图所示的对话框，输入这台计算机的所有用户名，也可以在以后添加用户。单击“下一步”按钮。

34 弹出如下图所示的对话框，单击“完成”按钮，至此，完成“Windows XP”操作系统的安装。

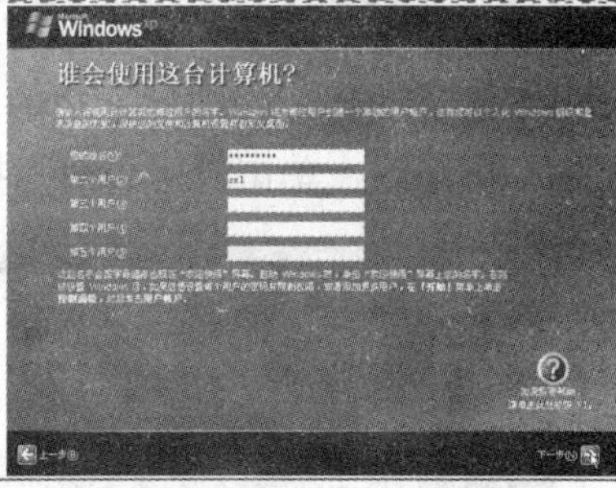

35 此时将自动重启，弹出选择用户界面，单击你的用户名。

36 弹出“Windows XP”操作界面。至此，“Windows XP”操作系统启动完成。

1.3.2 安装驱动程序

完成操作系统的安装后，必须安装一些必备的驱动程序，操作系统才能调动和使用计算机中的硬件设备。通常需要安装显卡驱动程序、声卡驱动程序和接口驱动程序等。下面以安装显卡驱动程序为例，介绍它的安装方法如下：

1 将驱动程序 CD 盘放入光驱中，CD 盘自动播放，弹出如下图所示的窗口。

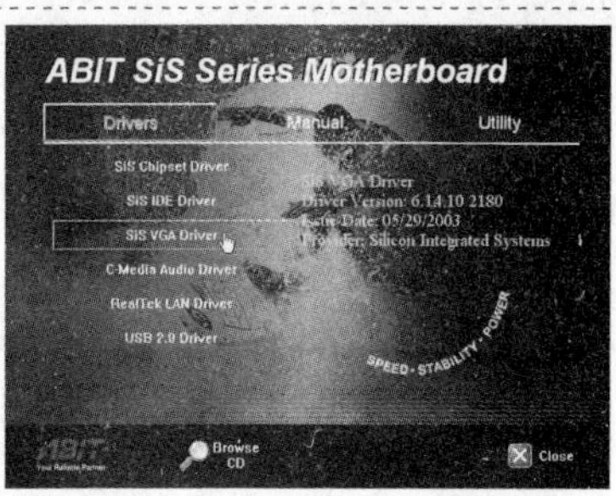

单击“SIS VGA Driver”选项，弹出如下图所示的窗口，单击“下一个”按钮。

3 弹出如下图所示的对话框，根据需要选择一个选项，单击“下一个”按钮。

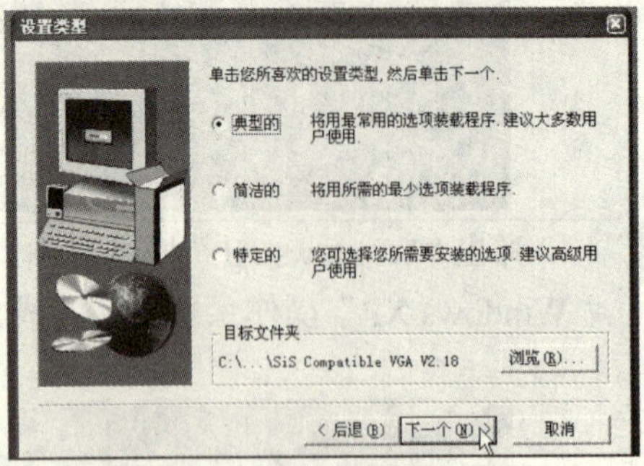

4 弹出如下图所示的对话框，在该对话框中可重新选择程序图标添加的文件夹，此处不作修改，单击“下一个”按钮。

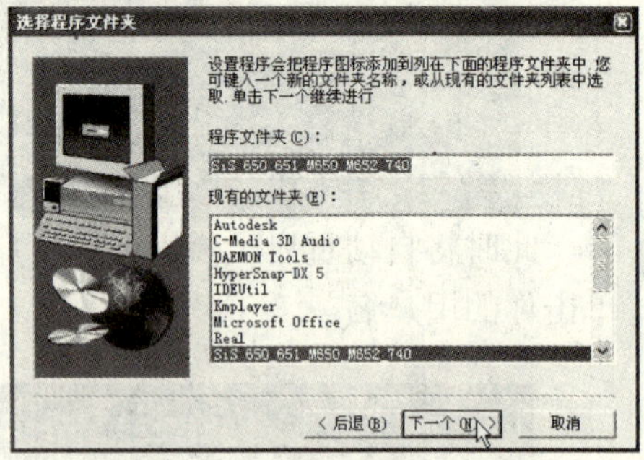

5 弹出如下图所示的对话框，单击“下一个”按钮。

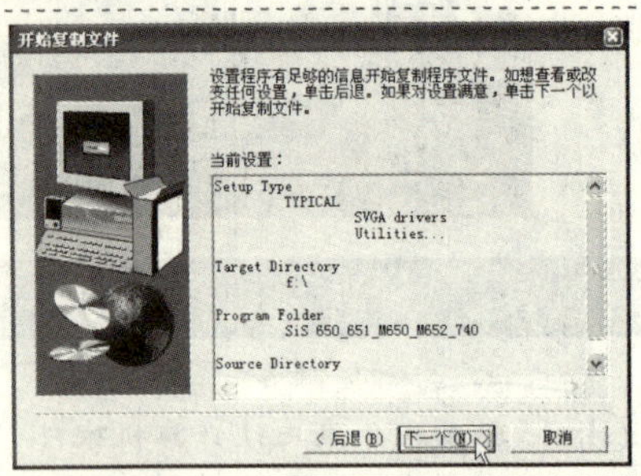

6 系统即开始安装此款显卡驱动程序，弹出如下图所示的窗口，显示安装的进程。

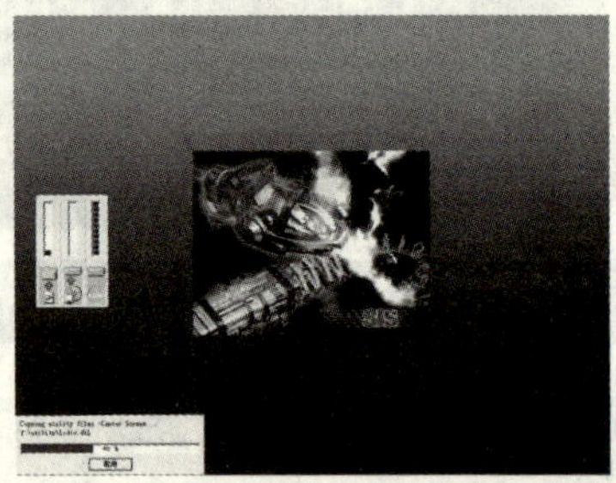

7 安装完成后，弹出如下图所示的对话框。如果还要安装其他驱动程序，此时可选择第二个选项，单击“结束”按钮，再安装其他的驱动程序。安装完所需的全部驱动程序后，重启计算机，驱动程序即可以工作。

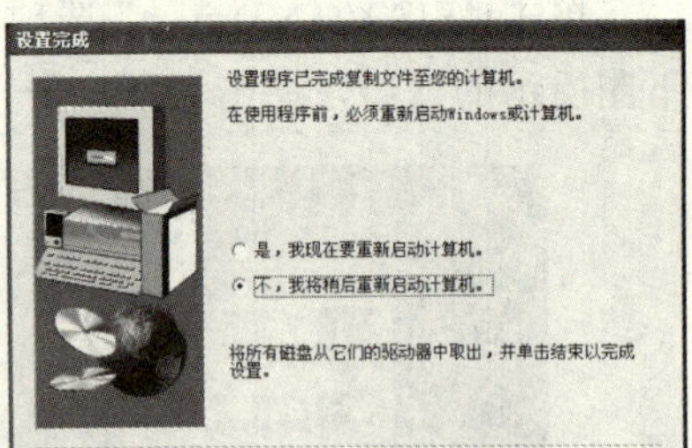

提示：

当操作系统安装完毕后，首先就需要安装硬件设备的驱动程序。通常，并不需要安装所有硬件设备的驱动程序，如硬盘、显示器、光驱、键盘、鼠标等都不需要安装驱动程序。而显卡、声卡、扫描仪、摄像头、Modem 等就必须安装驱动程序。

电脑即学即用

教你学电脑

第 2 章　Windows XP 基本操作

本 章 要 点：

- Windows XP 桌面
- 用户账户
- 输入法
- 软键盘与屏幕键盘
- 窗口管理

电脑博士，安装完 Windows XP 后，该怎么做呢？

小丽，下面就给你介绍一些 Windows XP 的基本操作。如对桌面进行设置、管理用户的账户、使用输入法、软键盘和屏幕键盘的使用、管理窗口等。

2.1 Windows XP 桌面

第一次使用 Windows XP 操作系统时，桌面图像上使用默认背景图像。整个桌面上只有一个回收站图标，而传统桌面上的“我的电脑”、“我的文档”、“网上邻居”及 Internet 图标都没有显示。怎样才能显示这些图标呢？又如何使用“开始”菜单和“任务栏”呢？本节将进行详细介绍。

2.1.1 管理桌面图标

本节将以步骤的形式介绍“显示图标”、“隐藏图标”、“更改图标”、“删除图标”和“保存最近未使用图标”的操作方法。

- 显示图标

1 在桌面空白处单击鼠标右键，弹出快捷菜单，单击“属性”命令。

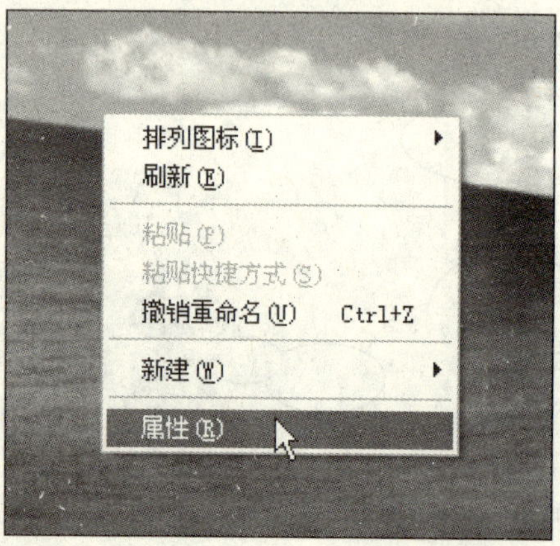

2 弹出“显示 属性”对话框，如下图所示。在该对话框中包含有“主题”、“桌面”、“屏幕保护程序”、“外观”和“设置”选项卡。

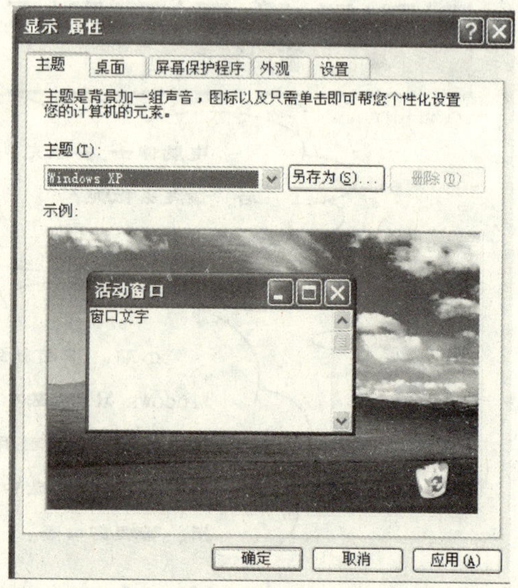

3　单击“桌面”选项卡，进入其面板，单击“自定义桌面”按钮。

4　弹出“桌面项目”对话框，在“桌面图标”区域中勾选需要显示的图标

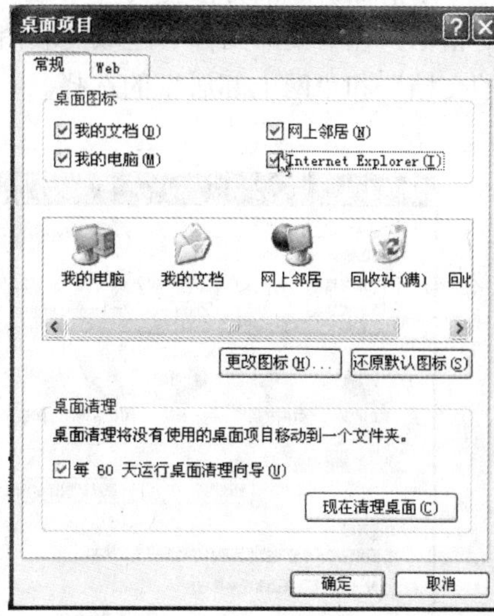

5　单击“确定”按钮，返回到“显示 属性”对话框，单击“确定”按钮。Windows XP 桌面上即显示出刚才勾选的桌面图标。

6　除了使用前面的方法外，还可以单击桌面左下角的“开始”按钮，弹出“开始”菜单，如右击“我的电脑”，在弹出的菜单中单击“在桌面上显示”命令。也可以在桌面上显示图标。

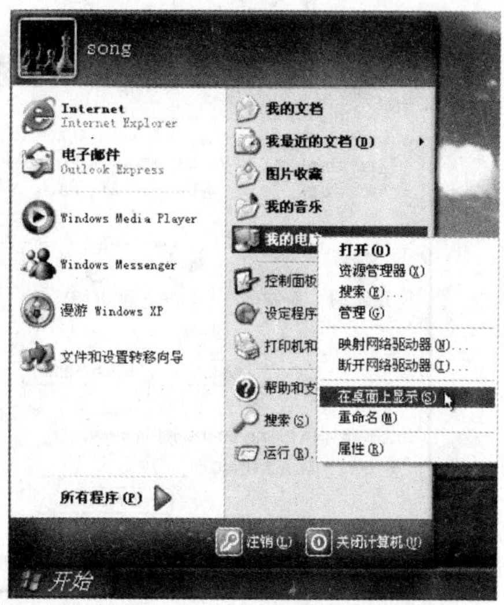

• 隐藏图标

用户可以对一些长时间不需要使用的图标进行隐藏。

1 用前面讲述的方法打开“桌面项目”对话框，在“桌面图标”区域，取消“我的文档”和“网上邻居”的选择。

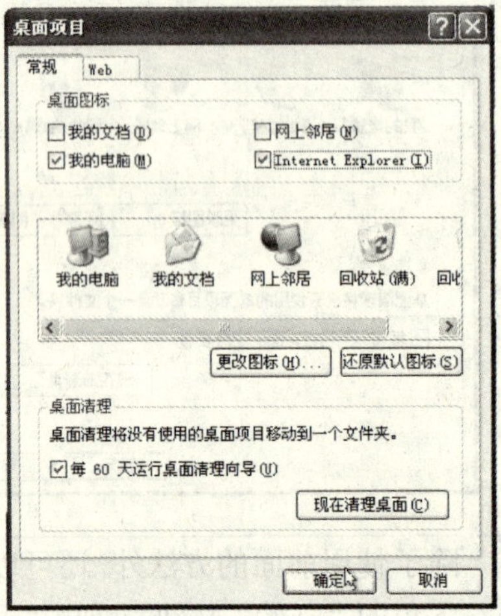

2 单击“确定”按钮，在桌面上即可隐藏“我的文档”和“网上邻居”图标。

• 更改图标

1 打开“桌面项目”对话框，单击“我的电脑”图标，再单击“更改图标”按钮。

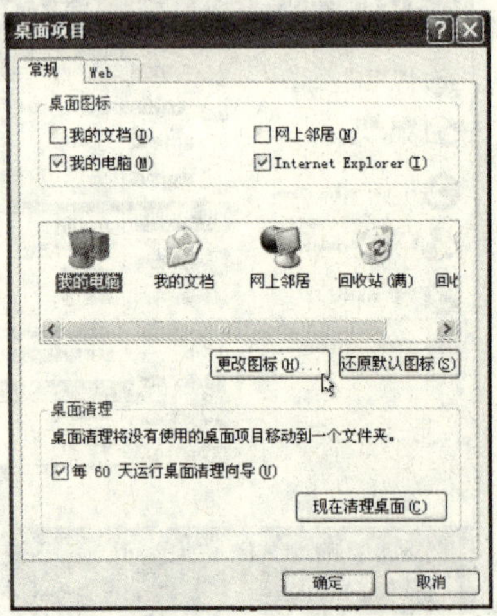

2 弹出“更改图标”对话框，单击 “图标列表框”中的任意一个图标，再单击“确定”按钮，即可完成图标的更换。

• 清理桌面

由于长时间使用 Windows XP，势必会在桌面上出现多个各种各样的图标，这些图标有的只使用过一次就不再使用，有的经常使用，过多的图标使桌面看起来很混乱，不利于管理。

1 桌面上有太多图标，会使整个桌面显得很拥挤。如果对有些图标很少使用，这时就可以进行桌面清理。打开“桌面项目”对话框，单击“现在清理桌面”按钮。

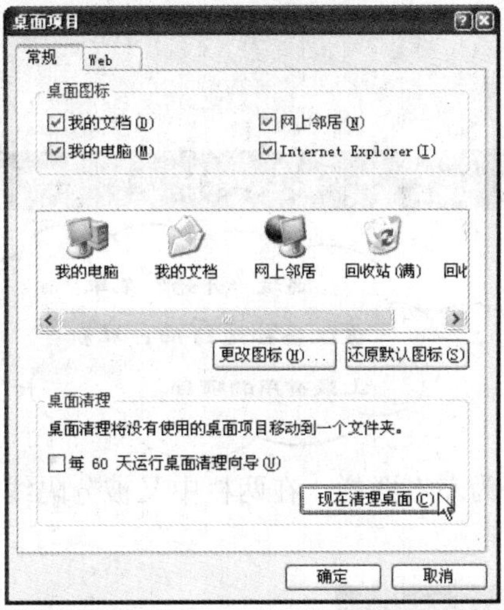

2 弹出“清理桌面向导”对话框，单击“下一步”按钮。

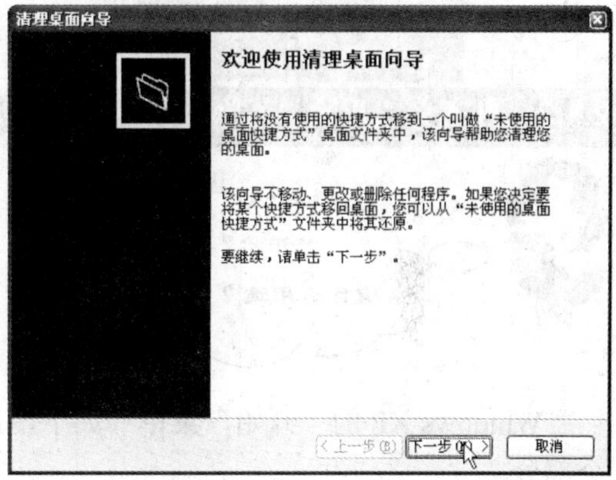

3 在弹出的对话框中选择不需要显示的桌面快捷方式（即是图标），单击“下一步”按钮。

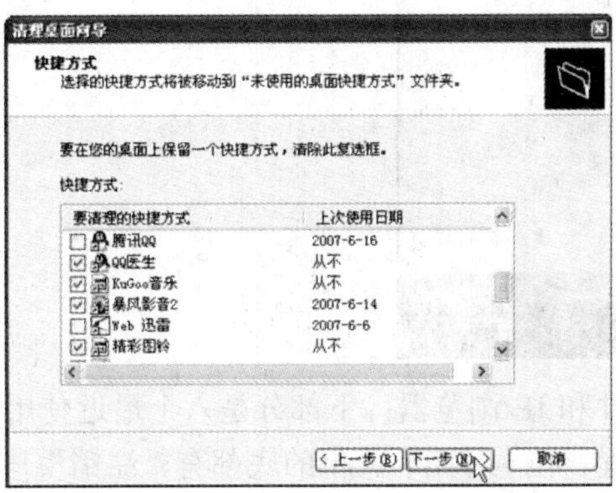

4 弹出如下图所示的对话框，单击“完成”按钮。

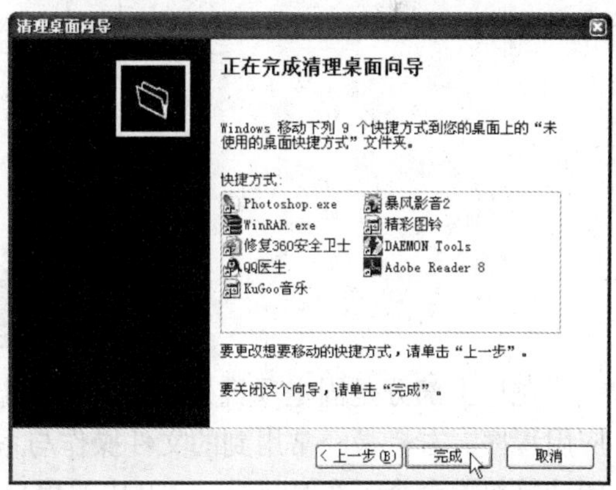

5 在桌面上即创建一个“未使用的桌面快捷方式”文件夹，不需要显示的桌面图标即收集在该文件夹。

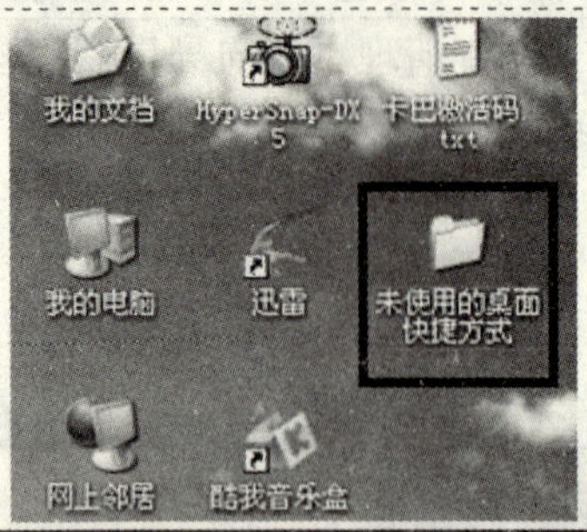

提示：

桌面图标与桌面快捷方式的功能基本相同，但也有一些区别。从外形上看，快捷方式上有一个弧形箭头，而桌面图标没有。桌面图标大部分是表示Windows系统组件，而快捷方式主要是表示安装在Windows系统中的应用程序。

2.1.2 自定义“开始”菜单

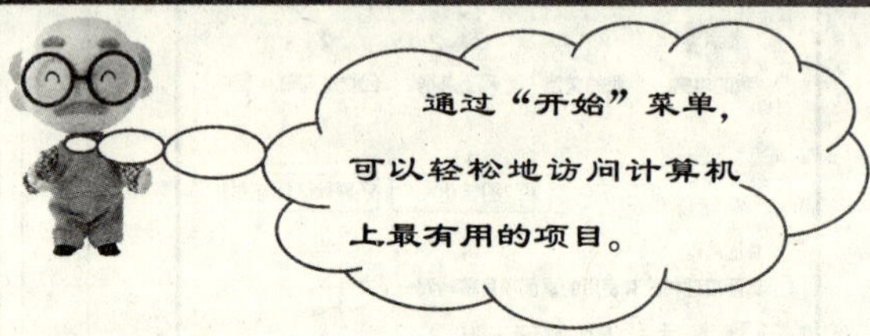

Windows XP 的“开始”菜单（如下图所示）分为左右两栏，在两栏中又被分隔线分为几个部分。

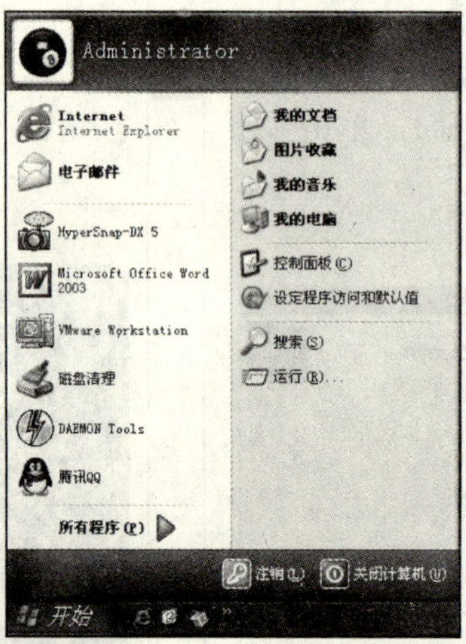

左栏上部分是固定项目列表，包括有电子邮件和 IE 浏览器；下部分是六个最近使用过的应用程序。右栏是经常用到的文件操作与系统设置。在“开始”菜单的底部有“注销”与“关闭计算机”命令。在 Windows XP 中，用户可根据需要自定义“开始”菜单，如将其他的应用程序添加到“开始”菜单中等。自定义“开始”菜单的操作步骤如下：

• 更改“开始”菜单的样式

1 右击桌面左下角的“开始”按钮，在弹出的菜单中单击“属性”命令。

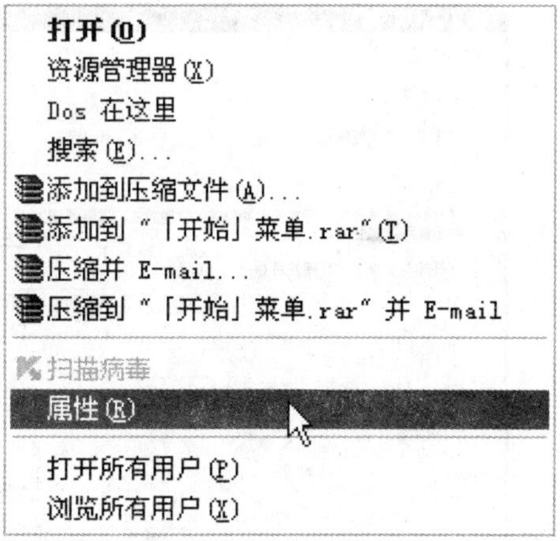

2 弹出如下图所示的“任务栏和[开始]菜单属性”对话框，在该对话框中有“[开始]菜单”和“经典[开始]菜单”两个单选项。当前显示为“[开始]菜单”单选项。

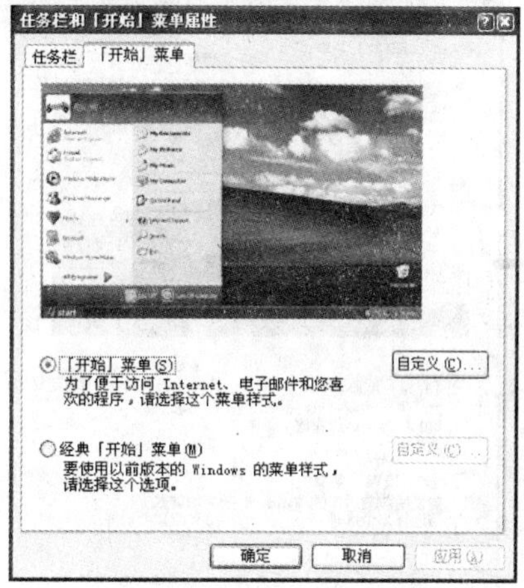

3 单击“经典[开始]菜单”前面的单选按钮，在该对话框中即可显示“经典[开始]菜单”的样式。

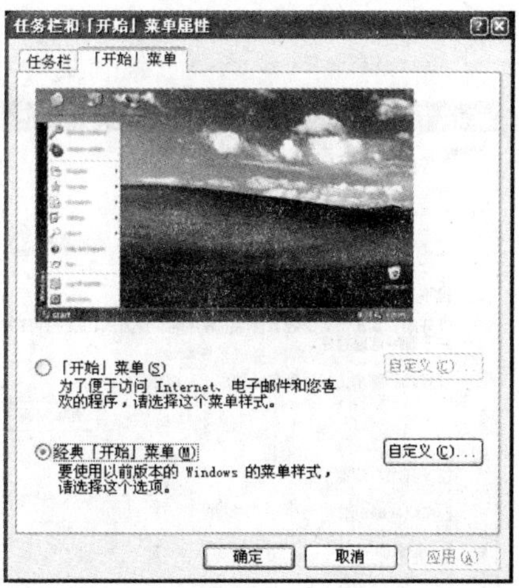

4 单击“确定”按钮。再单击“开始”按钮，弹出“经典[开始]菜单”。

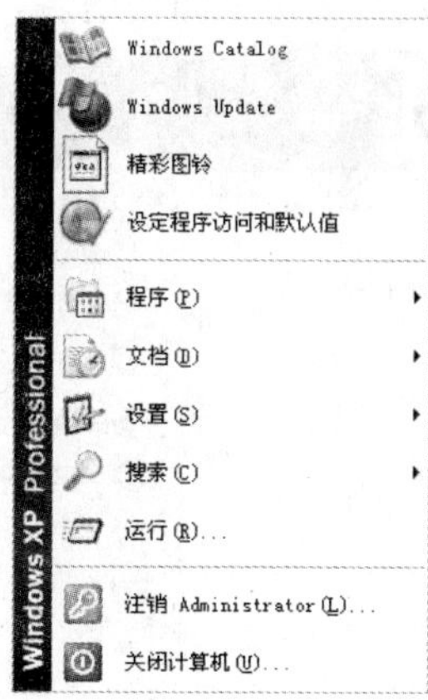

提示：打开“开始”菜单，除了单击“开始”按钮外，按“Ctrl”+“Esc”组合键，或单击“Windows”图标键都可以打开“开始”菜单。

·删除“开始”菜单中的程序

1 用前面讲述的方法打开“任务栏和[开始]菜单属性”对话框，选择“[开始]菜单”，单击“自定义”按钮。

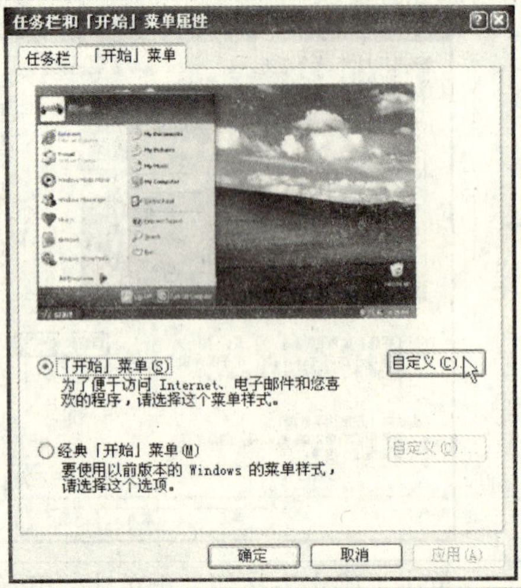

2 弹出“自定义[开始]菜单”对话框，如下图所示。在该对话框中包含有“常规”和“高级”两个选项卡。在此对话框中即可根据用户的需要而自定义“开始”菜单。

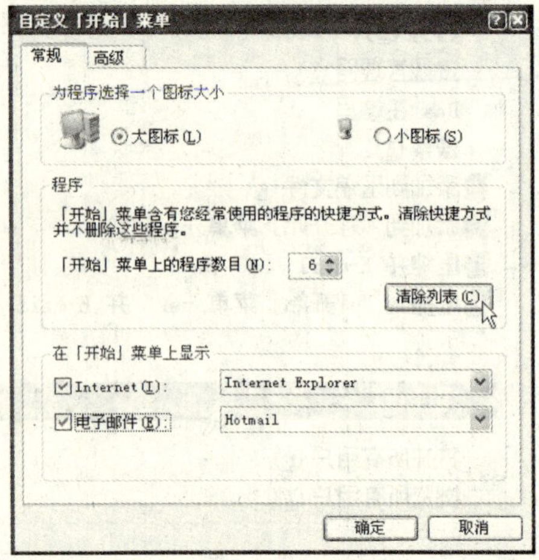

3 如单击“清除列表”按钮，再单击桌面上的“开始”按钮，弹出的“开始”菜单如下图所示。“最近使用过的应用程序”在“开始”菜单中即被清除。

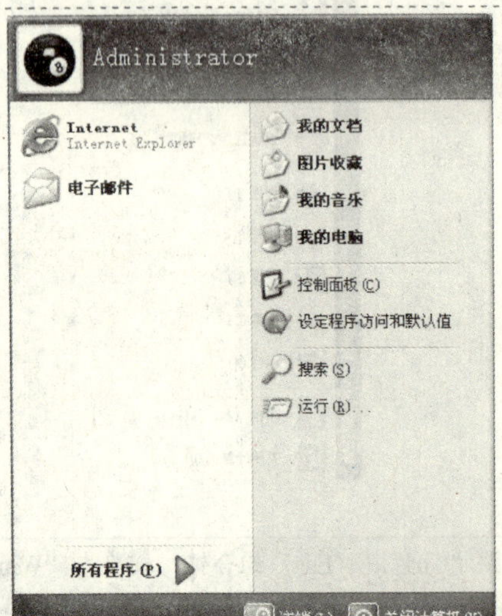

4 回到“自定义[开始]菜单”对话框，选择“小图标”，取消“Internet”和“电子邮件”的选择。

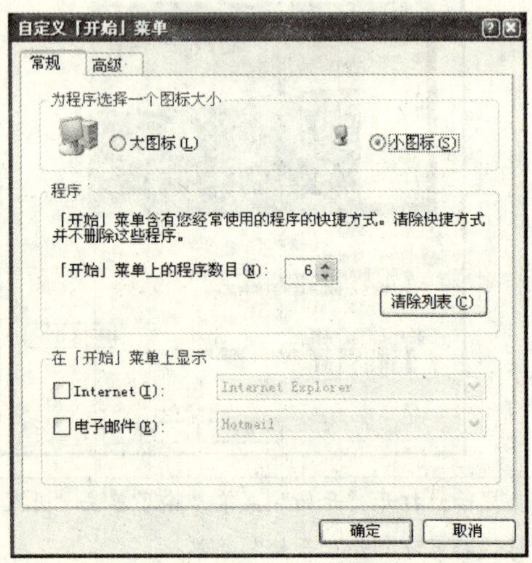

5 单击“确定”按钮，再单击桌面上的“开始”按钮，弹出的“开始”菜单如下图所示。

6 回到“自定义[开始]菜单”对话框，单击“高级”选项卡，在弹出的面板中包含有“[开始]菜单设置”、“[开始]菜单项目”和“最近使用的文档”3个选项区域。

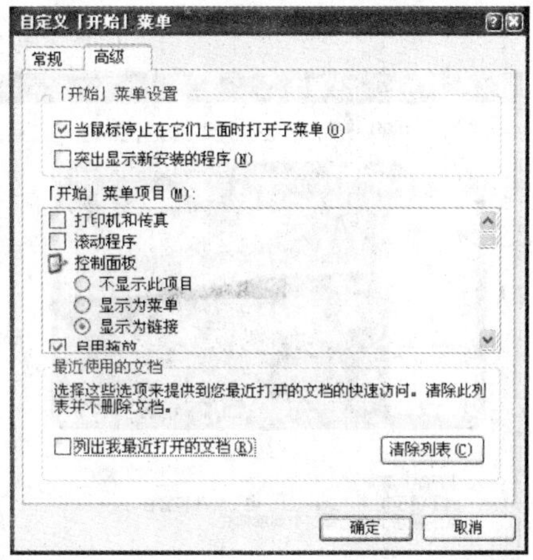

7 如勾选“列出我最近打开的文档”选项，单击“确定”按钮。

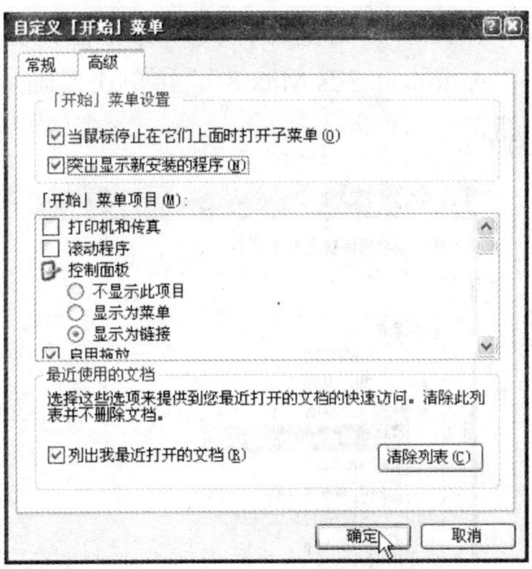

8 单击“开始”按钮，弹出“开始”菜单。将鼠标移动到“我最近的文档”上，即弹出最近打开编辑的10个文档。

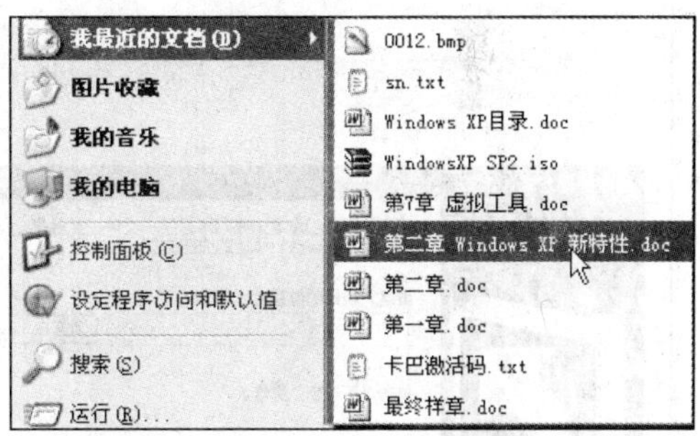

提示：删除“开始”菜单中的程序只是在“开始”菜单中不显示删除的程序项目，对系统中实际存在的程序并没有影响。

· 添加“开始”菜单中的程序

1 用前面讲述的方法打开“任务栏和[开始]菜单属性”对话框，选择“经典[开始]菜单”，单击“自定义”按钮。

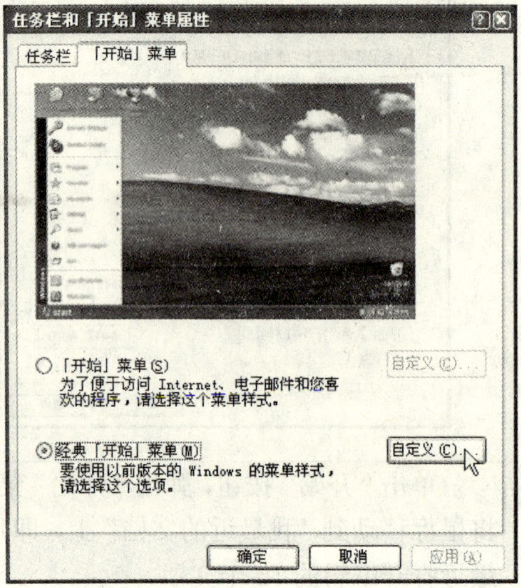

2 在弹出的对话框中单击“添加”按钮。

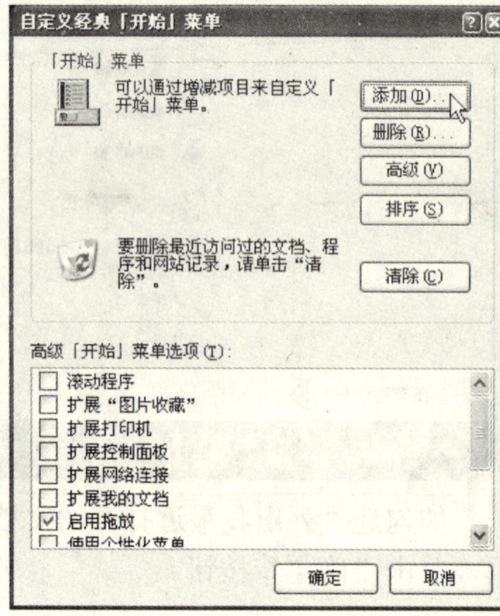

3 弹出“创建快捷方式”对话框，单击“浏览”按钮。

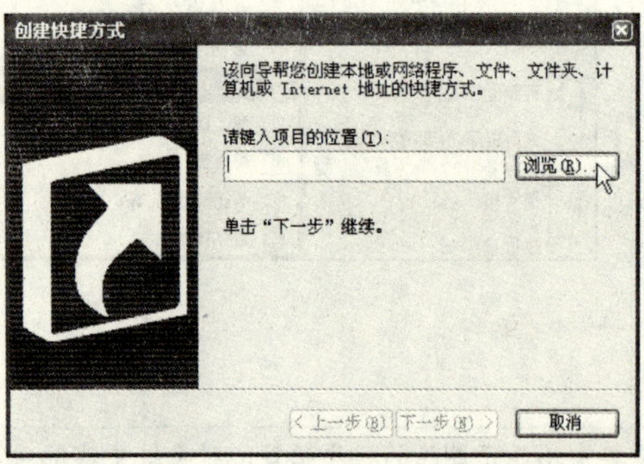

4 弹出“浏览文件夹”对话框，如单击“Autodesk 3ds Max 8”，再单击“确定”按钮。

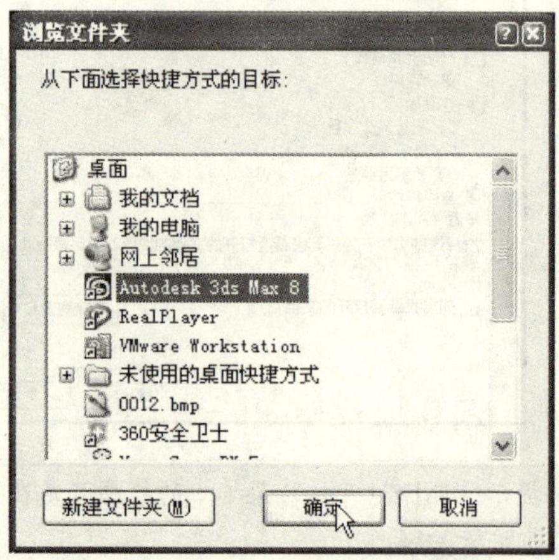

5 返回到“创建快捷方式”对话框，单击“下一步”按钮。

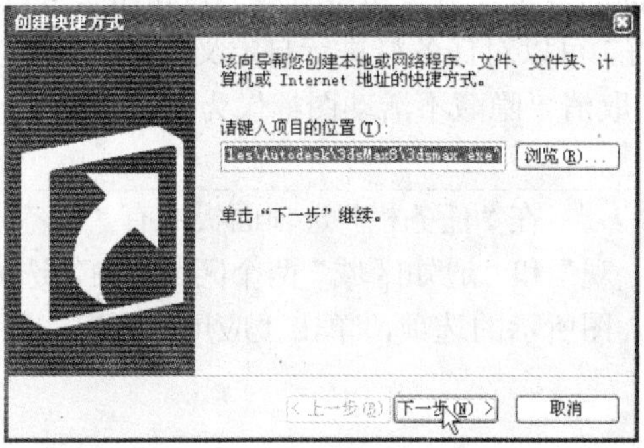

6 弹出“选择程序文件夹”对话框，单击“[开始]菜单”，再单击“下一步”按钮。

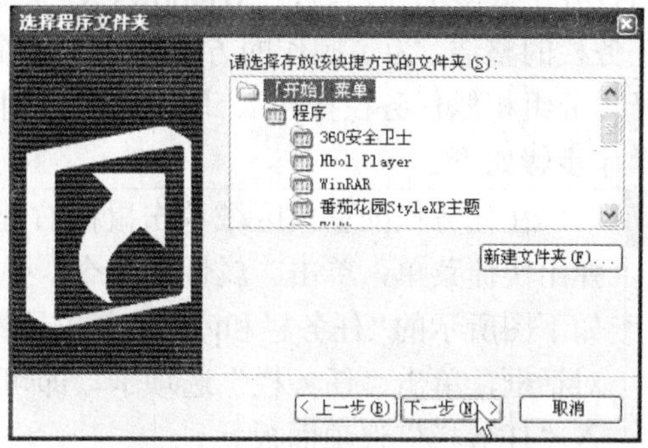

7 弹出“选择程序标题”对话框，在此可根据个人需要，键入新名称，单击“完成”按钮。

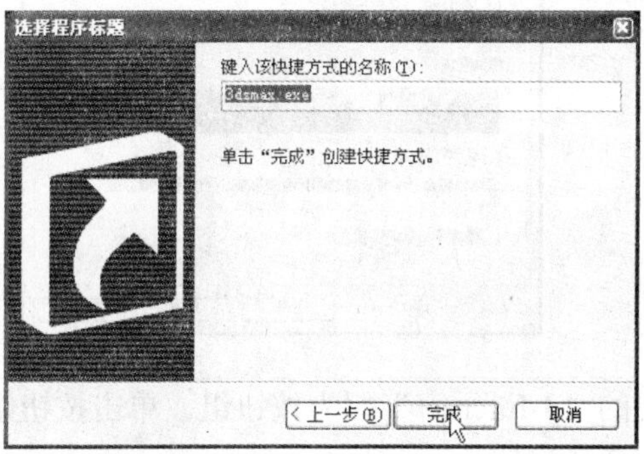

8 单击“开始”按钮，在弹出的“开始”菜单即可看到，已添加了一个“3dsmax.exe”图标。

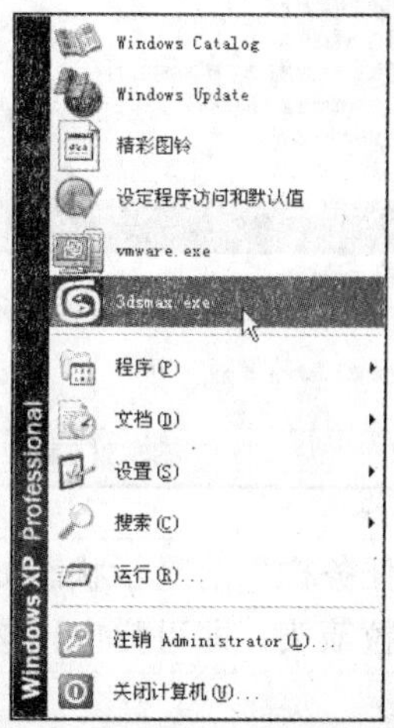

2.1.3 自定义“任务栏”

任务栏处于 Windows XP 桌面的最底部，系统中运行的大部分程序都以按钮的形式显示在

任务栏中。在任务栏中还包括“开始”按钮和时钟，以及其他临时出现图标（如打印图标），显示正在进行的活动状态。

每当打开一个窗口时，代表它的按钮就会出现在任务栏上。关闭窗口后，该按钮将消失。当打开了太多的窗口时， Windows XP 将属性相同的多个任务按钮组合成“按钮组”，以保持任务栏的整洁。为了操作的方便或用户的个人爱好，可以对任务栏进行自定义操作。下面以选择“分组相似任务栏按钮”、取消“显示时钟”和取消“隐藏不活动图标”为例进行介绍。其操作步骤如下。

1 在任务栏的空白区域单击鼠标右键，弹出快捷菜单，单击“属性”命令，弹出如下图所示的“任务栏和[开始]菜单属性”对话框，单击“任务栏”选项卡，即可进入“任务栏”选项面板。

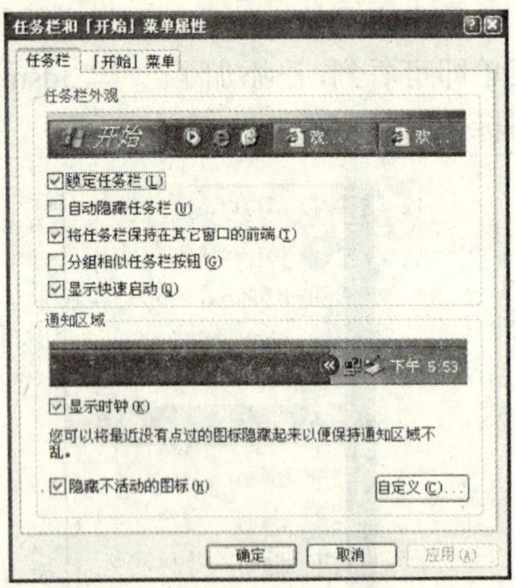

2 在“任务栏”选项面板中有“任务栏外观”和“通知区域”两个区域。如勾选如下图所示的选项，单击“应用”按钮。

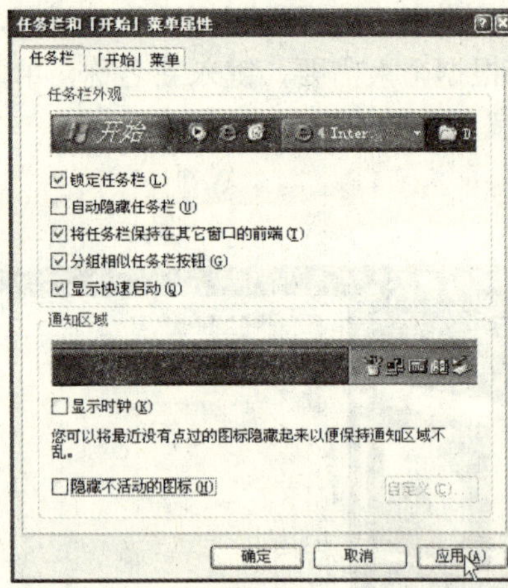

3 “任务栏”的显示状态如下图所示。其中的“3 Internet”即为按钮组。单击按钮组右边的下拉箭头，即可弹出该按钮组包含的所有任务按钮。

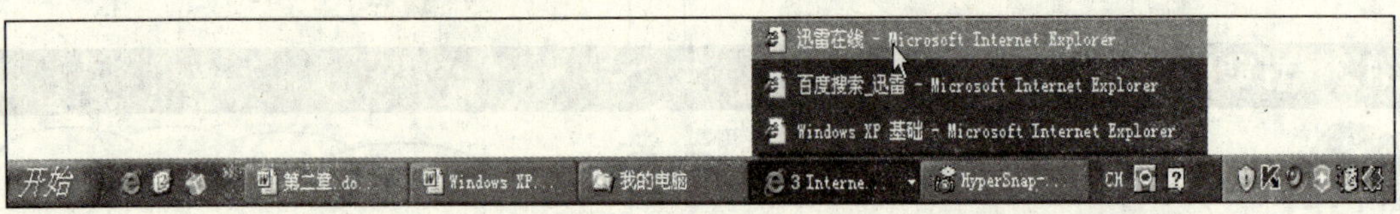

提示：

为了扩大窗口显示区域，勾选“自动隐藏任务栏”选项，在桌面上即可隐藏任务栏。如果需要临时查看任务栏，可将鼠标移动到桌面的最底端，将自动弹出任务栏。鼠标离开桌面的最底端，将立即隐藏任务栏。

2.1.4 Windows XP“显示”属性

在中文版 Windows XP 中，系统提供了设置个性化桌面的空间，系统自带了许多精美的图片，可以将它们设置为墙纸，通过显示属性的设置可以改变桌面的外观，可以选择屏幕保护程序，还可以为背景添加声音，使桌面更加赏心悦目。

• 选择主题

Windows XP 提供了多种风格的桌面主题，通过这些主题可以设置各种不同的桌面。

1 在桌面空白处单击鼠标右键，在弹出的快捷菜单中单击“属性”命令。

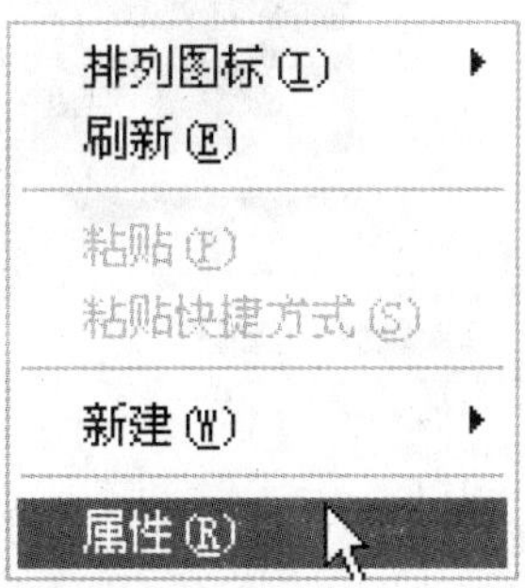

2 弹出“显示 属性”对话框，如下图所示。在该对话框中包含“主题”、“桌面”、“屏幕保护程序”、“外观”和“设置”选项卡。单击这些选项卡，即可进入相应的面板中进行设置。

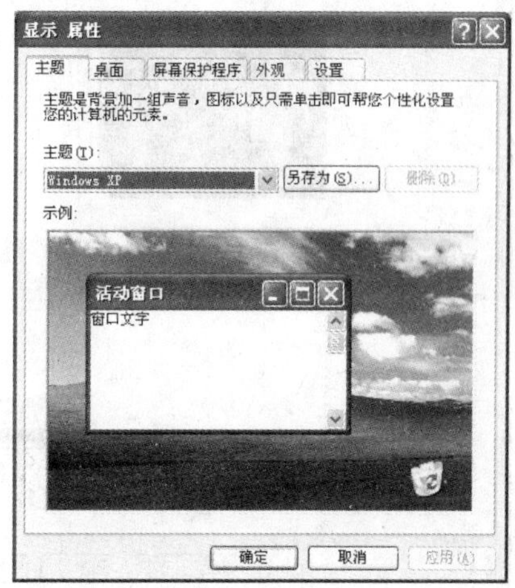

3 默认显示“主题”选项面板，单击“主题（T）:”右边的下拉箭头，弹出下拉列表框。

4 在该列表框中列出了 Windows XP 自带的“Windows XP”和“Windows 经典”两个主题。如选择“Windows 经典”，单击“应用”按钮。

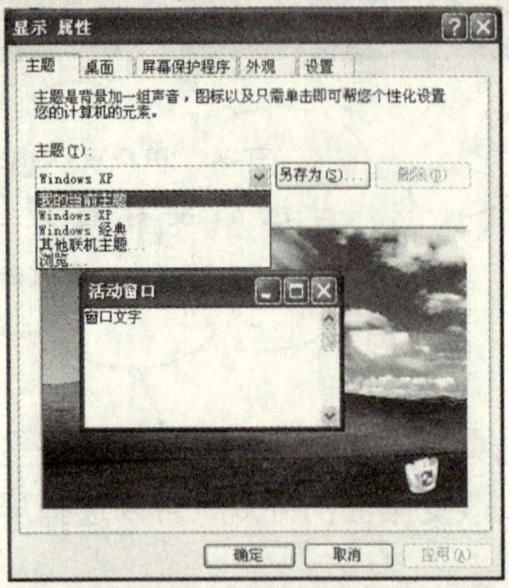

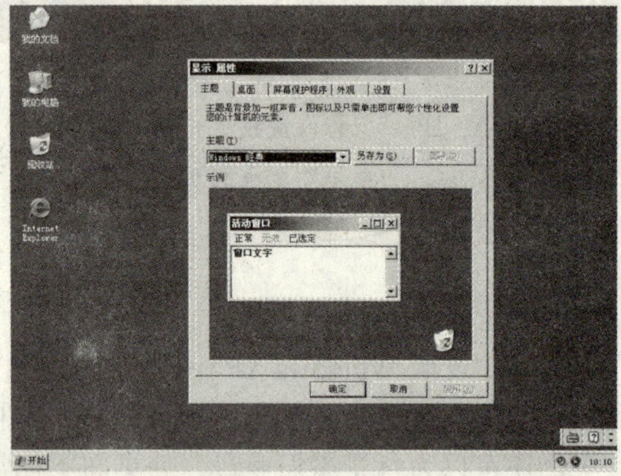

· 自定义桌面

Windows XP 还可以使用计算机中的图片，这样可以创建多样化的桌面图片。

1 单击“桌面”选项卡，显示“桌面”选项面板。

2 在“背景”下面的列表框中列出了 Windows XP 内置的图像图标，单击这些图标，即可在面板的顶部显示其图像。

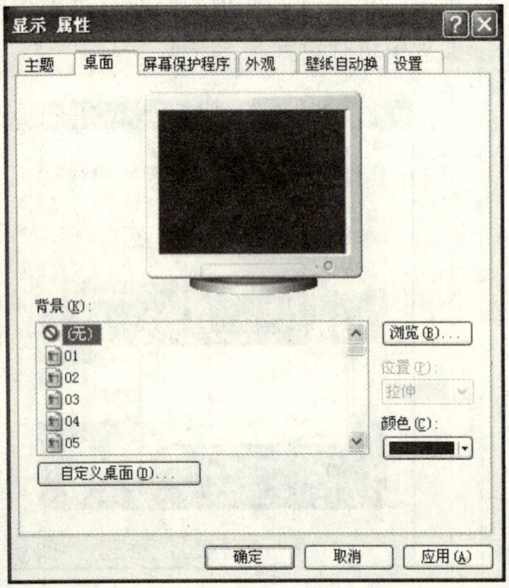

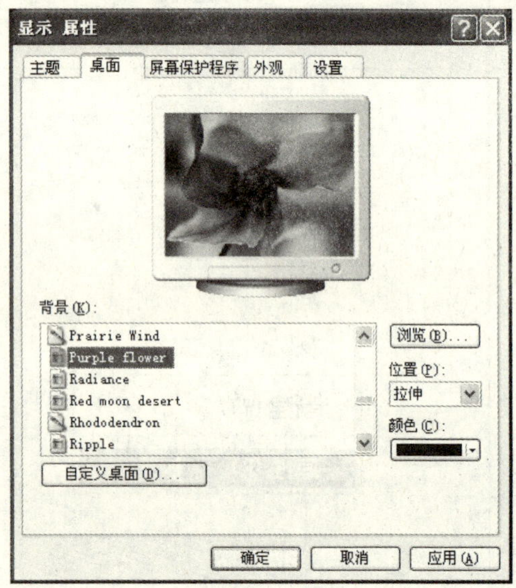

3 单击“确定”按钮。

4 打开“显示 属性”对话框，单击“桌面”选项卡，单击“浏览”按钮，弹出“浏览”对话框，选择一个图像文件，单击“打开”按钮。

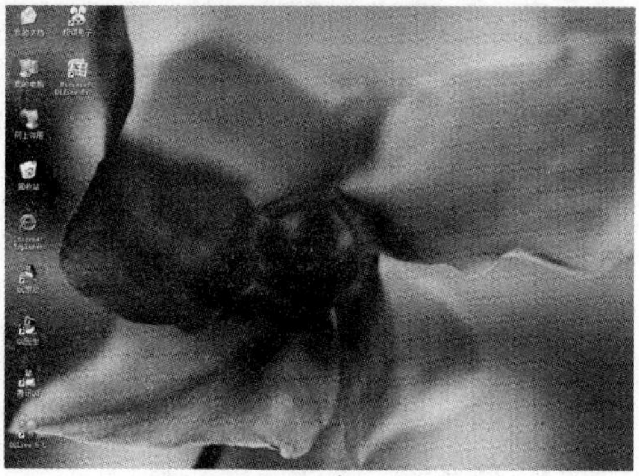

5 回到“显示 属性”对话框。

6 单击“拉伸”右边的下拉箭头，在弹出的列表框中单击“平铺”选项，单击“确定”按钮。

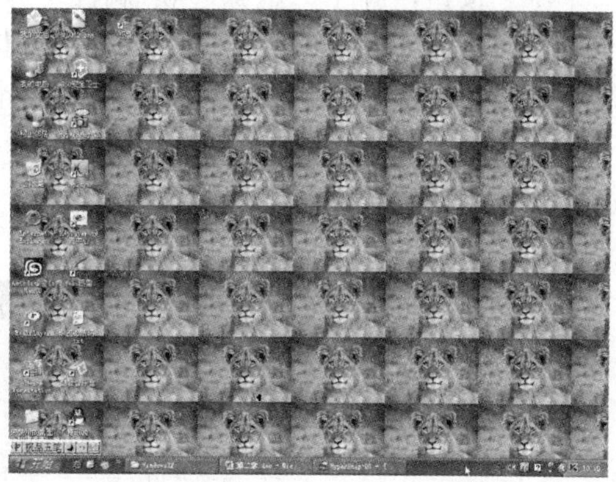

· 屏幕保护程序

如果在使用电脑过程中有一段时间需要离开，那么使用屏幕保护可以起到维持当前电脑工作状态和保护电脑的显示器。

1 打开“显示 属性”面板，单击“屏幕保护程序”选项卡，单击“Windows XP”右边的下拉箭头，在弹出的列表框中选择程序。

2 如选择“飞越星空”，在面板的上半部分即显示“飞越星空”的效果，如下图所示。单击“预览”按钮，即可全屏显示。

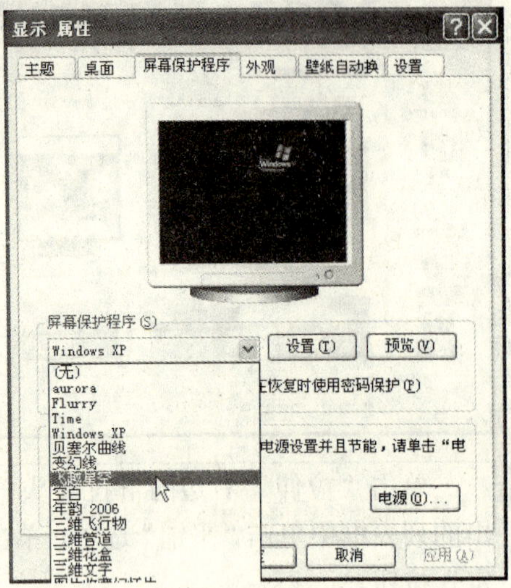

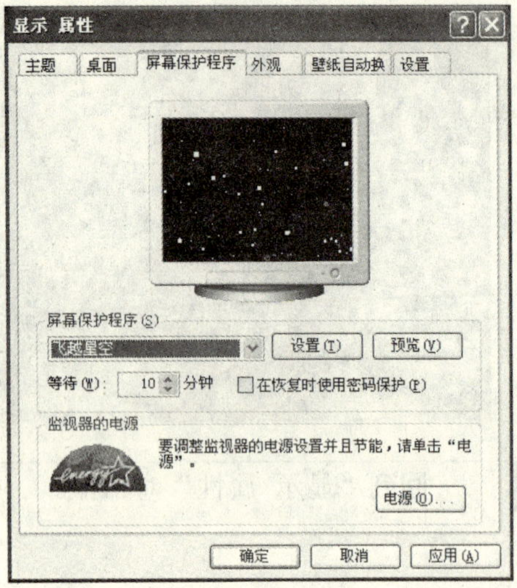

3 单击“监视器的电源”区域中的“电源”按钮，弹出“电源选项 属性”对话框，在该对话框中包含有“电源使用方案”、“高级”、“休眠”和“UPS”选项卡。在这些面板中可以对“监视器的电源”进行各项设置。

如单击“休眠”选项卡，勾选“休眠”区域中的“启用休眠”复选项，单击“确定”按钮。

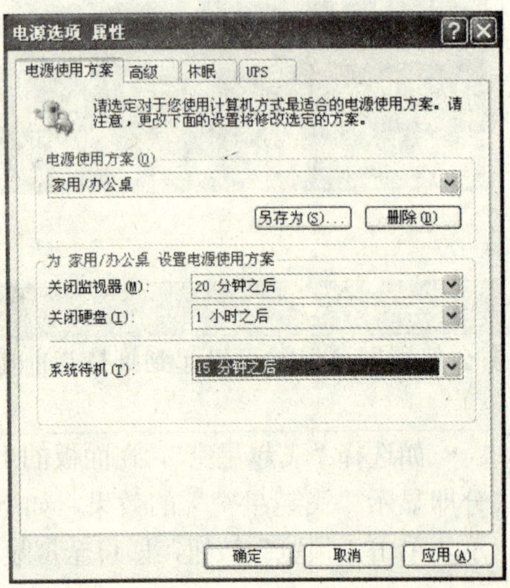

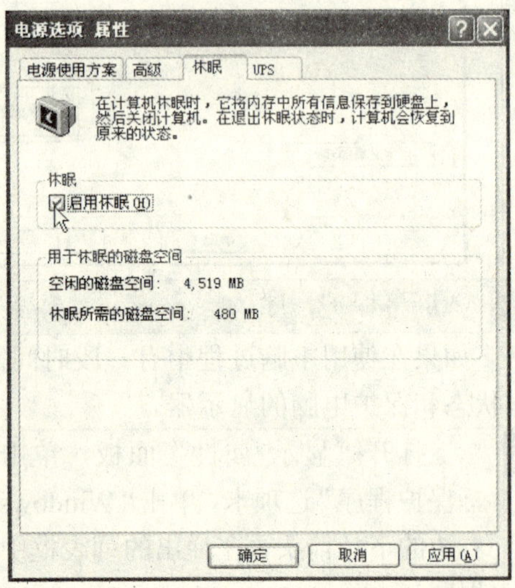

• 外 观

1 回到“显示 属性”对话框，单击“外观”选项卡，切换到“外观”面板。在此面板中可对“窗口和按钮”、“色彩方案”和“字体大小”进行设置。

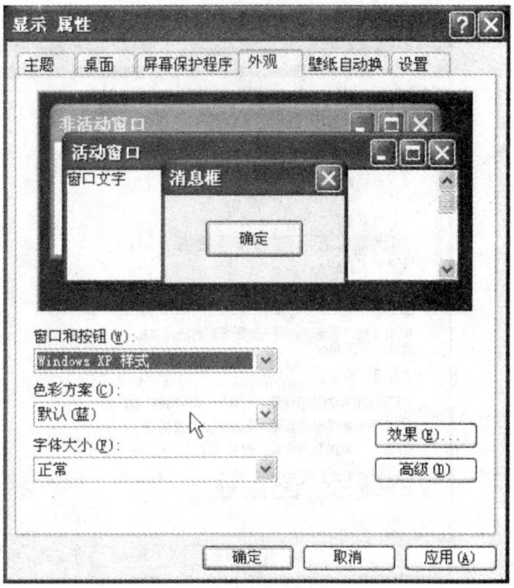

如设置“色彩方案”，单击其下面的文本框，弹出下拉列表框，在该列表框中即可选择各种“色彩方案”，如选择“银色”。

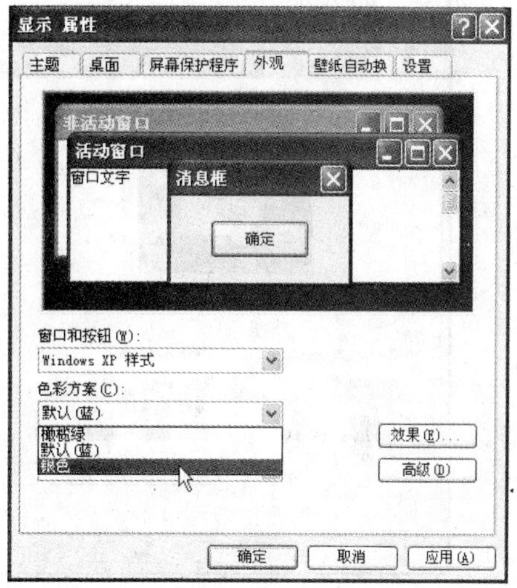

3 此时的“显示 属性”对话框即显示银色。

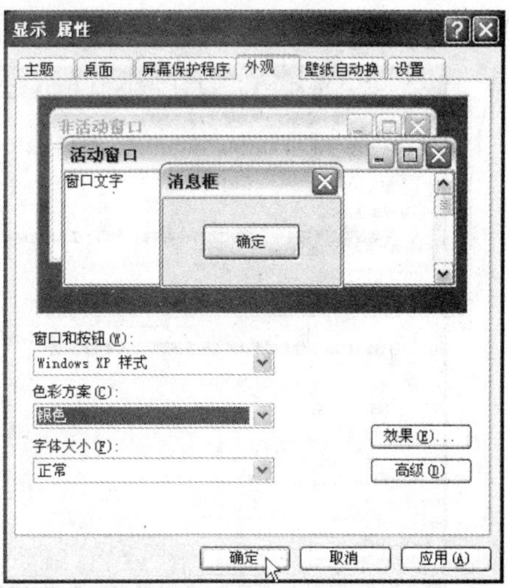

单击“确定”按钮。

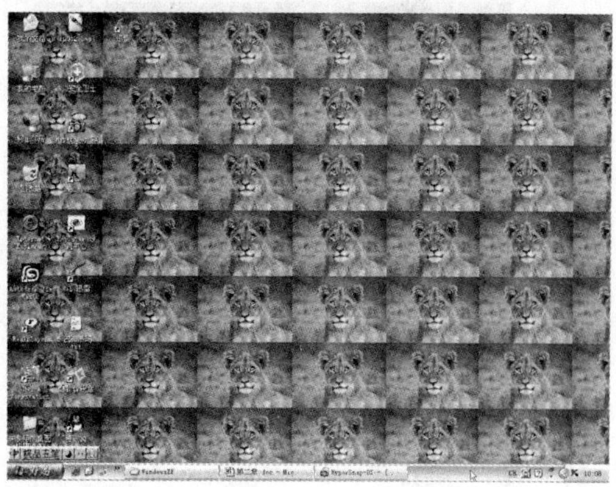

·设 置

1 打开“显示 属性”对话框，单击“设置”选项卡，切换到“设置”面板。在此面板中可对“屏幕分辨率”和“颜色质量”进行设置。如拖动滑块，即可设置“屏幕分辨率”的大小。

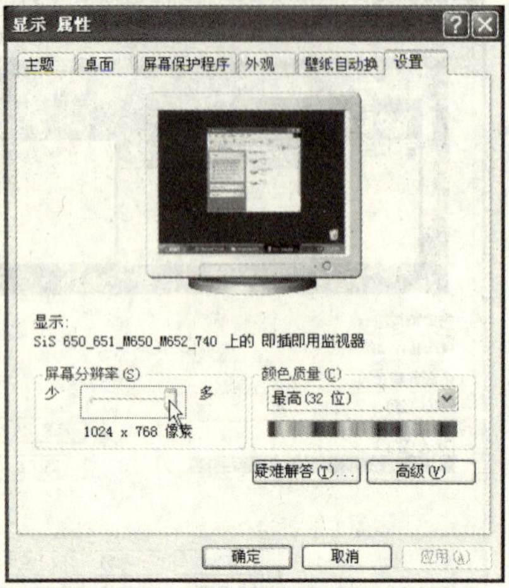

2 单击“颜色质量”下面的下拉箭头，在弹出的列表框中可选择需要的“颜色质量”。单击“高级”按钮，弹出“即插即用监视器”对话框，在该对话框中还可以进一步设置。

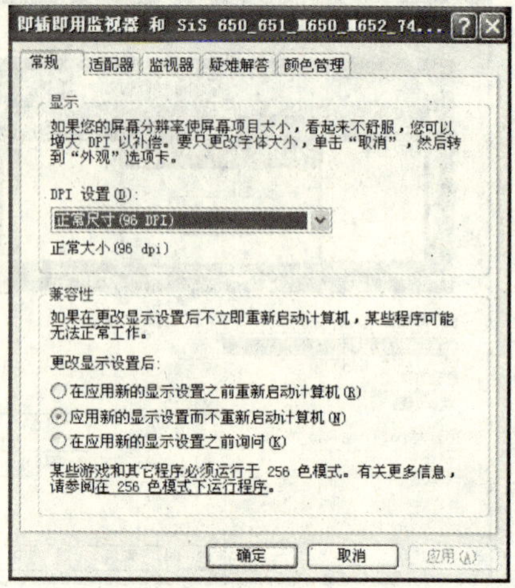

3 单击“适配器”选项卡，即可显示当前的“适配器类型”。单击“属性”按钮，在弹出的面板中将显示适配器的详细属性。

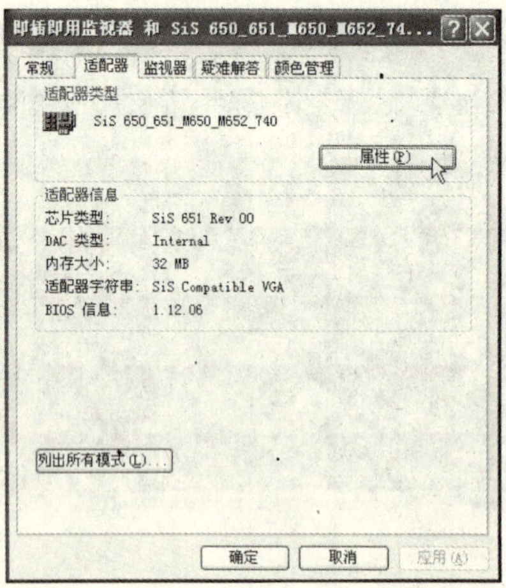

4 单击“疑难解答”选项卡，在弹出的面板中可选择“启用写入合并”复选框，拖动滑块以调整“硬件加速”功能的强弱

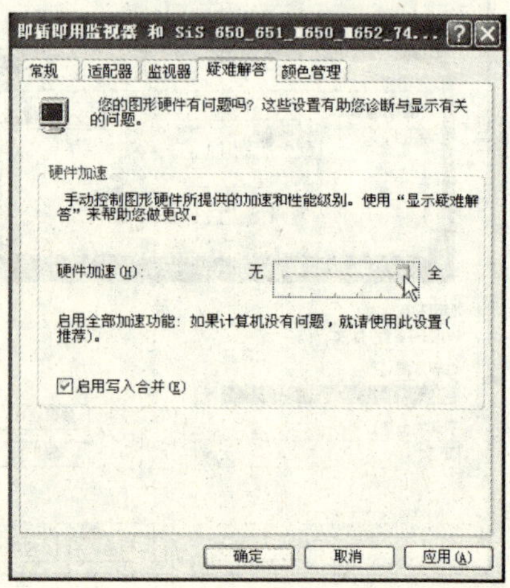

2.2 用户账户

Windows XP 是微软公司新推出的多用户、多任务的视窗操作系统，其用户管理功能更为强大。在 Windows XP 中的用户账户类型有 3 种：计算机管理员账户、受限账户和来宾账户。用户管理包括两个方面的内容：

1. 计算机管理员对受限用户及来宾用户的管理操作，包括创建用户、更改用户和删除用户等。

2. 受限用户对自身的管理操作，包括对 Windows XP 的自定义操作和个人文档管理。

2.2.1 创建账户

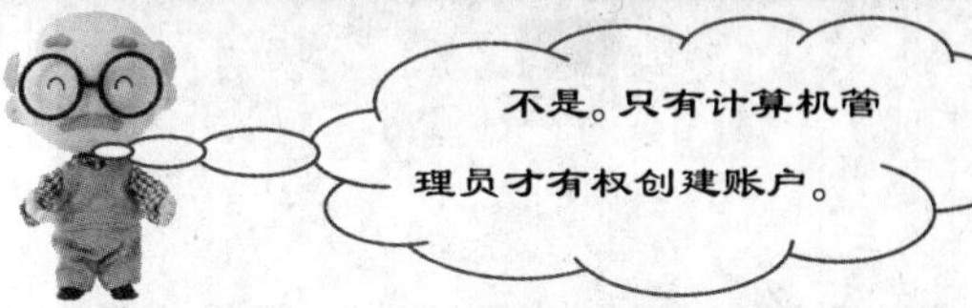

在 Windows XP 安装完成后，系统将自动创建一个账号，即 Administrator。Administrator 为管理员账号，具有本地计算机上的最高权限，对本地计算机有绝对的控制权。另外为了方便其他用户在短时间内使用同一台计算机，还设置了 Guest 账号。该账号只拥有很少的权限，不能对计算机做出太多的更改。

如果需要创建其他用户账户，则需要管理员账号或具有与管理员相同权限的账号来创建。

1 执行“开始 / 控制面板”菜单命令，弹出“控制面板”窗口，如下图所示为控制面板的“分类视图”。单击左边区域中的“切换到经典视图”按钮或文字链接。

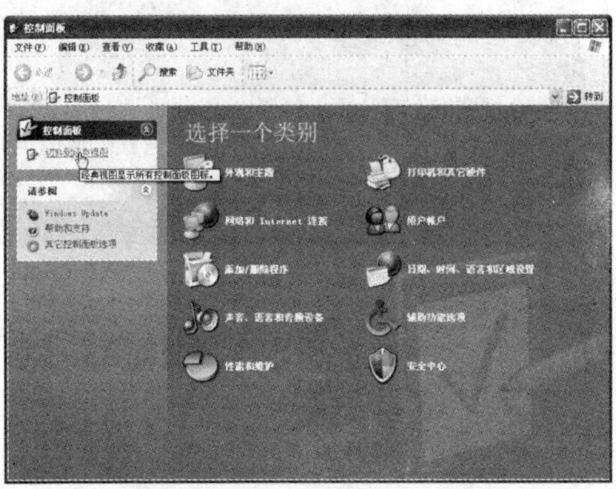

2 即可切换到控制面板的“经典视图”。

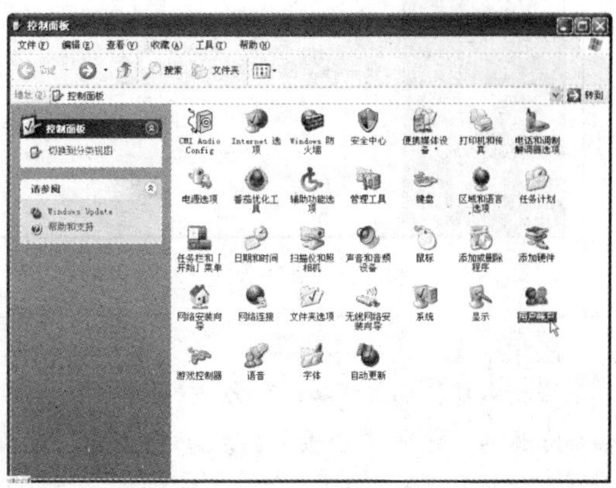

3 双击“用户账户”图标，弹出“用户账户”面板。在该面板中显示，计算机中只有一个“计算机管理员 sxl”账户和一个未启用的“来宾账户 Guest”。

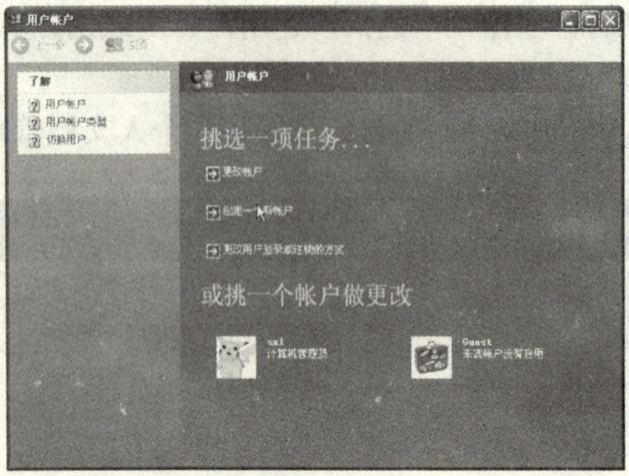

4 单击“创建一个新账户”按钮，弹出如下图所示的面板，在“为新账户键入一个名称”下面的文本框中键入“lisuhong”，单击“下一步”按钮。

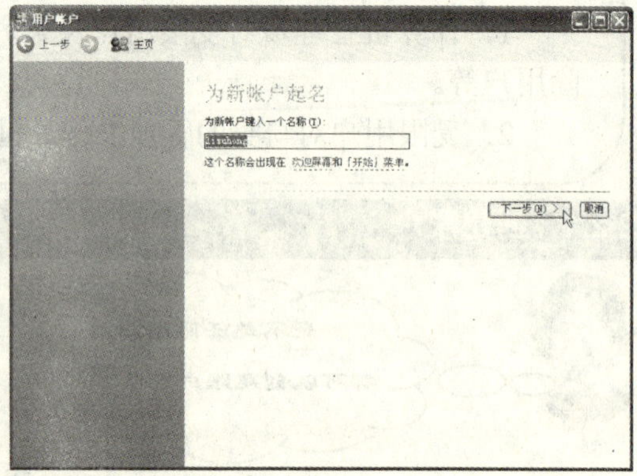

5 弹出如下图所示的面板，在该面板中可根据需要选择“账户”类型。如：选择“受限”选项，单击“创建账户”按钮。

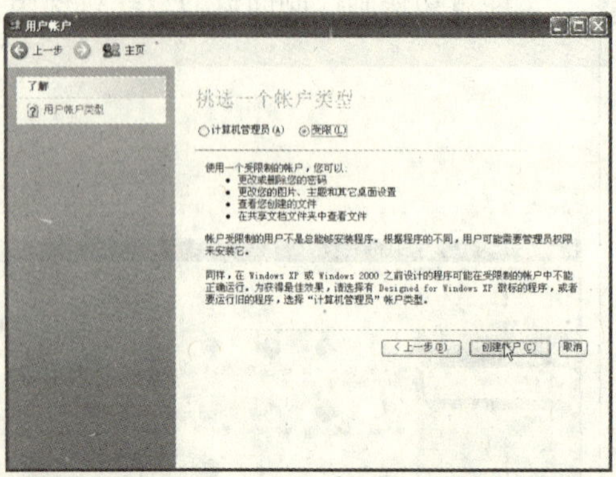

6 即可创建一个名为“lisuhong”的新账户。

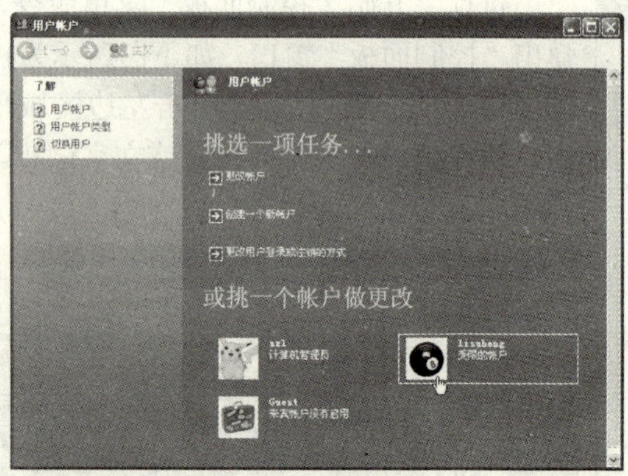

提示：

在一台计算机上可以创建多个“计算机管理员”账户和“受限”账户。在启动后的“账户”选择界面中，将显示这些“账户”，而最初的名为“Administrator”计算机管理员账户不会显示在“账户”选择界面中，只有进入“安全模式”才会显示“Administrator”计算机管理员账户。

2.2.2 更改账户

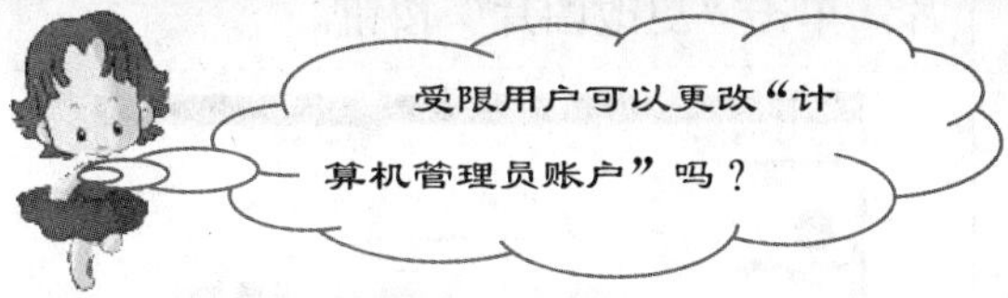

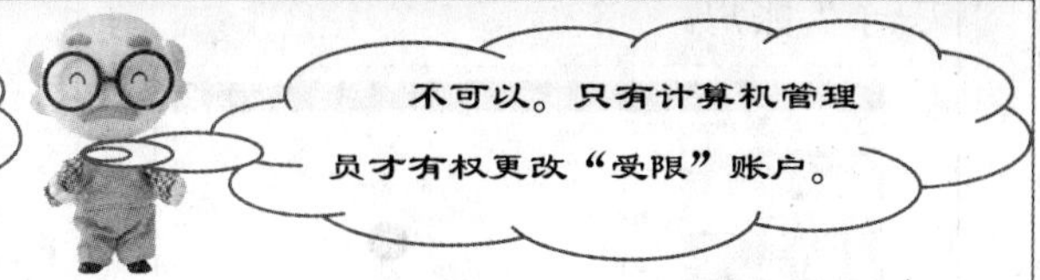

“计算机管理员”账户还可以更改或删除其他“计算机管理员”账户，这样就很容易丢失文件，因此，在一台计算机中最好只设置一个或两个“计算机管理员”账户。

1 执行“开始 / 控制面板”菜单命令，双击“控制面板”中的“用户账户”图标，打开“用户账户”面板。

2 单击“更改账户”按钮，在弹出的面板中单击“受限”账户“lisuhong”。

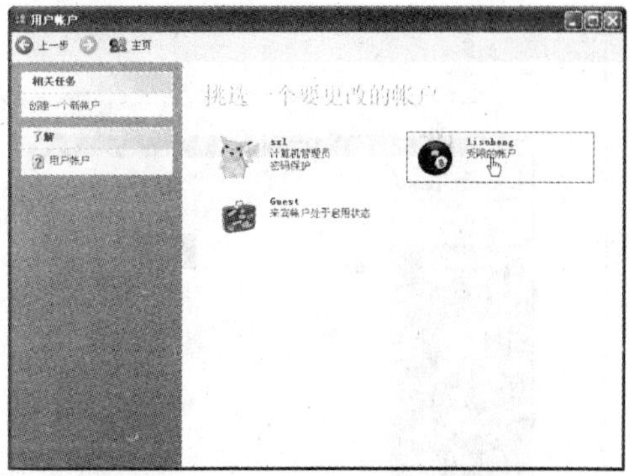

3 在弹出的面板中单击“更改名称”按钮。

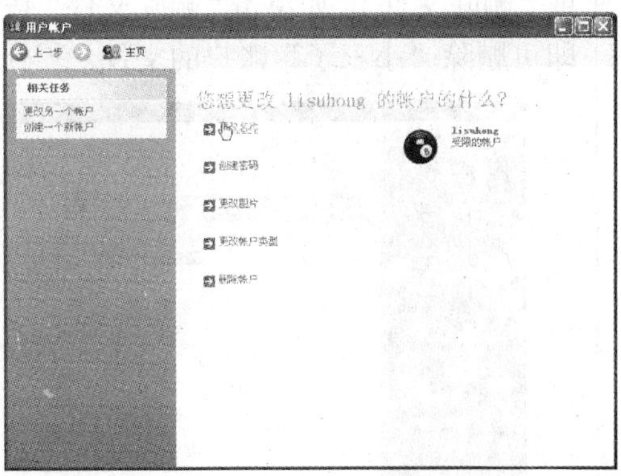

4 在弹出的对话框中，键入“小三子”，单击“改变名称”按钮。

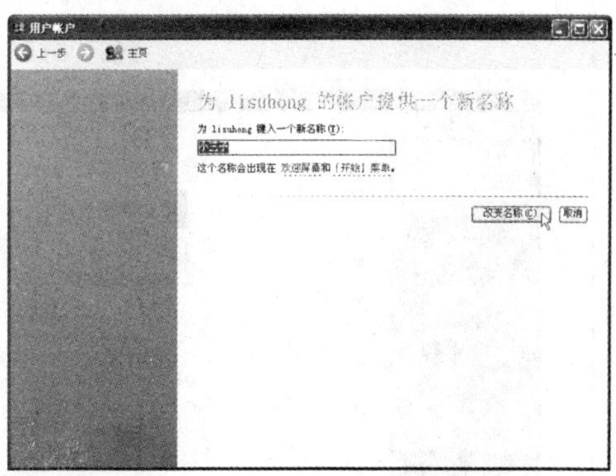

即可将“lisuhong”账户更名为“小三子”账户。

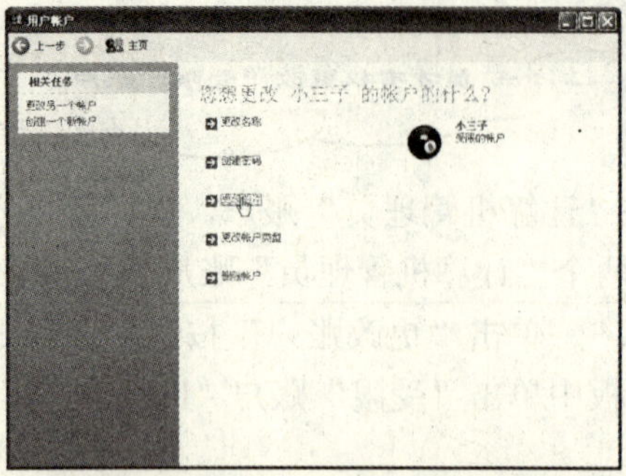

单击“更改图标”按钮，选择一个图片，单击“更改图片”按钮。

即可为“小三子”账户更改图片。

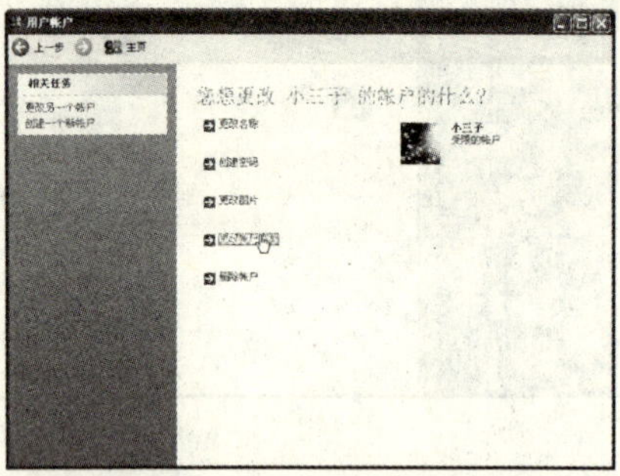

单击“更改账户类型”按钮，在弹出的对话框中选择“计算机管理员”，单击“更改账户类型”按钮。

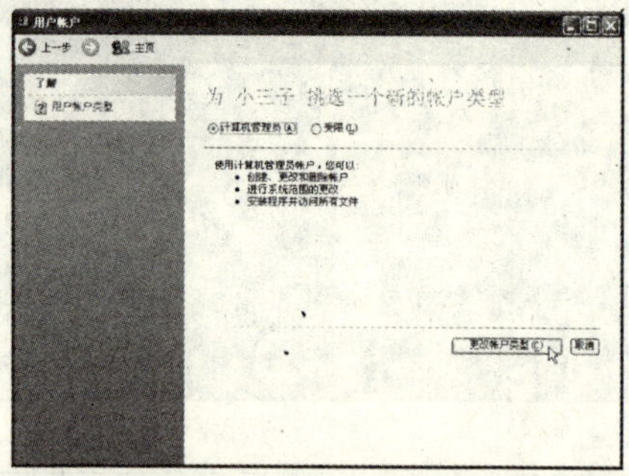

即可将“小三子”受限账户更改为“计算机管理员”账户。

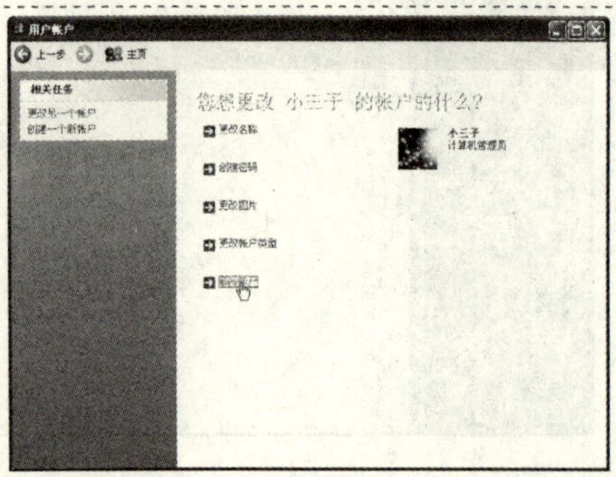

单击“删除账户”按钮，弹出面板。在该对话框中根据需要选择“保存文件”或“删除文件”，如单击“删除文件”按钮，即可删除“小三子”账户的文件。

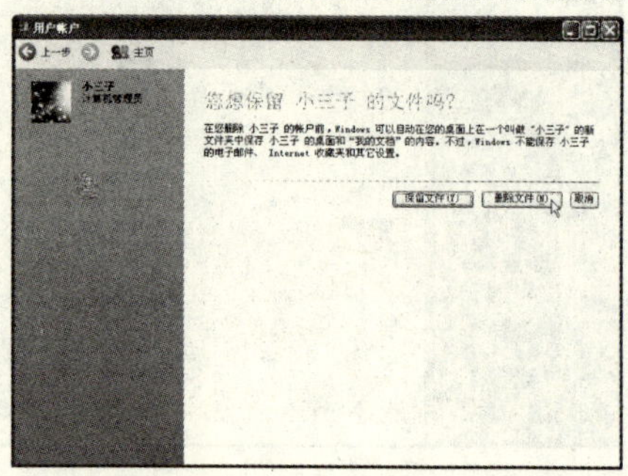

11 弹出如下图所示的对话框，单击“删除账户”按钮。

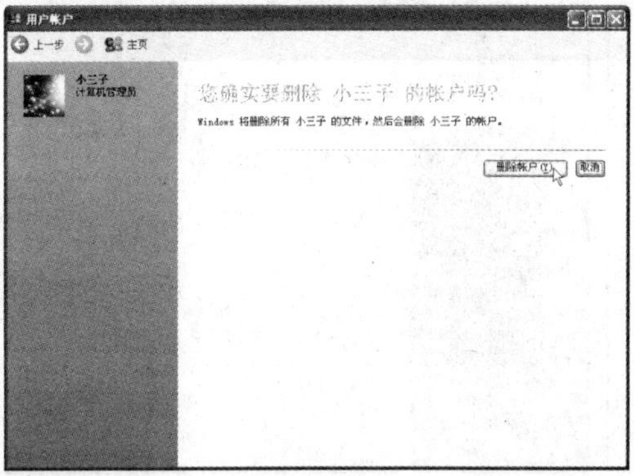

12 即可返回到“用户账户”主页。从图中可看到“小三子”账户已被删除。

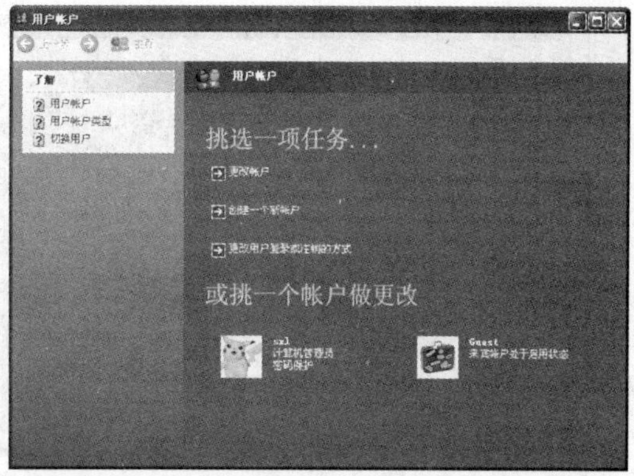

2.2.3 来宾账户

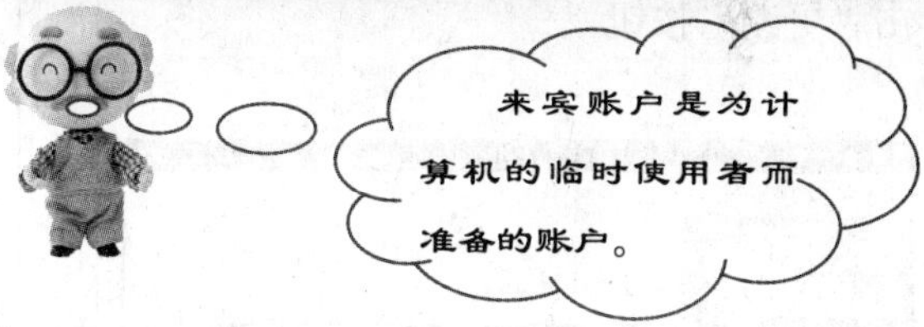

计算机管理员不可能为每一个临时使用计算机的用户都创建一个账户，为了方便任何人对计算机的使用，可以启用来宾账户。

1 进入“用户账户”主页，单击“Guest”图标。

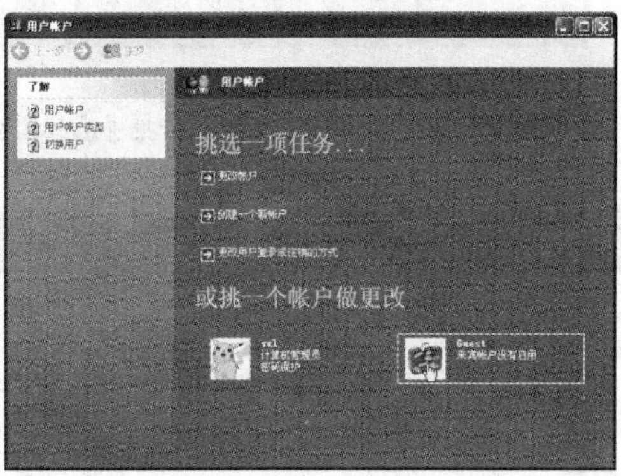

2 在弹出的对话框中单击“启用来宾账户”按钮。

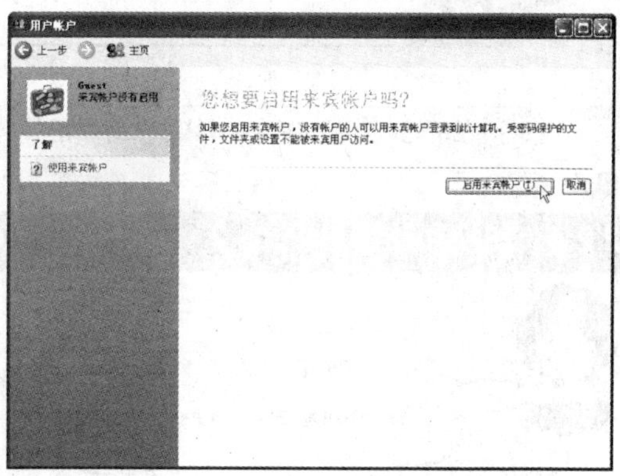

3 即可启用来宾账户。

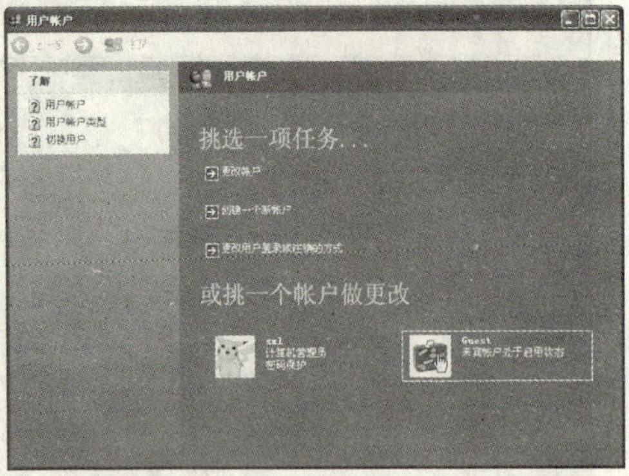

4 单击“Guest”账户，在弹出的面板中单击“更改图片”按钮。

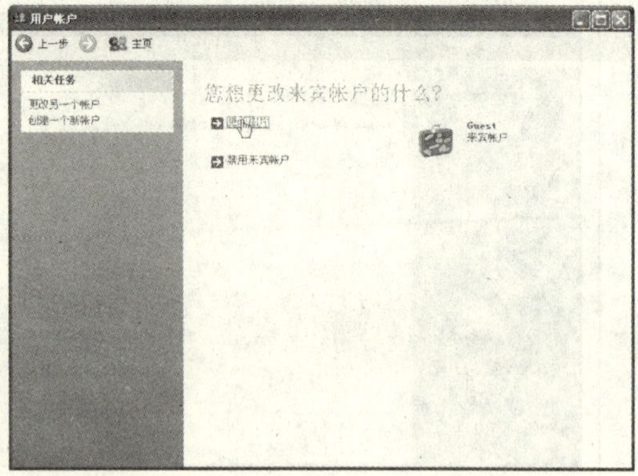

5 在弹出的对话框中选择一个图片，单击“更改”按钮。

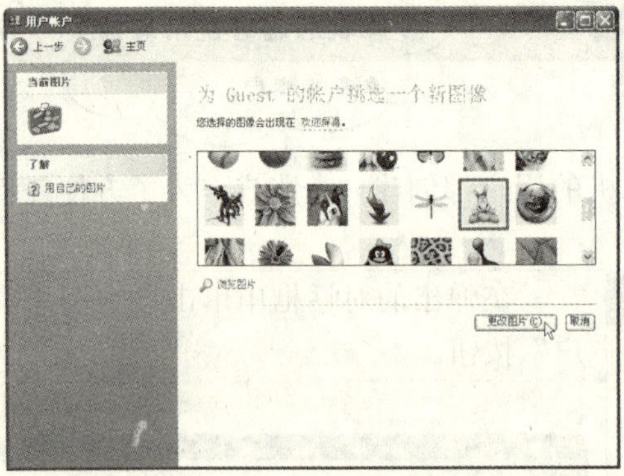

6 返回到“用户账户”主页，可看到已更改了“Guest”账户的图片。

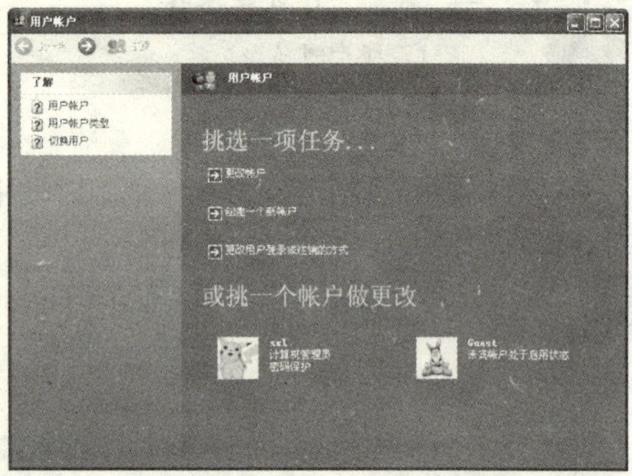

提示：在第 5 步中，还可以单击“浏览图片”按钮，将弹出“打开”对话框，在该对话框中选择需要的图片。

2.2.4 切换和注销用户

1 执行“开始 / 注销”菜单命令，弹出“注销 Windows”窗口。

2 单击“切换用户”按钮，弹出 Windows XP“选择用户”界面。

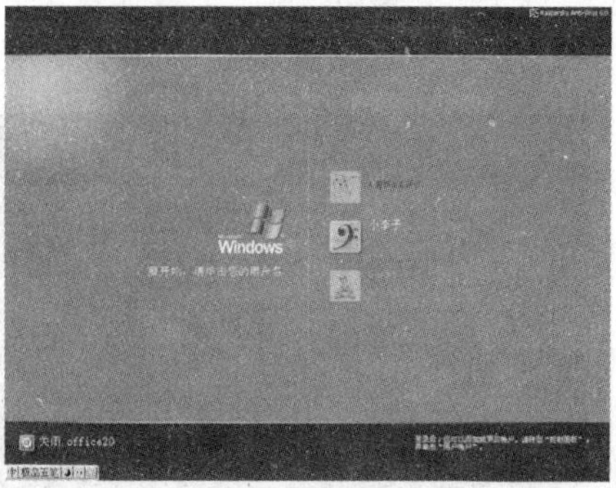

3 单击你的用户名，如“小李子”，即可切换到“小李子”用户。

提示：

切换用户，还可以直接按“Windows 徽标键+L 键”，即可快速进入 Windows XP“选择用户”界面。

未先“注销”原账户，而直接切换到自己的账户，在你工作的同时，原账户中原来运行的所有程序仍在继续运行。如要终止原账户中的程序的运行，需切换到原账户，再执行“注销”命令即可。

4 按“Windows 徽标键+L 键”，在 Windows XP“选择用户”界面中单击“sxl”用户图标，系统即可加载“sxl”用户的个人设置。

5 进入到“sxl”用户的桌面，执行“开始 / 注销”菜单命令，在弹出的“注销 Windows”窗口中单击“注销”按钮。

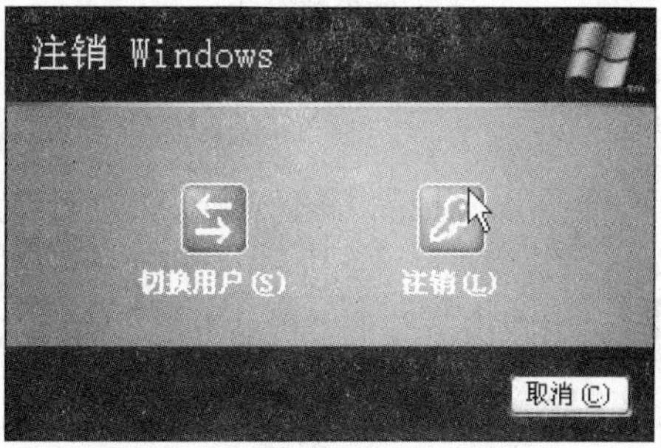

6	系统即开始保存设置。	7	“注销”用户后，返回到 Windows XP “选择用户”界面中。单击其他用户名即可登录。

2.3 设置中文输入法

安装 Windows XP 后系统中已经安装了一些中文输入法，默认的有微软拼音输入法 2003、内码输入法、全拼输入法、双拼输入法、郑码输入法以及智能拼音输入法等。如果用户习惯于使用五笔输入法，这时就需要用户自己去下载和安装。安装好五笔输入法后，还需要添加该输入法才可以使用 。在实际的文档编辑中，用户往往只需要使用一两种输入法即可，过多的中文输入法会使切换输入法显得很麻烦，通常会删除一些不常用或不熟习的输入法 。

2.3.1 安装输入法

下面以“极品五笔”输入法为例，介绍安装中文输入法的步骤如下。

1	双击下载的“极品五笔”输入法文件（exe 格式）。	2	弹出如下图所示的对话框，单击“下一步”按钮。

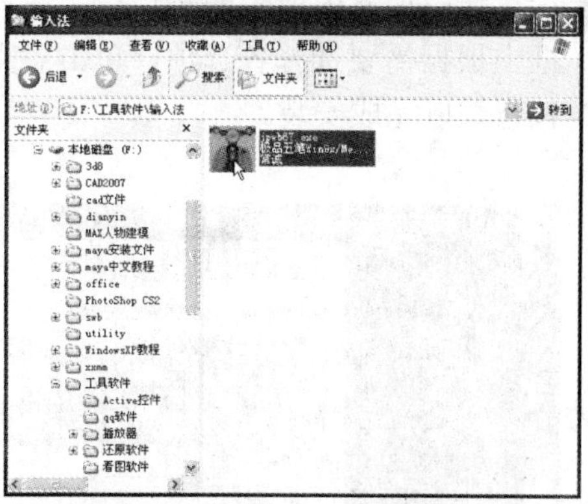

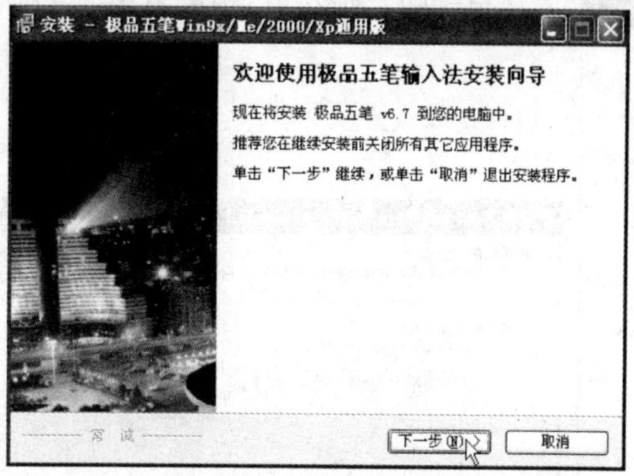

3 弹出如下图所示的对话框，选择“我同意此协议”选项，单击“下一步”按钮。

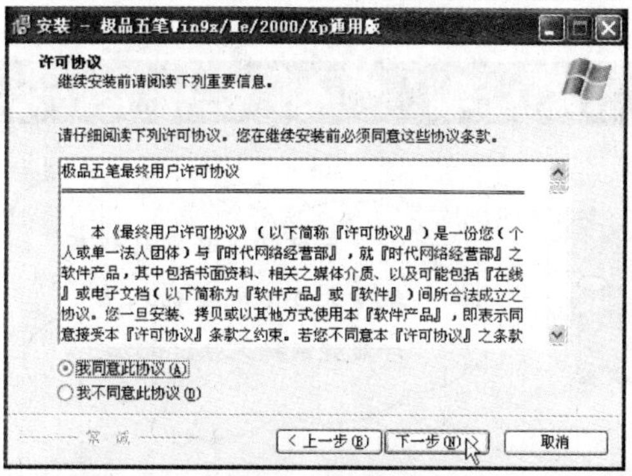

4 弹出如下图所示的对话框，保持默认的安装目的文件夹，单击“下一步”按钮。

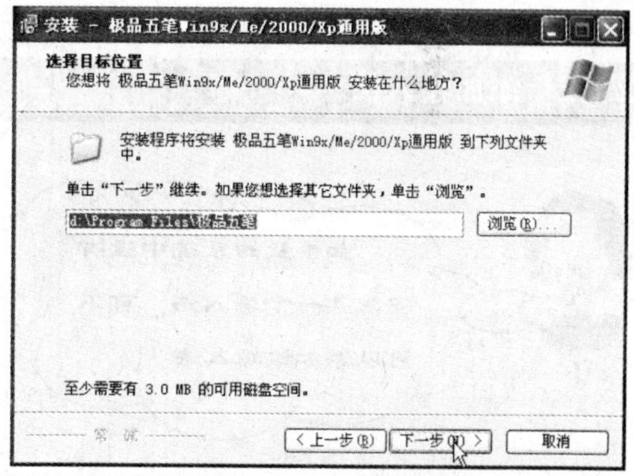

5 弹出如下图所示的对话框，根据需要选择“添加中文上网 2007”选项，单击“下一步”按钮。

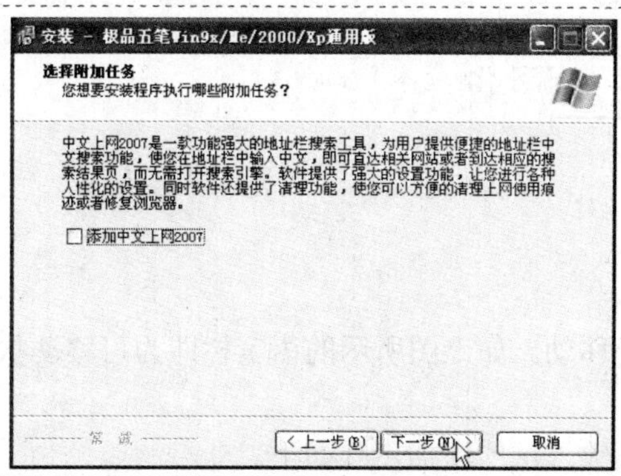

6 弹出如下图所示的对话框，单击“安装”按钮。

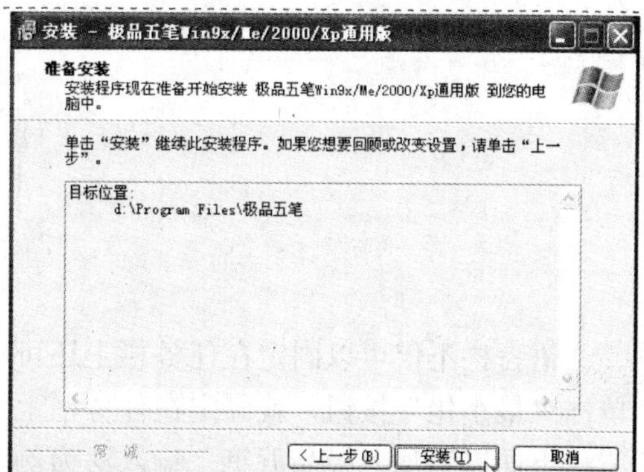

7 系统即开始安装“极品五笔”输入法。

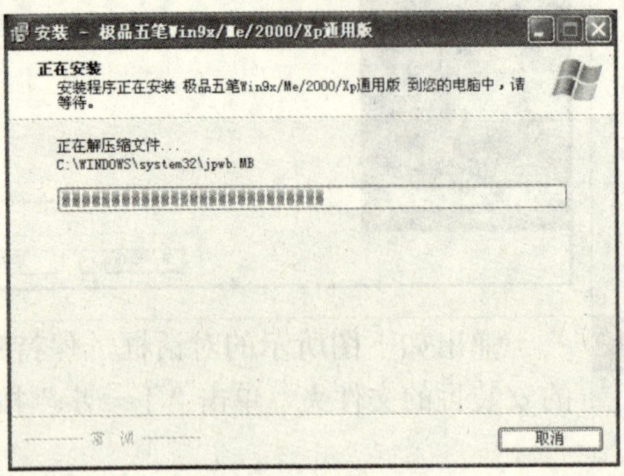

8 弹出如下图所示的对话框，在该对话框中根据需要选择各选项，单击“完成”按钮，以完成安装。

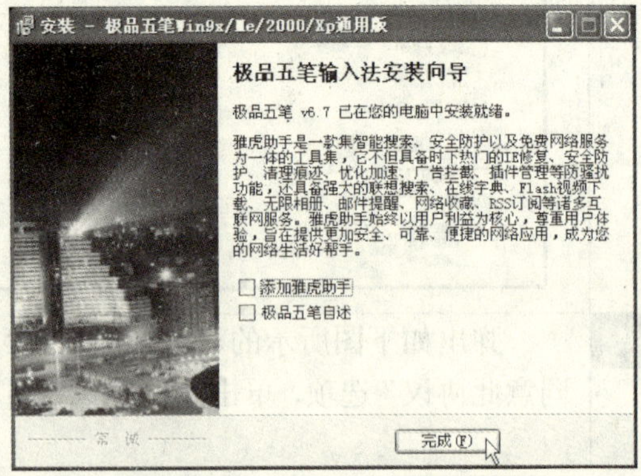

2.3.2 添加输入法

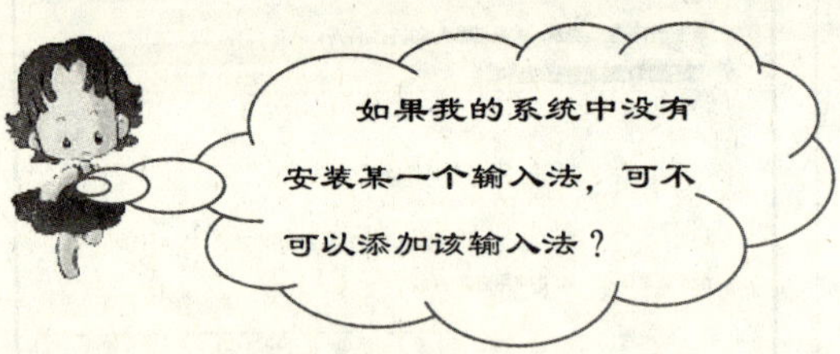

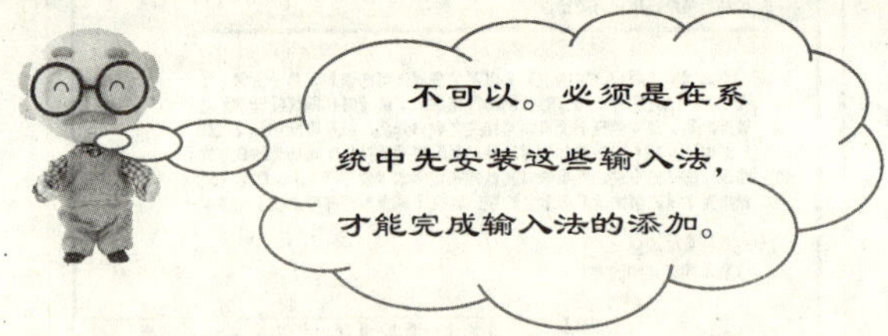

Windows XP 中在任务栏的通知区域有一个语言栏，是用来对语言或输入法进行设置的。

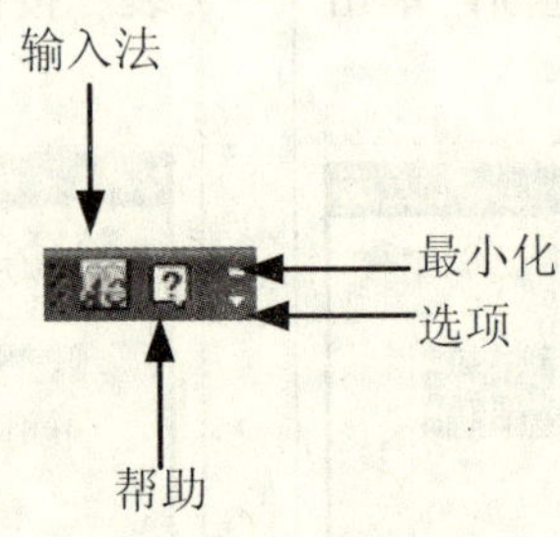

语言栏

语言栏不仅可以固定在任务栏上还可以到处移动。如上图所示的语言栏即为可移动状态，单击“最小化”按钮，就固定在任务栏上了。

下面以添加“极品五笔”输入法为例，介绍输入法的添加步骤如下。

1　单击任务栏中的中文输入法按钮“CH”，弹出当前已添加的所有中文输入法。

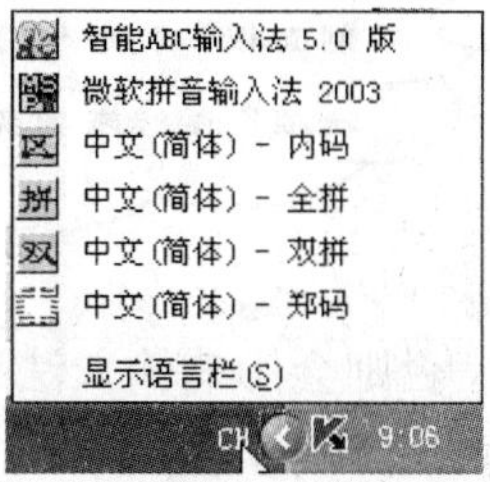

2　在任务栏中的中文输入法按钮上单击右键，弹出快捷菜单，单击“设置”命令。

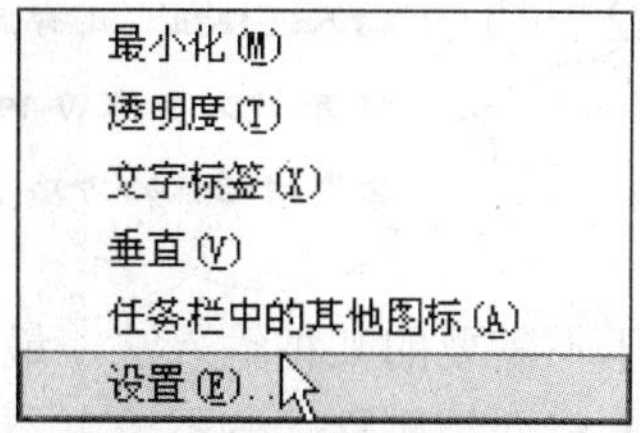

3　弹出“文字服务和输入语言”对话框，单击“添加”按钮。

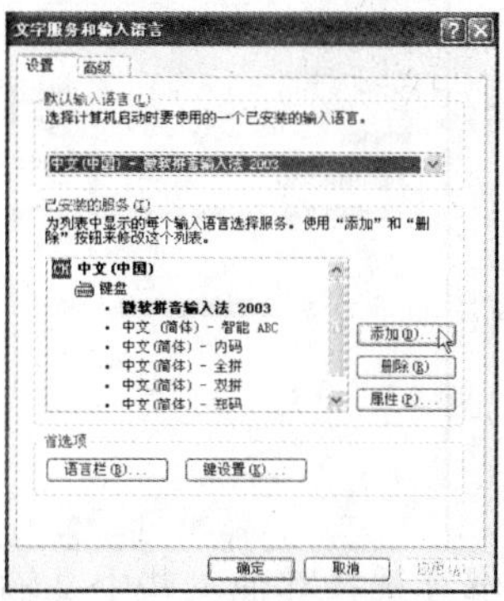

4　弹出“添加输入语言”对话框，在“输入语言”区域选择“中文（中国）”，单击“键盘布局/输入法”下面的文本框，在弹出的列表框中单击“极品五笔输入法”。

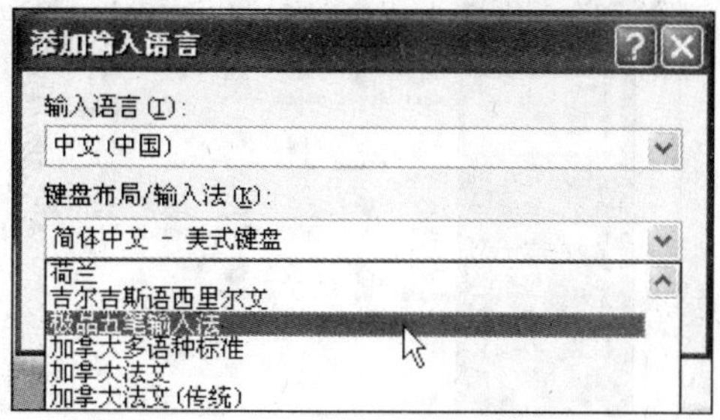

5　单击“确定”按钮，返回到“文字服务和输入语言”对话框，在该对话框中即添加了“极品五笔输入法”。

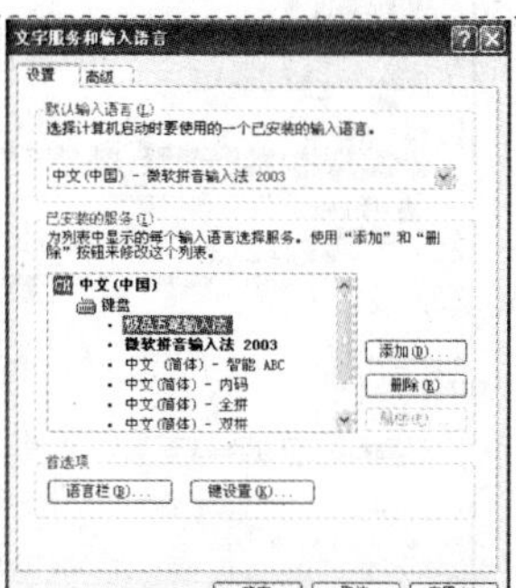

6　单击“确定”按钮，即可完成“极品五笔输入法”的添加。单击任务栏中的中文输入法按钮“CH”，在弹出的菜单中单击“极品五笔输入法”，即可使用该输入法。

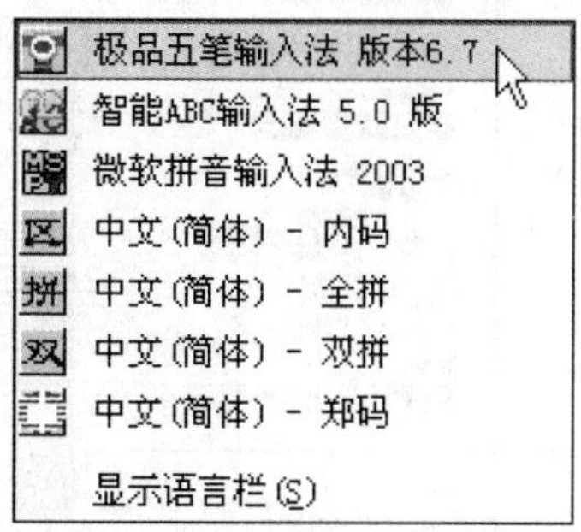

2.3.3 删除输入法

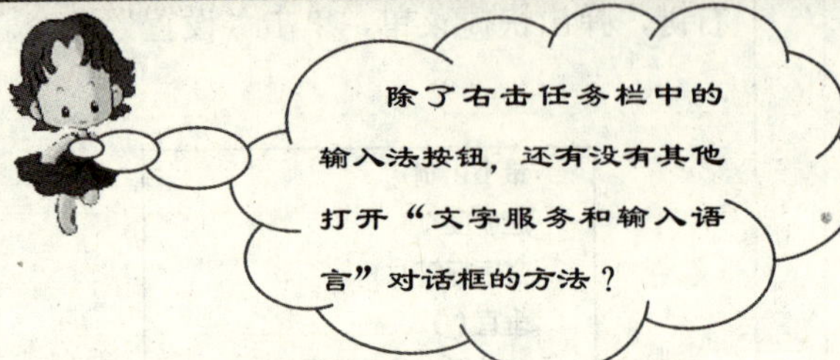

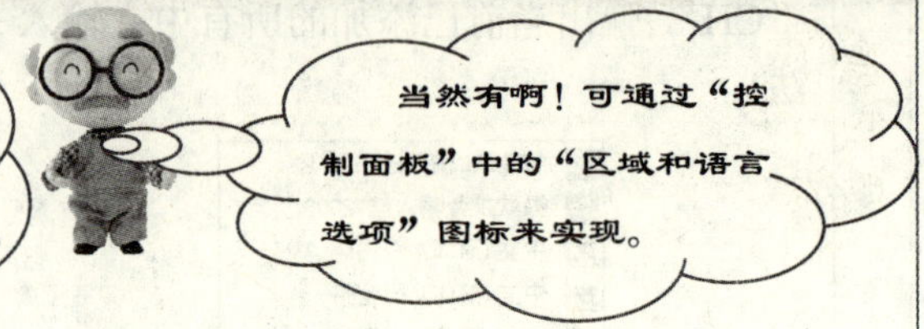

对于不需要的某种输入法，最好的方法还是将其删除，否则会影响输入法选择。下面将介绍删除一些不笔者不常用或不熟习的中文输入法，其步骤如下。

1 执行“开始/控制面板”菜单命令，弹出“控制面板”窗口，双击“区域和语言选项”图标。

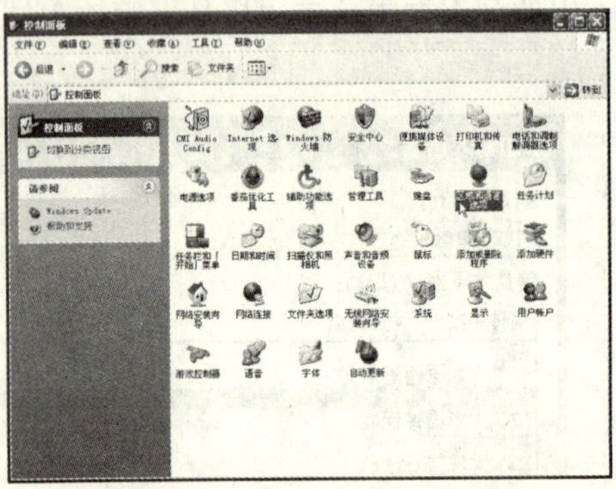

2 弹出“区域和语言选项”对话框，单击“语言”选项卡，再单击“详细信息”按钮。

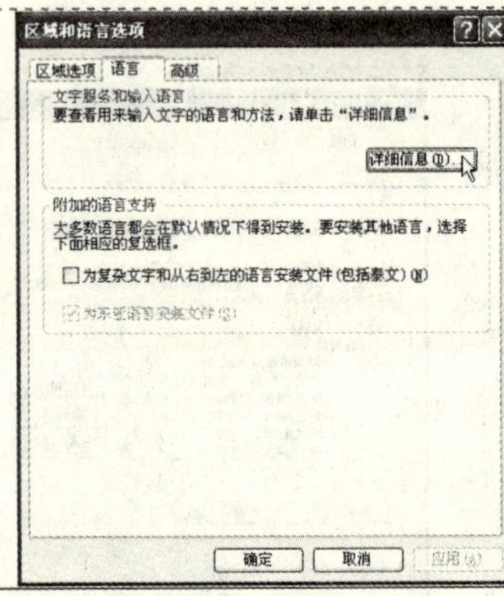

3 即可弹出“文字服务和输入语言”对话框，选择“微软拼音输入法 2003”，单击“删除”按钮。

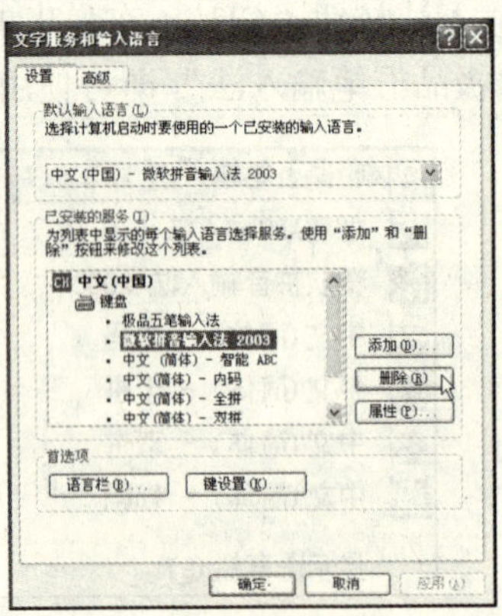

4 继续选择其他一些中文输入法，单击“删除”按钮，即可删除不常用或不熟悉的输入法。

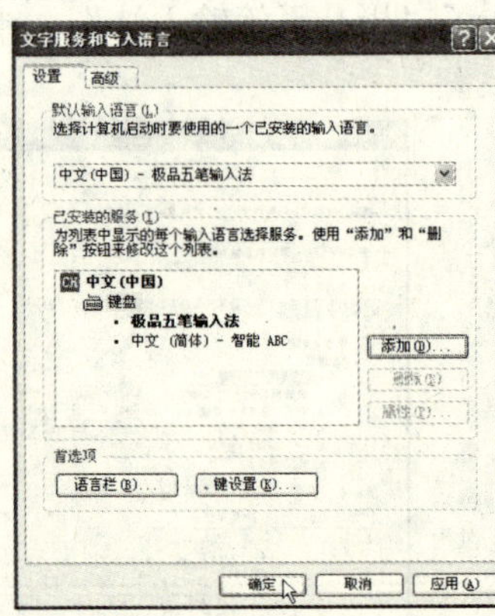

2.3.4 切换输入法

切换输入法有两种方法：其一是单击任务栏中的输入法按钮，在弹出的菜单中选择各个输入法即可；其二是通过切换输入法热键来实现不同输入法之间的切换。

1 单击任务栏中的中文输入法按钮“CH”，弹出如下图所示的菜单，如需切换到英文输入法，单击“EN 英语（美国）”即可。

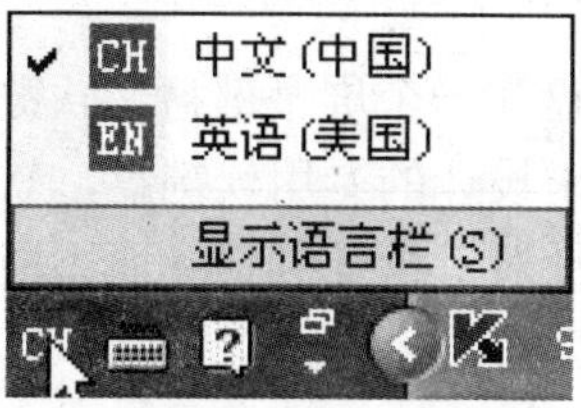

2 如当前输入法状态为中文输入法，单击任务栏中的小键盘图标，弹出已添加的所有中文输入法。单击需要切换到的输入法，即可完成输入法的切换操作。

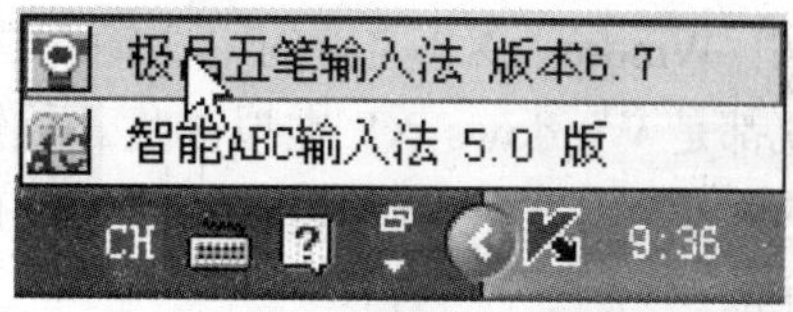

3 在“任务栏”中输入法按钮上单击右键，在弹出的菜单中单击“设置”命令，弹出“文字服务和输入语言”对话框。

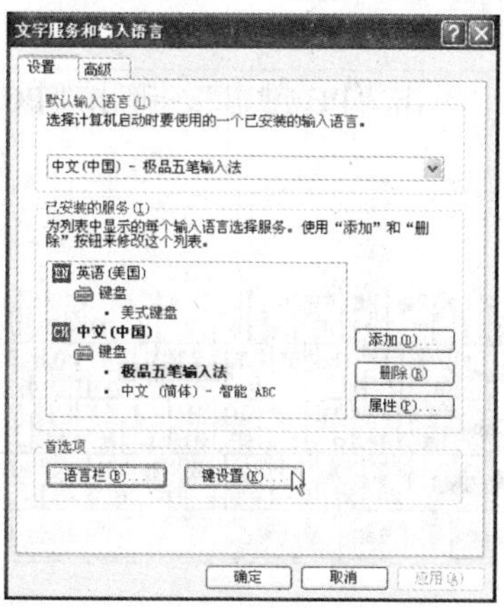

4 单击“键设置”按钮，弹出“高级键设置”对话框，在该对话框中即可设置切换到各个输入法的热键。如单击“切换至英语（美国）-美式键盘”，单击“更改按钮顺序”按钮。

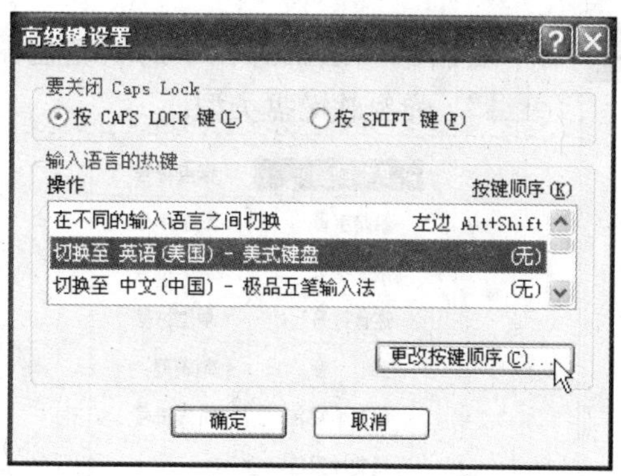

5 弹出“更改按键顺序”对话框，在该对话框中根据个人习惯进行选择。

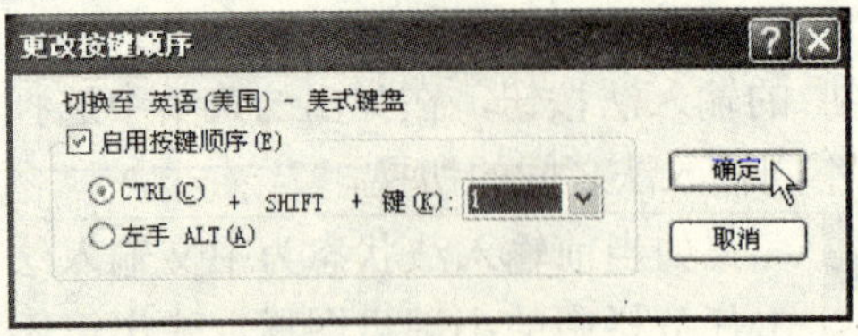

6 单击“确定”按钮，即可完成更改。返回到“高级键设置”对话框，选择其他输入法继续设置，如不需设置，单击“确定”按钮。

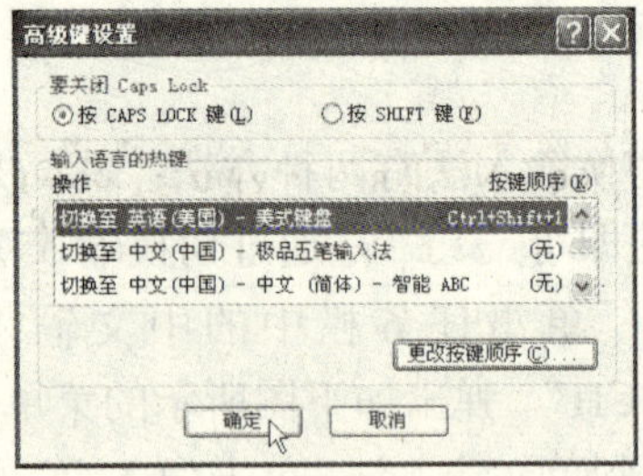

2.4 软键盘与屏幕键盘

Windows XP 内置的中文输入法提供了 13 种软键盘和一个屏幕键盘，软键盘和屏幕键盘都是 Windows XP 虚拟键盘。软键盘是根据不同需求设计的专用软键盘，软键盘上分布着在实际工作中最常用到的字符，而屏幕键盘主要是针对键盘受到损坏而不能正常输入设计的。

2.4.1 软键盘

1 右击输入法状态栏中的软键盘图标“⌨”，弹出软键盘类型。

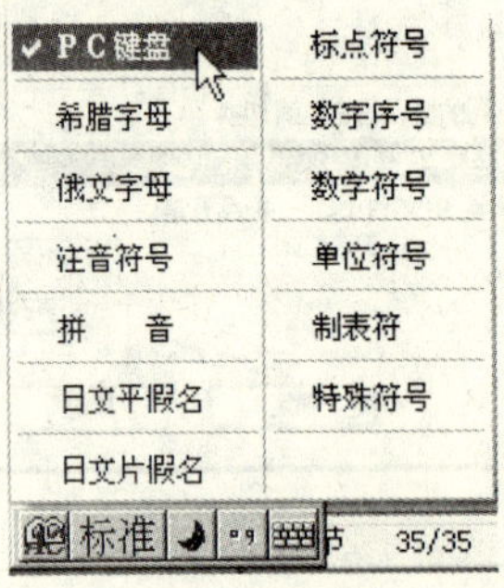

2 单击“PC 键盘”，弹出“PC 键盘”。

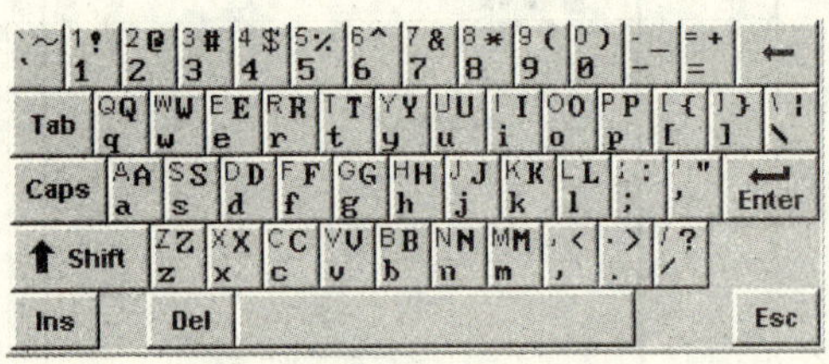

3 将光标置于需输入的位置，单击“PC键盘”中相应的键，即可进行输入。

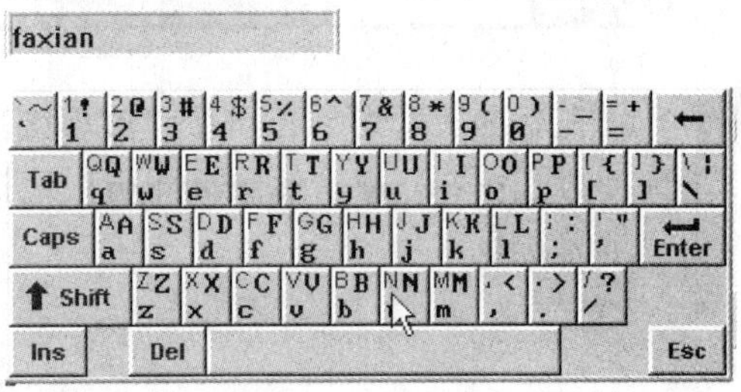

4 要切换到另一种软键盘，可右击输入法状态栏中的软键盘图标“”，在弹出的软键盘类型中选择另一种软键盘。

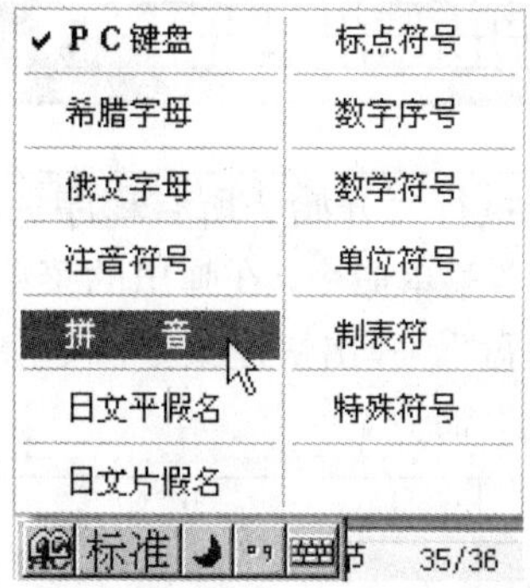

5 如选择“拼音”，弹出的“拼音”软键盘。

6 选择“单位符号”，弹出的“单位符号”软键盘。

提示：要关闭软键盘输入，直接单击输入法状态栏中的软键盘图标即可。

2.4.2 屏幕键盘

“屏幕键盘”是一种能够在屏幕上显示的虚拟键盘，它允许用户使用鼠标或游戏杆输入数据。最初的“屏幕键盘”主要是为有移动障碍的用户提供最低级别的功能，而目前还可以使用“屏幕键盘”来防范一些“键盘记录程序”来窃取信息。

1 执行“开始 / 所有程序 / 附件 / 辅助工具 / 屏幕键盘”菜单命令，即可打开“屏幕键盘”。

默认打开的“屏幕键盘”为“数字”模式，单击“shift”键，即可切换到“符号”模式。

3 执行“开始 / 所有程序 / 附件 / 辅助工具”菜单命令，在弹出的菜单中右击“屏幕键盘”。弹出快捷菜单，单击“创建快捷方式”命令。

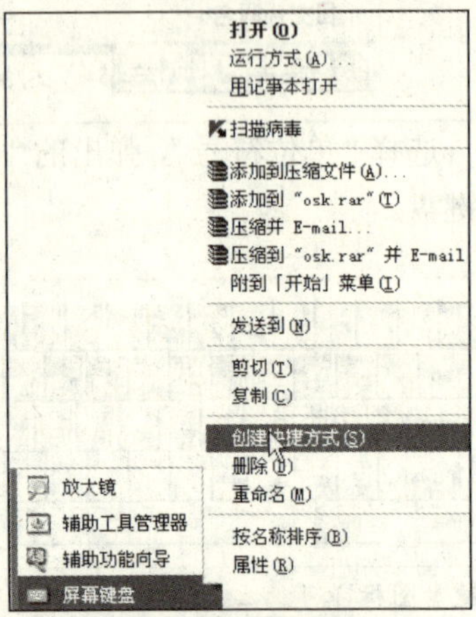

4 在桌面上即可创建一个“屏幕键盘”快捷方式图标。双击此图标即可快速打开“屏幕键盘”。

2.5 设置鼠标

鼠标是重要的输入设备之一，如果鼠标设置不当，会对操作带来很多的麻烦。同时，用户根据个人爱好还可对鼠标进行个性化设置。对鼠标的设置包括设置“鼠标键”、“指针”、“指针选项”、“轮”和“硬件”等。

执行“开始 / 控制面板”菜单命令，在弹出的“控制面板”窗口中双击“鼠标”图标。

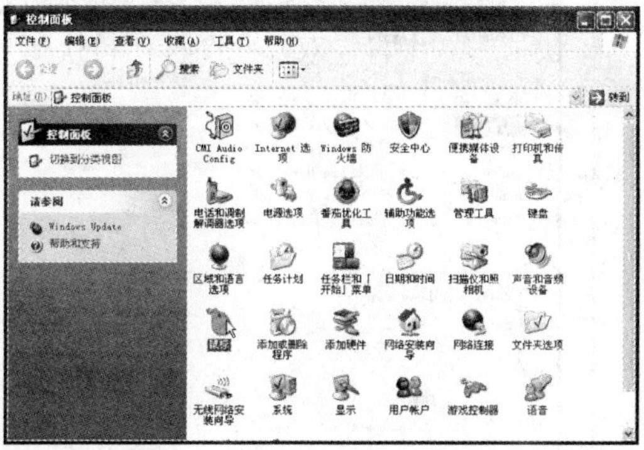

弹出“鼠标 属性”对话框，在该对话框中包含有“鼠标键”、“指针”、“指针选项”、“轮”和“硬件”选项卡，默认显示“鼠标键”面板。

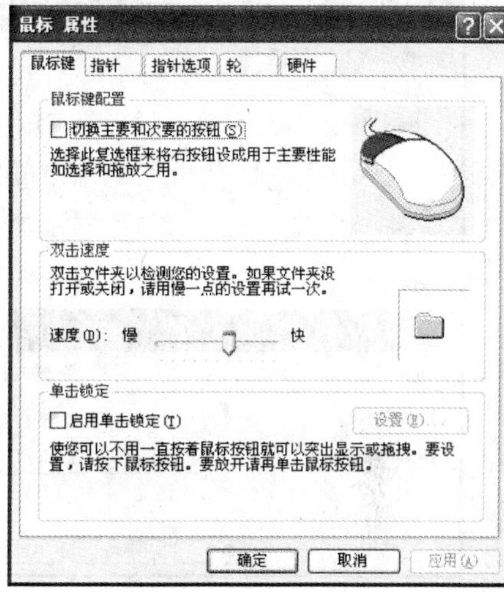

在“鼠标键”面板中可根据需要选择“鼠标键配置”和“单击锁定”选项。在“双击速度”区域拖动速度滑块，然后在右边双击以测试。

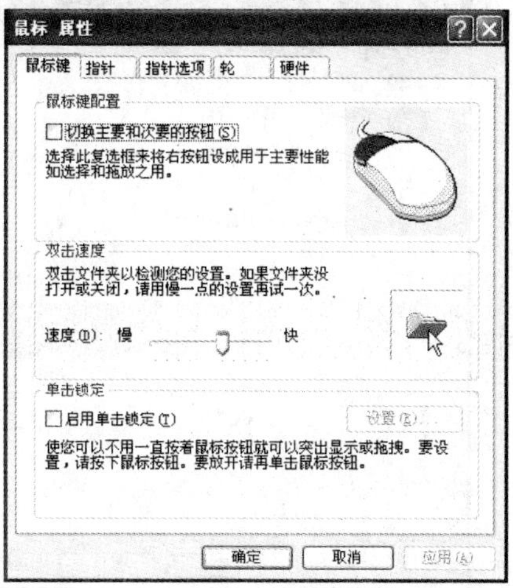

单击“指针”选项卡，单击“方案”右边的下拉箭头，在弹出的列表框中根据个人爱好选择其中一个方案。

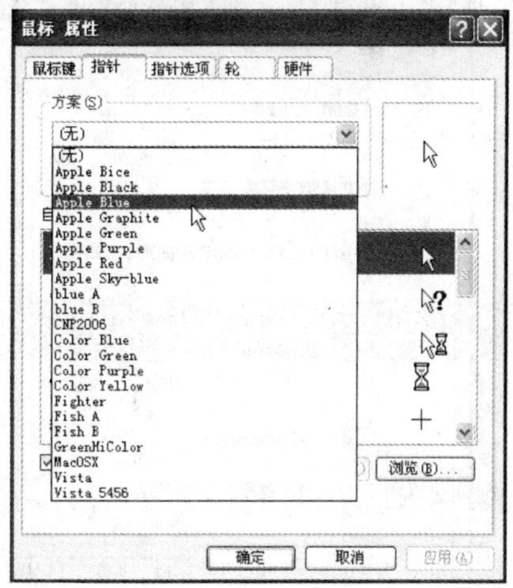

5 选择“Apple Blue”方案，指针形状如下图所示。如需对各个状态时指针的形状进行自定义，可先选择一个状态，单击浏览按钮。

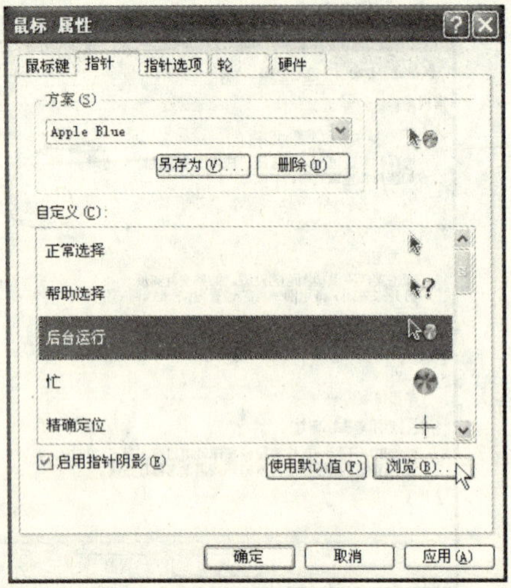

6 弹出“浏览”对话框，在该对话框中选择一个指针形状，单击“打开”按钮，即可以自定义该状态下的指针形状。

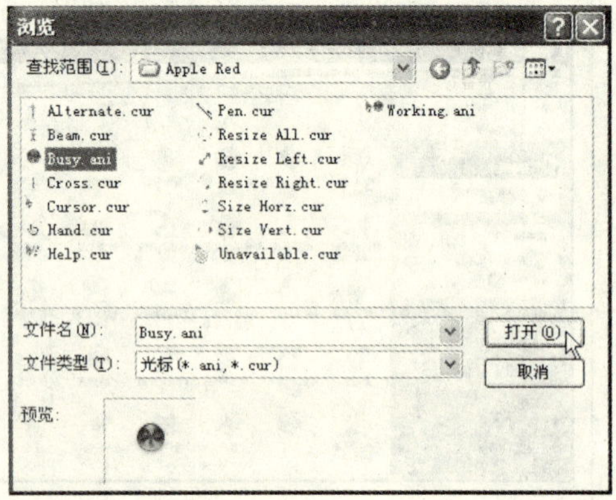

7 单击“指针选项”选项卡，在弹出的面板中可设置“移动”、“取默认按钮”和“可见性”选项，如拖动“显示指针踪迹”下面的滑块，可设置“指针踪迹”的长短。

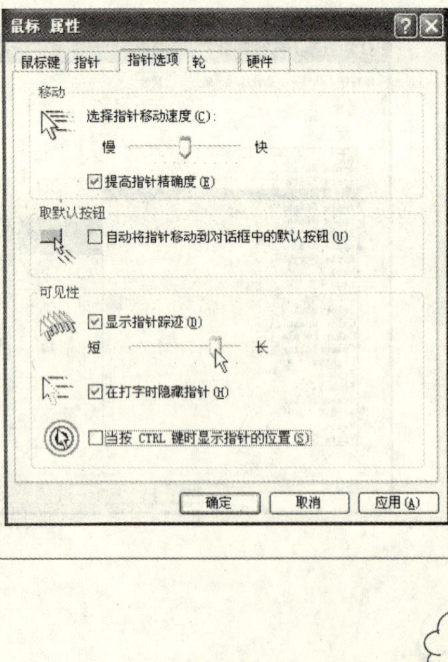

8 单击“轮”选项卡，在该面板中可设置滚动滑轮时，一次滚动的行数，根据需要可选择“一次滚动一个屏幕”。

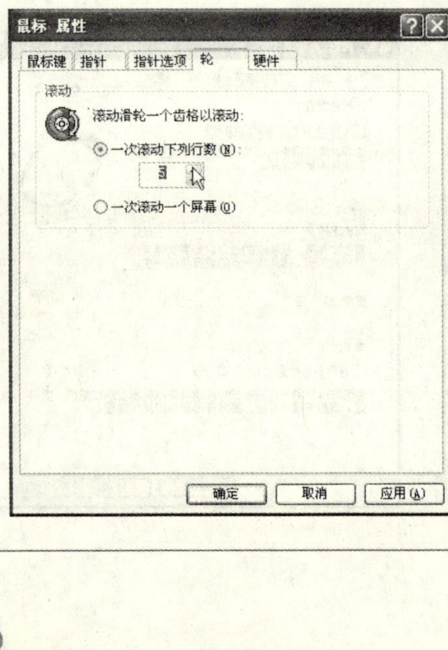

9 单击“硬件”选项卡，在该面板中显示鼠标的属性。如需进一步了解其属性，可单击“属性”按钮。

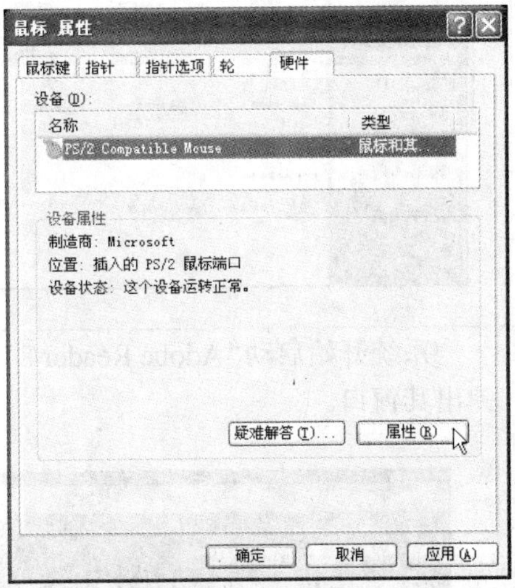

10 在弹出的面板中包含“常规”、“高级设置”、“驱动程序”和“电源管理”选项卡，单击这些选项卡，即可进入相应的面板进行设置。设置完成后，单击“确定”按钮。

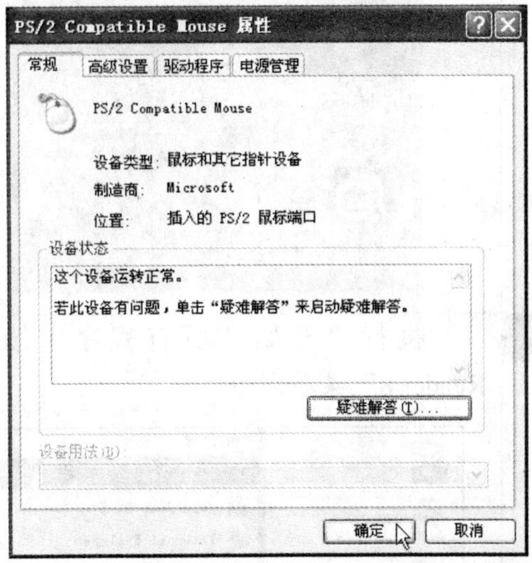

提示：在实际操作中并不需要对每个选项都进行设置，通常只需要设置几个选项即可满足需要。

2.6 窗口管理

Windows XP 支持多任务同时并存，这就使同时运行多个程序，在多个程序间交换信息成为可能。Windows 中几乎所有的程序都以窗口的形式存在，每个程序在屏幕上占据一个窗口。用户可以自由地在屏幕上移动窗口，改变窗口的大小，并能轻松地实现各个程序间的切换，从一个程序向另一个程序传送数据。

2.6.1 打开窗口

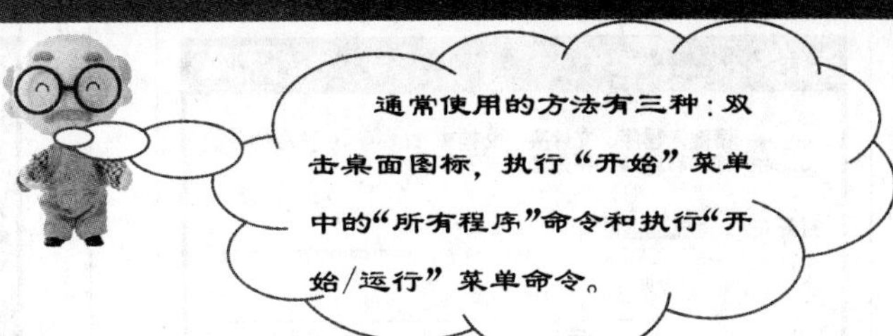

下面简单介绍几种常用的打开窗口的方法。

1 双击桌面上“我的电脑”图标。

2 弹出“我的电脑”窗口。

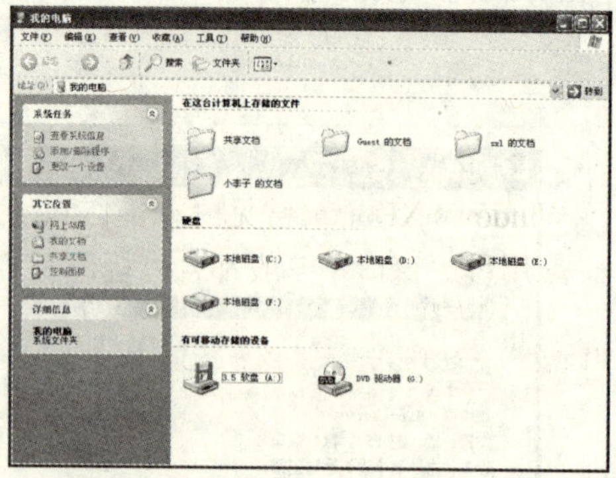

3 执行“开始 / 所有程序 / Adobe Reader 8”菜单命令。

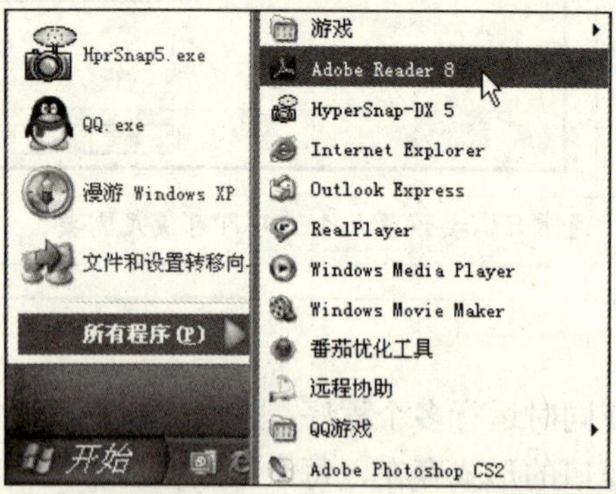

4 系统开始启动“Adobe Reader 8”程序，弹出其窗口。

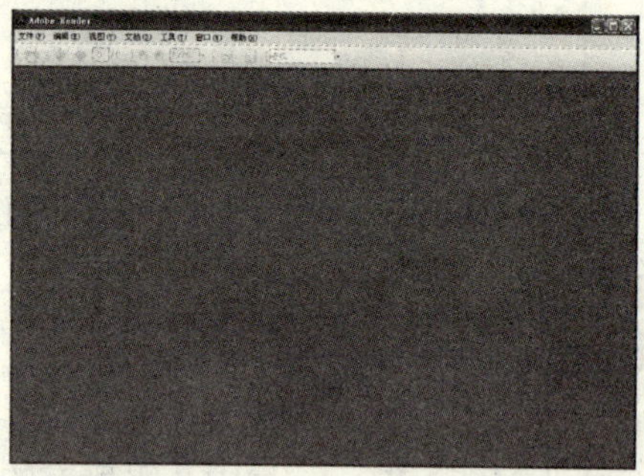

5 执行“开始 / 运行”菜单命令，弹出“运行”对话框，在“打开”文本框中输入“Photoshop”，单击“确定”按钮。

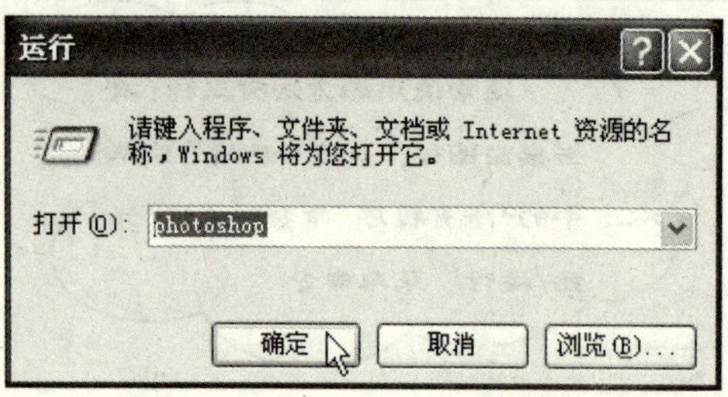

6 系统开始启动“Photoshop”程序，弹出其窗口。

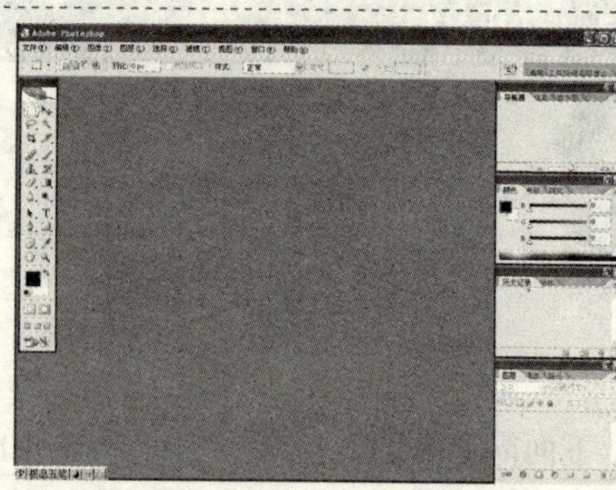

2.6.2 窗口结构

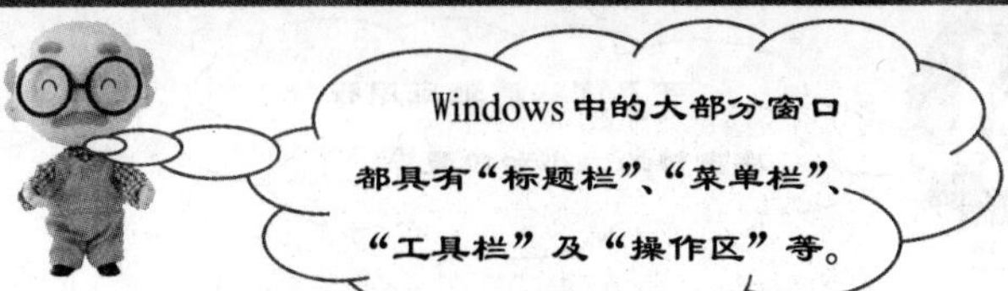

Windows XP 中最常见的窗口有两种：应用程序窗口和对话框窗口。

应用程序窗口中一般都含有标题栏、菜单栏、工具栏和滚动条等，如下图所示。

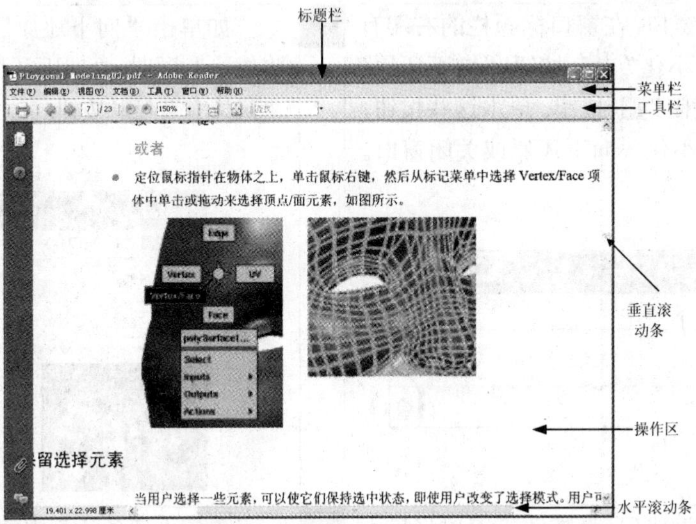

大部分对话框窗口中存在着各式各样的按钮、单选按钮、复选框、滚动条和文本框等。

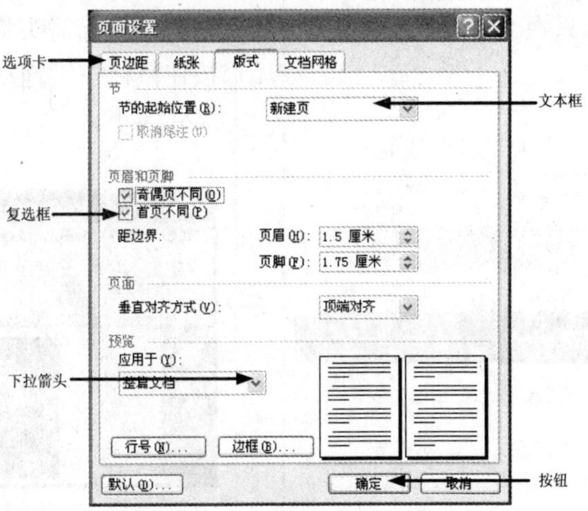

2.6.3 管理窗口

对窗口的管理包括对单个窗口的管理和管理多个窗口，下面将分别进行介绍。

• 管理单个窗口

对单个窗口的管理主要包括调整窗口的大小及调整窗口的位置。

1 打开一个窗口，在窗口标题栏的右端有三个按钮："最小化" 按钮、"向下还原" 按钮和"关闭" 按钮。单击这些按钮，即可使窗口最小化、向下还原或关闭窗口。

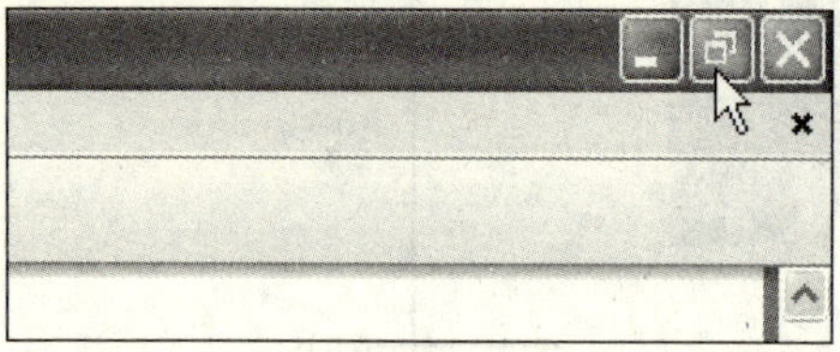

2 如单击"向下还原" 按钮，窗口将缩小，同时，"向下还原" 按钮变为"最大化" 按钮

3 单击"最大化" 按钮，窗口将扩大至整个屏幕。单击"最小化" 按钮，窗口不在屏幕上显示，只在"任务栏"上显示窗口按钮。

4 单击"任务栏"中的窗口按钮，即可显示该窗口。将鼠标放置在窗口的垂直边框上，鼠标箭头将变为水平的双向箭头，按住鼠标左键拖动，即可调整窗口的水平尺寸大小。

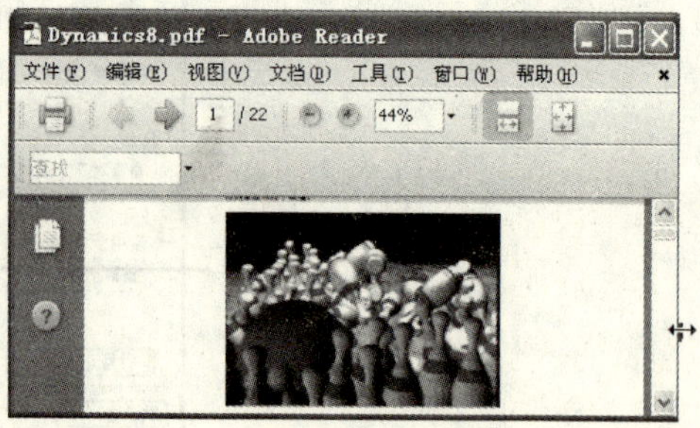

5 将鼠标放置在窗口的水平边框上，鼠标箭头将变为垂直的双向箭头，按住鼠标左键拖动，即可调整窗口的垂直尺寸大小。

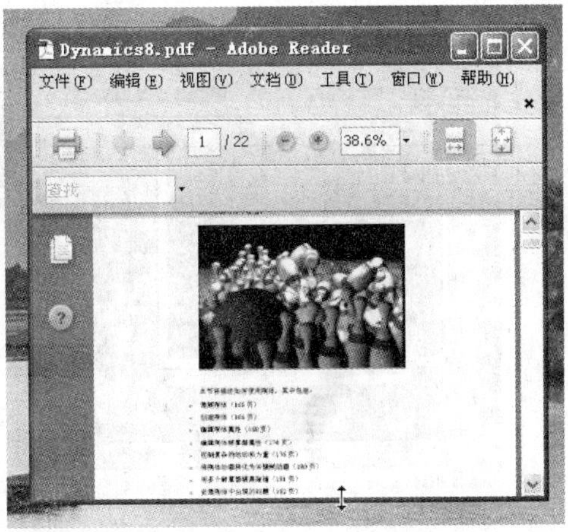

6 将鼠标放置在窗口的一个角上，鼠标箭头将变为斜向的双向箭头，按住鼠标左键拖动，即可同时调整窗口在水平和垂直方向上的大小。

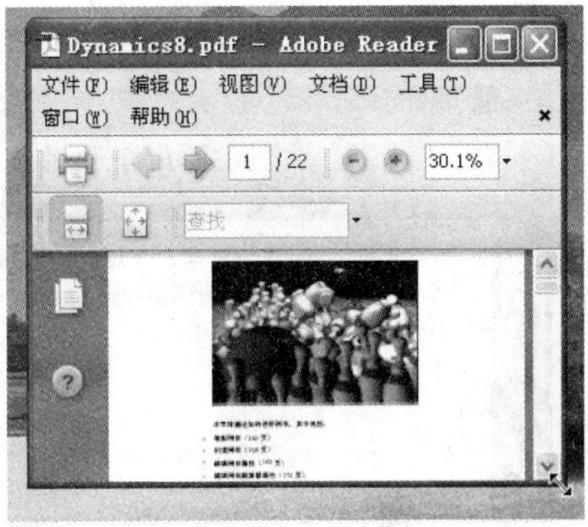

7 将鼠标放置在窗口的“标题栏”上，按住鼠标左键拖动，即可调整窗口在屏幕上的位置。移动当前窗口在屏幕的位置。

8 移动后窗口在屏幕的位置。

• 管理多个窗口

Windows XP 允许同时打开多个窗口，但在这些窗口中，只有一个窗口是活动窗口。要在某个窗口中操作，必须先激活该窗口。活动窗口与非活动窗口的区别：

活动窗口的标题栏及其边框呈高亮的蓝色，而非活动窗口的标题栏及其边框呈浅蓝色。当多个窗口的排列方式为层叠时，活动窗口置于所有非活动窗口的前面。

1 同时打开了多个窗口，最前面完全显示的窗口即为活动窗口，其后面的几个窗口为非活动窗口。

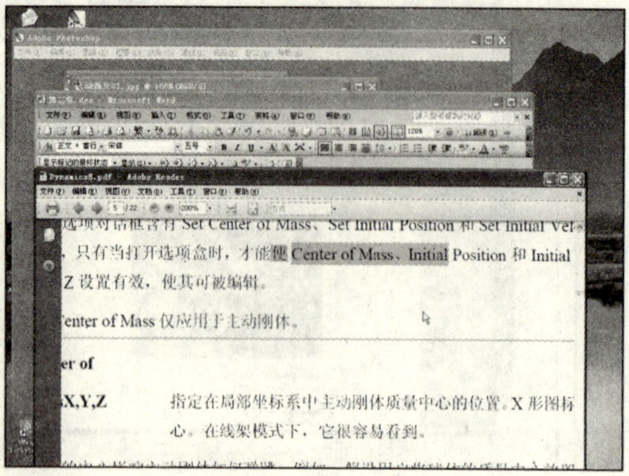

2 如需在某个非活动窗口中进行操作，可直接单击该窗口，这个窗口就变为活动窗口，并显示在所有窗口的最前面，而原来的活动窗口变为非活动窗口。

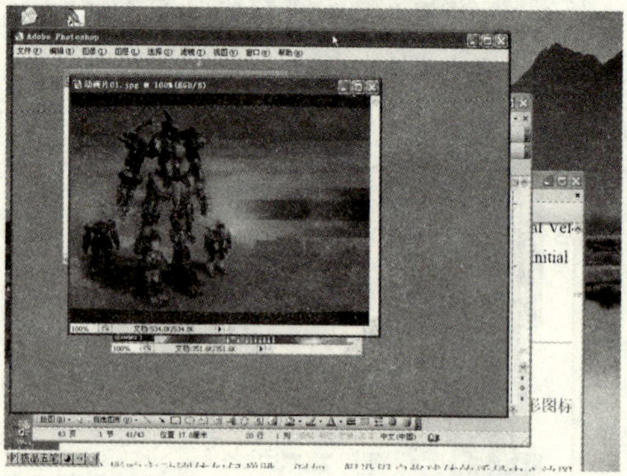

提示:

从上图中可看到，有两个窗口的标题栏及边框呈高亮的蓝色。这是因为其中一个窗口是另一个程序窗口的子窗口的原因。如果一个程序中打开了多个子窗口，也只有一个子窗口为活动窗口。

3 在很多程序窗口中都可以打开很多子窗口，并且可以对这些子窗口进行有效的管理，如执行“窗口 / 排列 / 垂直平铺”命令。

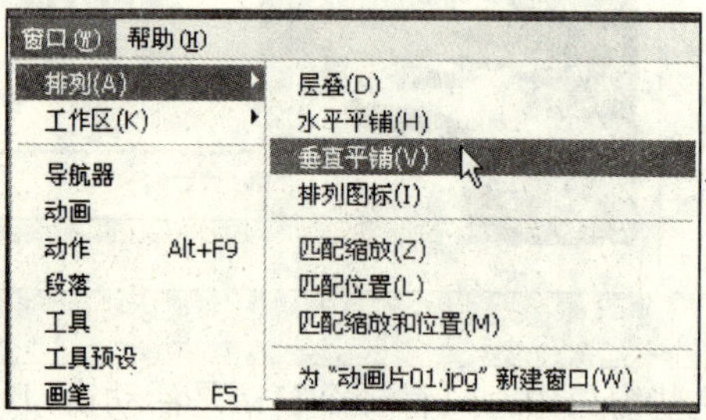

4 其子窗口将自动按“垂直平铺”方式进行排列。

• 切换窗口

窗口的切换包括各个程序窗口的切换和一个程序中多个子窗口的切换。要切换到某个窗口，直接用鼠标单击此窗口，或单击任务栏中其对应的任务按钮即可。也可以通过一些组合键来完成窗口的切换。

1 如同时打开了多个程序窗口，可按“Alt+Tab”组合键，弹出“切换窗口”选项面板，按住“Alt”键不放，单击“Tab”键，即可切换对各个窗口的选择。

2 如切换到“”图标，松开“Alt”键，即可切换到“Photoshop”窗口。

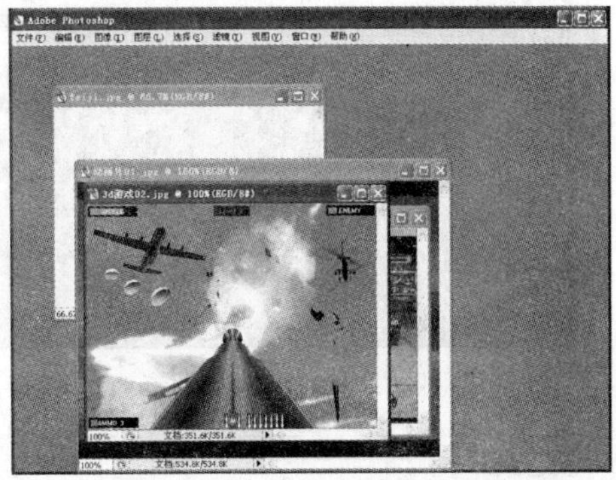

3 在“Photoshop”窗口中，已经打开了多个子窗口，最前面的子窗口为当前的活动窗口。在此程序中要实现子窗口间的切换，可按“Ctrl+Tab”组合键，即可从一个子窗口切换到另一个子窗口。

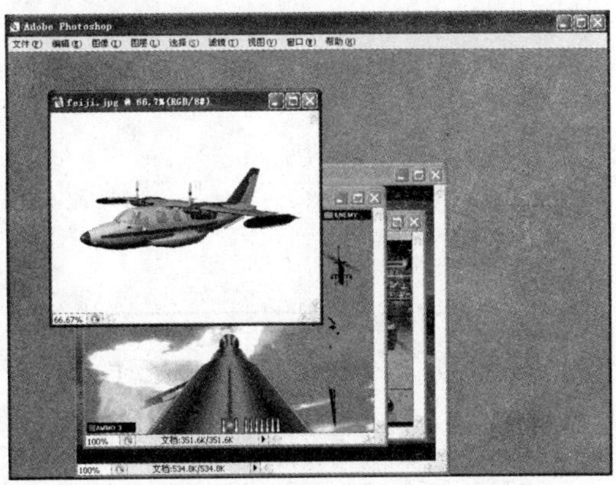

4 执行“窗口 / 排列 / 垂直平铺”菜单命令，子窗口将“垂直平铺”排列。按“Ctrl+Tab”组合键，即可较直观地看到子窗口间的切换。

提示：在不同的程序中，子窗口间的切换组合键不同。

5 当打开了较多的窗口时，如果要返回到桌面，通过单击各个窗口的“最小化”按钮，即可以显示桌面，但这样操作会显得很麻烦。打开的多个窗口。

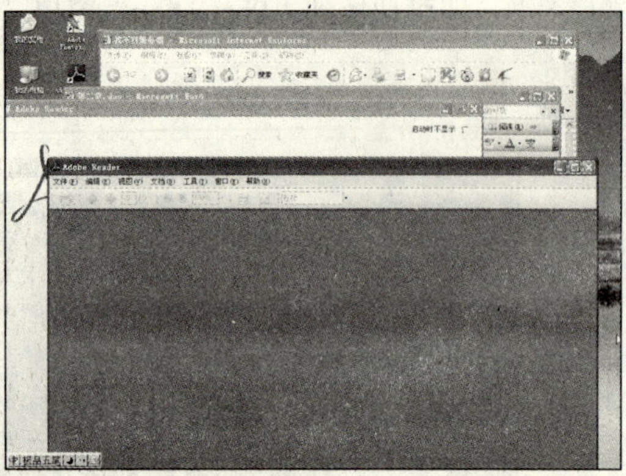

6 可直接单击任务栏中的“显示桌面”按钮，或按 Windows 徽标键+D 组合键，即可快速显示桌面。

提示：

如果已打开了多个窗口，需要打开“我的电脑”。按 Windows 徽标键 +E 组合键，即可快速打开“我的电脑”。

电脑即学即用

教你学电脑

第3章 Windows XP 文档管理

本章要点：

- 文件及文件夹
- Windows XP 文档管理器
- 常用管理方法

电脑博士，在Windows XP中的文档是指单个的文件吗？

小丽，不是。Windows XP 中的文档包括各种格式的文件及多种类型的文件夹。在本章中对文档的管理即包括对文件和文件夹的管理。

3.1 文件和文件夹

文件是计算机存储信息的基本单位，也是面向用户最直接的对象。用户可以通过各种程序来创建和保存文件，也可以使用程序来打开文件、阅读文件及打印输出文件等。

文件夹是存储文件的主要场所，通常，将计算机中大量的文件按照各种标准放置在各个文件夹中。同时，很多的文件夹中又包含有文件夹，将这些被包含的文件夹称为子文件夹。

3.1.1 文件属性

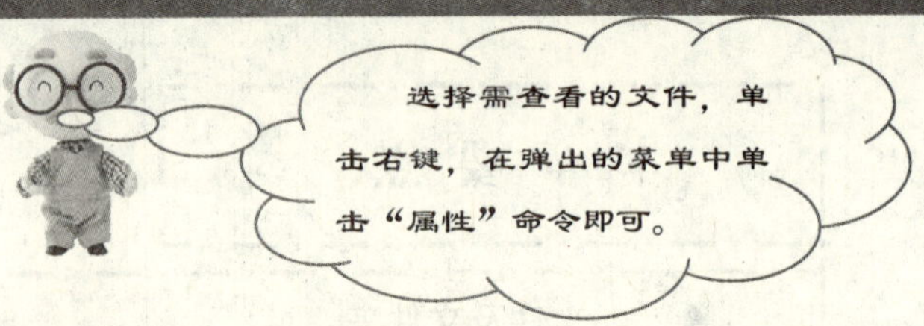

任何一个文件都有其相关的属性，如文件的类型、所在位置、大小、占用空间、创建日期、修改日期等。怎样才能查看文件的属性呢？其操作步骤如下。

1 右击桌面上的文件“学习.doc”，在弹出的菜单中单击“属性”命令。

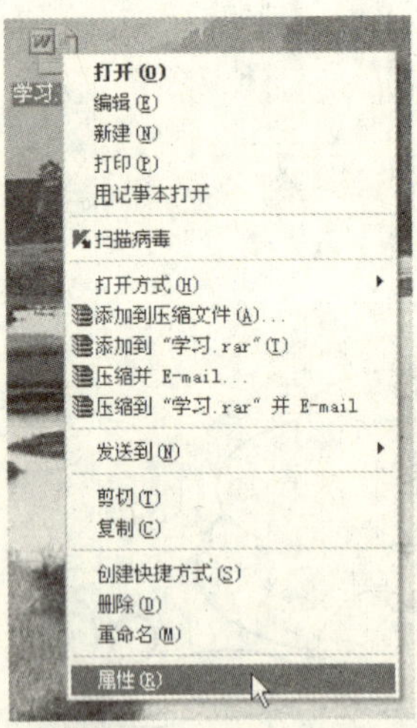

2 弹出“学习.doc 属性”对话框。在该对话框中即可查看和修改其属性。

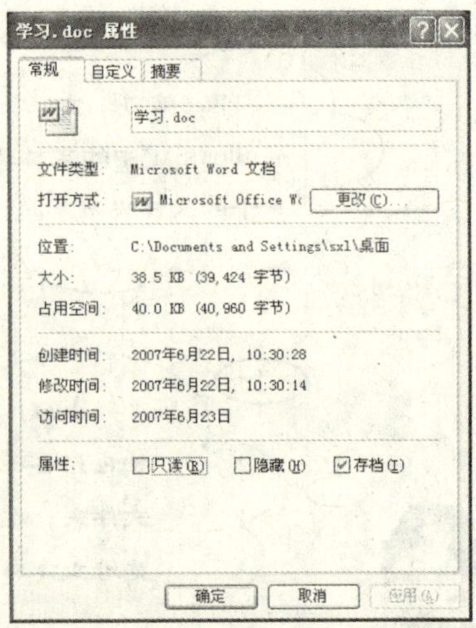

提示：从上图可看到，一个文件的属性包括“常规”、“自定义”和“摘要”三个方面。用户不但可以随时查看文件的属性，还可以修改文件的属性。

·文件类型

计算机中的文件涉及范围十分广泛，可以说是包罗万象、无所不及。从广义上看，有程序文件、文本文件、图像文件、音频文件、视频文件等。从狭义上看，文件可以分为很多种类型，通常用文件后缀名来表示文件的类型，如下表所示。

常见文件扩展名与文件类型对应表

扩展名	文件类型	扩展名	文件类型
arc	压缩文件	ins	Internet 连接设置文件
avi	视频文件	isp	Internet 连接设置文件
tga	图形文件	xlc	Excel 图表文件
lzh	压缩文件	xls	Excel 工作表文件
voc	音频文件	tgz	压缩文件
wav	声音文件	tif	图形文件
wri	写字板文件	zip	压缩文件
gif	图片文件	bmp	图片文件
html	网页文件	jpeg	图形文件
bkf	备份文件	jpg	图形文件
chm	HTML 格式帮助文件	doc	Word 文档文件
com	程序文件	mov	视频文件
dot	Word 模板文件	mpeg	视频文件
exe	程序文件	mpg	视频文件

文件的名称由“文件名”+“后缀名”组成。其中，“文件名”可以随时更改，而“后缀名”是表示文件的类型（即是文件格式），文件的类型与创建它的程序直接相关。例如：使用“Word”创建的文件，后缀名为“.doc”；使用“写字板”可以创建后缀名为“.txt”的文件等。使用“超星阅读器”创建的文件，后缀名为“.pdg”等。很多程序中都可以使用“另存为”命令，将文件存储为另一种类型的文件。如在“Word”中即可以将创建的文档另存为“.dot”、“.xml”、“.html”等。

·更改打开方式

有的文件类型为多个程序的公用格式，这样一个文件就可以使用多个程序打开，在“属性”面板中显示最后一次打开该文件的程序。介绍“更改打开方式”的操作步骤如下。

1 右击桌面上的文件“郊外.bmp”，在弹出的菜单中单击“属性”命令。

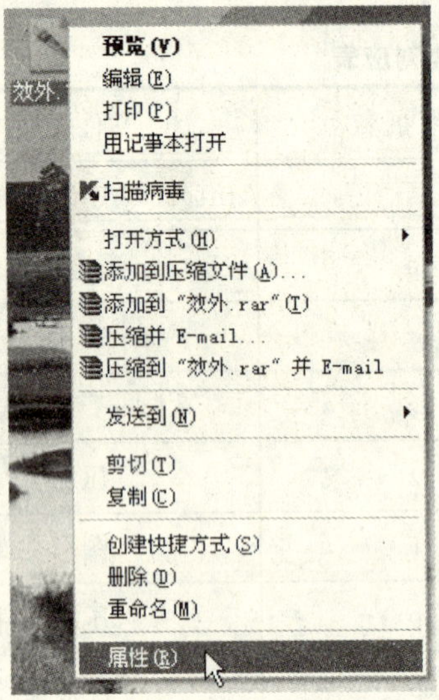

2 弹出“郊外.bmp 属性”对话框。从图中可看到，该文件默认的打开程序是“图片和传真查看器”。单击“更改”按钮。

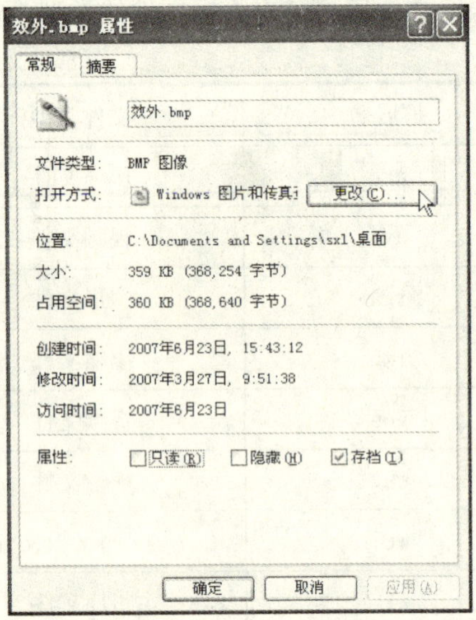

3 弹出“打开方式”对话框，在该对话框的“程序”区域列出了“推荐的程序”和“其它程序”两大类。如选择“Adobe Photoshop CS2”程序，单击“确定”按钮。

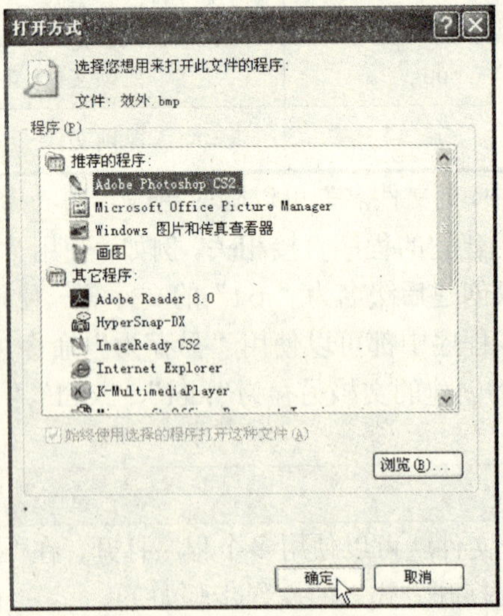

4 返回到“郊外.bmp 属性”对话框，即可看到该文件的打开方式为“Adobe Photoshop CS2”，单击“确定”按钮。

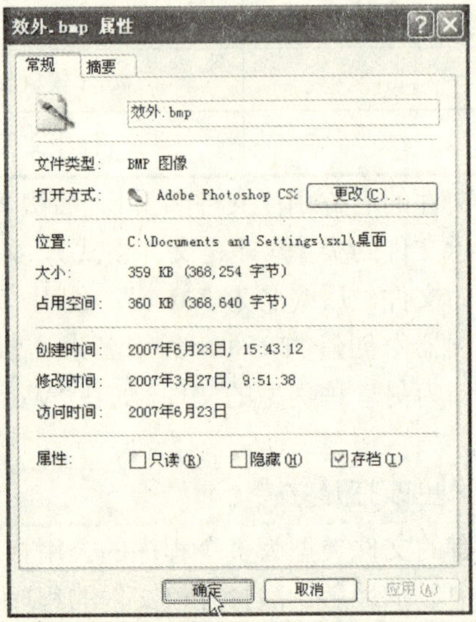

5 双击桌面上的文件“郊外.bmp”，系统即启动“Adobe Photoshop CS2”程序，并打开文件“郊外.bmp”。

6 关闭“Adobe Photoshop CS2”程序，重复步骤1~4，在步骤3中选择“画图”程序。双击桌面上的文件“郊外.bmp”，系统即启动“画图”程序，并打开文件“郊外.bmp”。

•“只读”文件

用户为了防止其他用户更改自己的一些重要文件，通常会将文件的属性设置为“只读”。当文件为“只读”时，就不能将对文件的更改保存在原文件中，而只能以“另存为”方式来保存更改。其操作步骤如下。

1 右击桌面上的文件“学习.doc”，在弹出的菜单中单击“属性”命令，在弹出的“学习.doc 属性”对话框中勾选“只读”复选项，单击“确定”按钮。

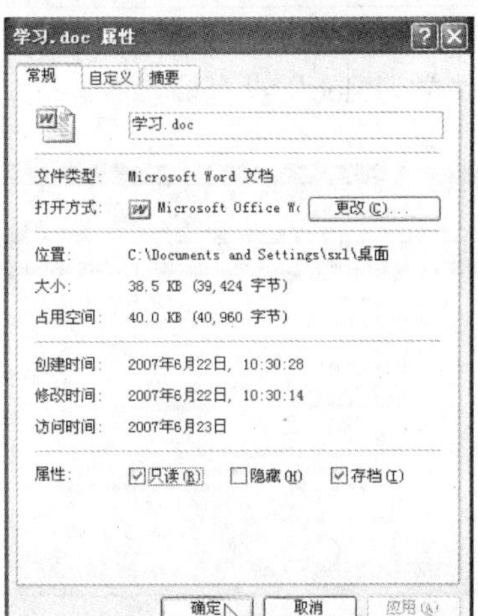

2 关闭“属性”对话框，双击文件“学习.doc”，系统即启动“Word”程序，并打开文件“学习.doc”，选择如下图所示的文字，按“Delete”键删除。

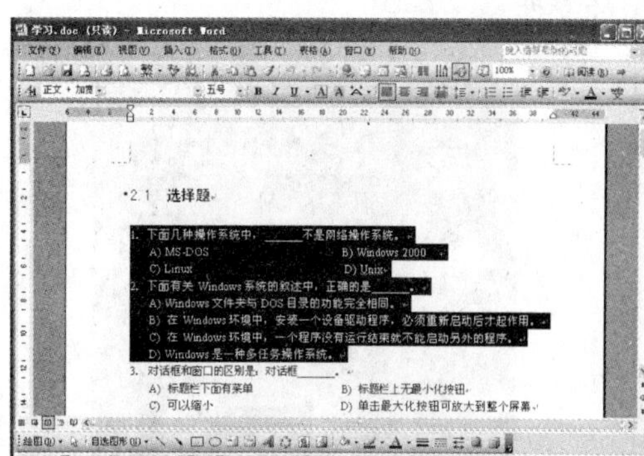

3 键入文字“删除了两道题”。

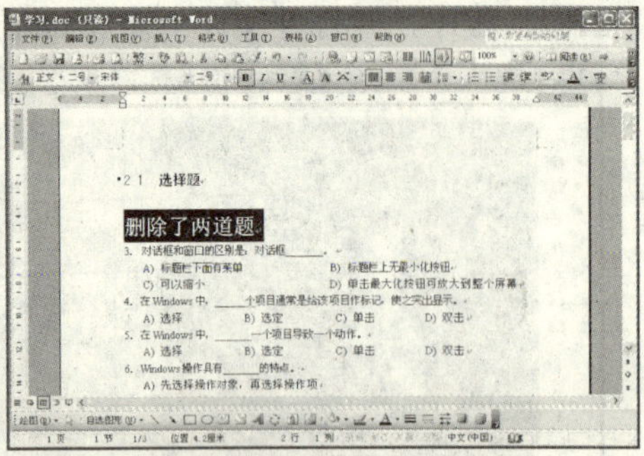

4 单击工具栏中的“保存”按钮，弹出“另存为”对话框，在主窗口中单击文件“学习.doc”，单击“保存”按钮。

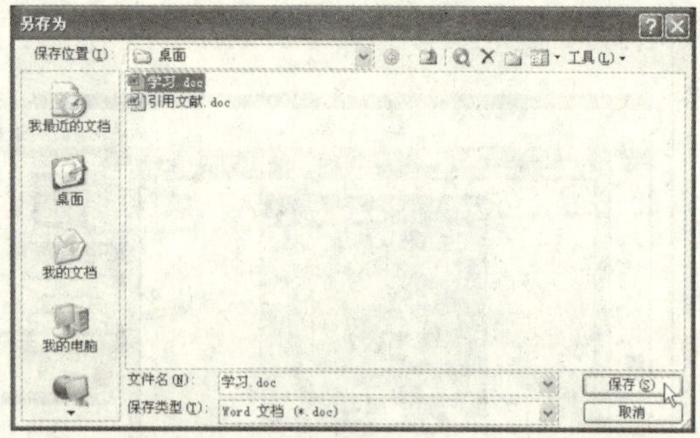

5 弹出如下图所示的“提示”对话框，在该对话框显示该文件为“只读”，故不能完成操作。单击“确定”按钮。

6 将文件名更改为“学习01.doc”，单击“保存”按钮。即可将修改后的文件“学习.doc”另存为“学习01.doc”文件。

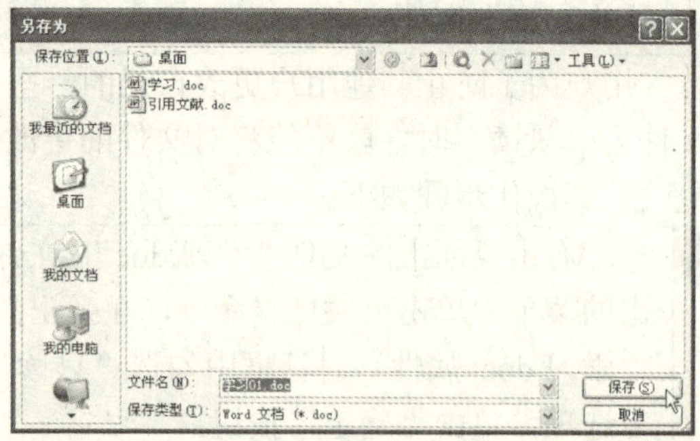

7 显示桌面，即可看到原文件和另存为的文件。

8 打开文件“学习.doc”，即可看到“只读”文件“学习.doc”没有被修改。

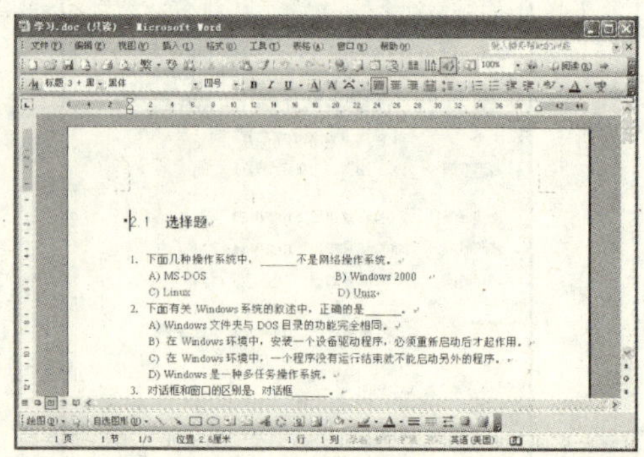

•“隐藏”文件

用户为了防止一些误操作而删除重要的文件，通常会将文件的属性设置为“隐藏”。当文件为“隐藏”时，文件显示为“半透明”状态，还可以通过“文件夹选项”来选择显示或不显示隐藏的文件。其操作步骤如下。

1 右击桌面上的文件“学习.doc”，在弹出的菜单中单击“属性”命令，在弹出的“学习.doc 属性”对话框中勾选“隐藏”复选项，单击“确定”按钮。

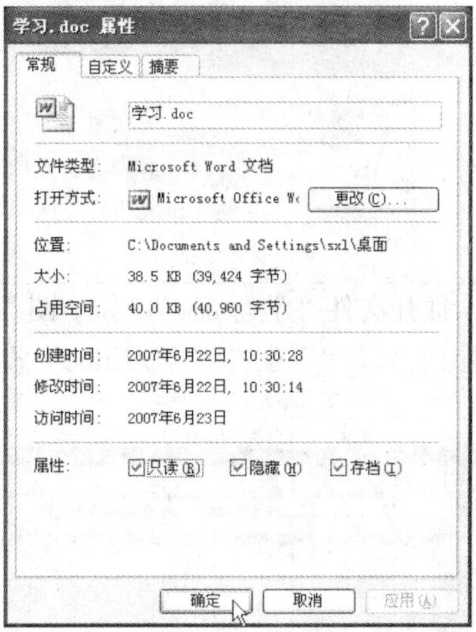

2 在桌面上显示的文件“学习.doc”图标即为半透明显示。

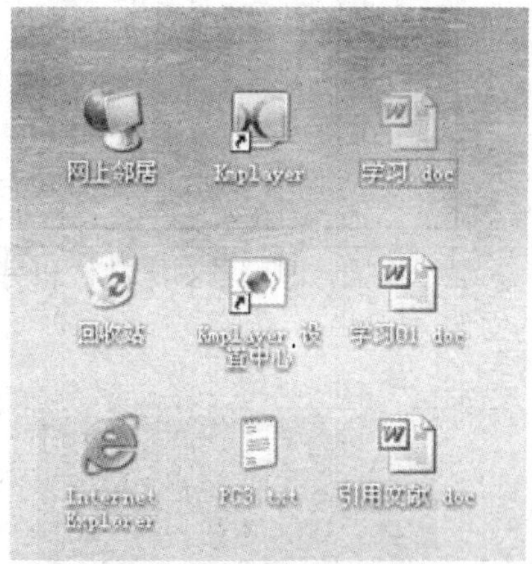

3 打开“我的电脑”，在弹出的窗口中执行“工具 / 文件夹选项”菜单命令。

4 弹出 “文件夹选项”对话框。

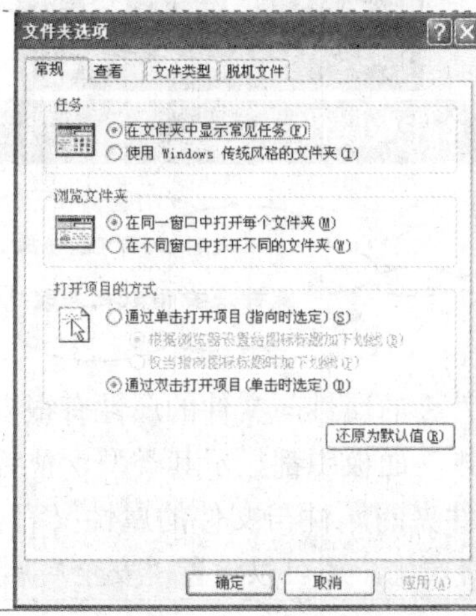

5 单击“查看”选项卡，在弹出的面板中选择“不显示隐藏的文件和文件夹”选项，单击“应用”和“确定”按钮。

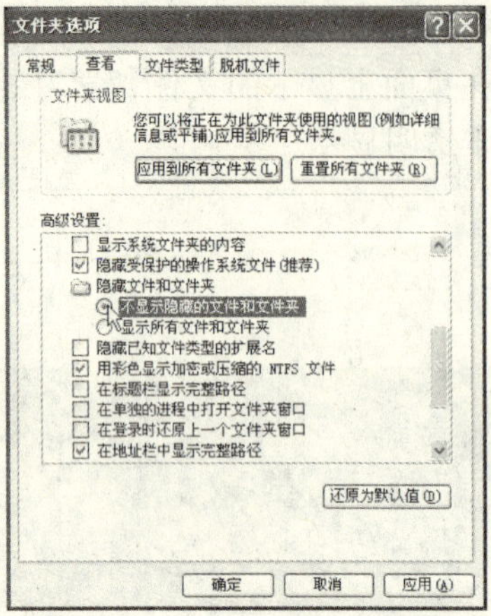

6 在桌面上将不显示“隐藏”文件“学习.doc”。

7 显示桌面，即可看到原文件和另存为的文件。

8 打开文件“学习.doc”，如下图所示。即可看到“只读”文件“学习.doc”没有被修改。

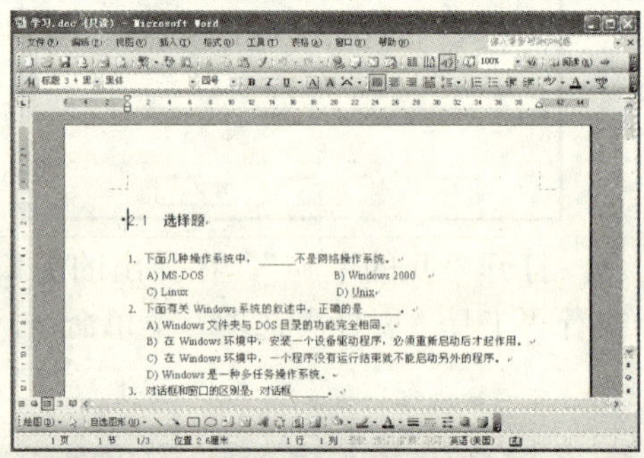

3.1.2 文件夹属性

文件夹属性与文件属性有没有相似之处呢？

当然有！文件夹属性同样有“常规”和“自定义”两类属性。

文件夹的属性与文件的属性有很多相似之处，如它们都有“常规”和“自定义”选项卡，在“常规”面板中都显示其类型、位置、占用空间、创建时期、只读、隐藏等。

文件夹的属性与文件的属性又有很大的区别，如文件夹可以设置共享，如果磁盘采用了 NTFS 格式化，还可以设置“安全”属性、加密文件夹等。

• “安全”选项

1 打开“我的电脑”，在“本地磁盘（D:）”上右击鼠标，在弹出的快捷菜单中单击“属性”命令。

2 弹出“本地磁盘（D:） 属性”对话框。在该对话框中可看到“文件系统”为FAT32，单击“确定”或“取消”按钮，关闭该对话框。

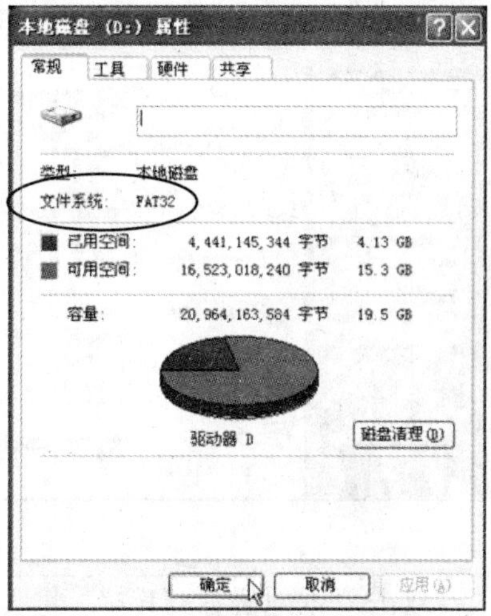

3 在“本地磁盘（E:）”上右击鼠标，在弹出的快捷菜单中单击“属性”命令。

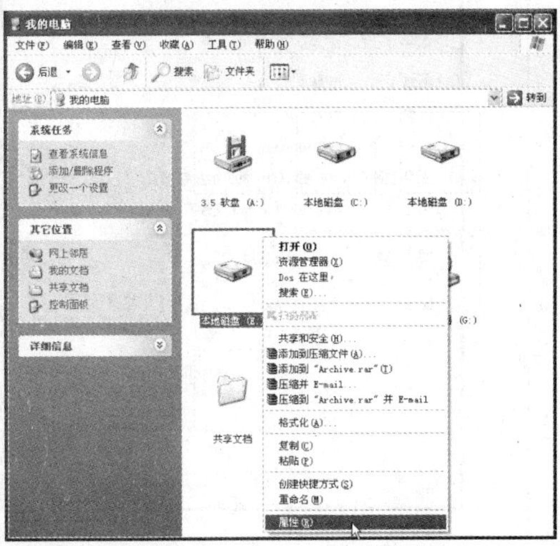

4 弹出“本地磁盘（E:） 属性”对话框。在该对话框中可看到“文件系统”为NTFS，单击“确定”或“取消”按钮，关闭该对话框。

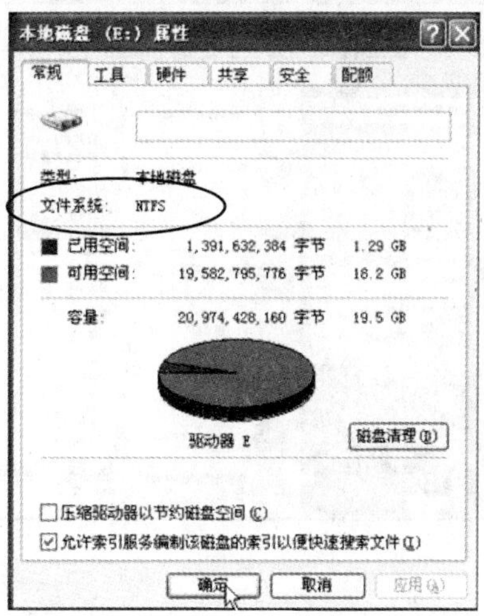

5 双击“本地磁盘（D:）”，将其打开，右击文件夹“Program Files”，在弹出的快捷菜单中单击“属性”命令。

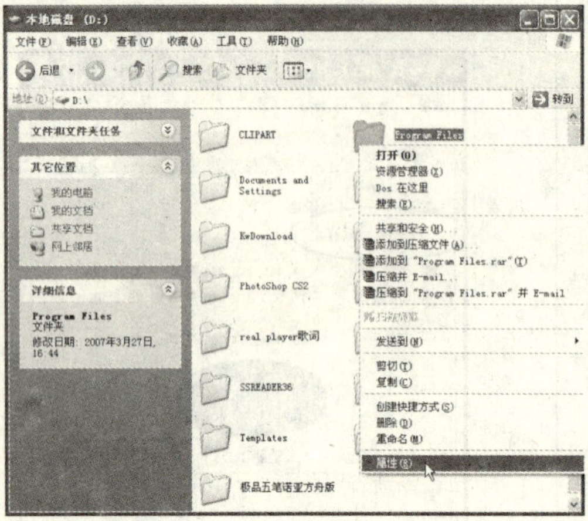

6 弹出“Program Files 属性”对话框。在该对话框中包括有“常规”、“共享”和“自定义”选项卡。

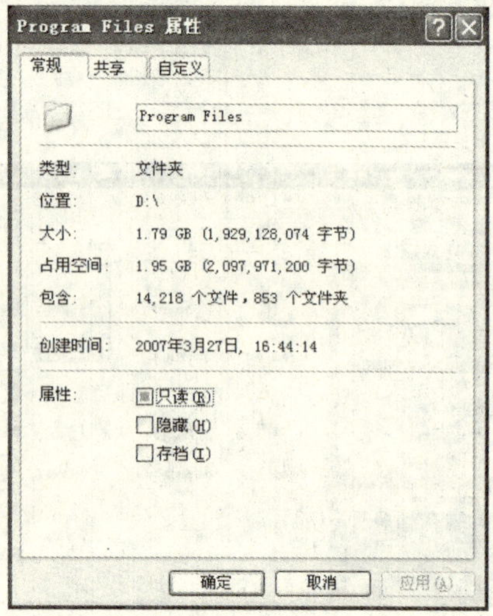

7 双击“本地磁盘（E）”，将其打开，右击文件夹“Program Files”，在弹出的快捷菜单中单击“属性”命令。

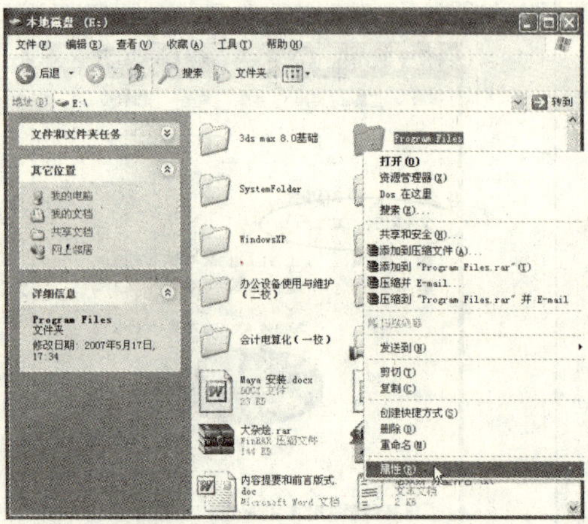

8 弹出“Program Files 属性”对话框。在该对话框中包括有“常规”、“共享”、“安全”和“自定义”选项卡。

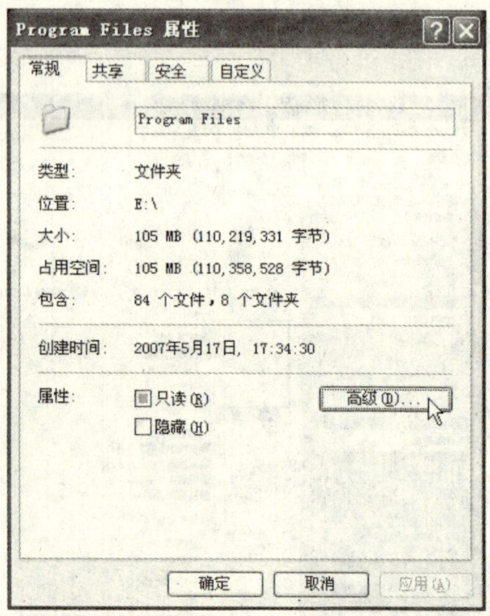

9 从上面两个“属性”窗口可看到，采用 NTFS 格式化磁盘的文件夹属性多一个“安全”选项卡，单击“安全”选项卡，弹出如下图所示的窗口。在“安全”窗口中包含“组或用户名称”和“Administrator 的权限”两个区域。

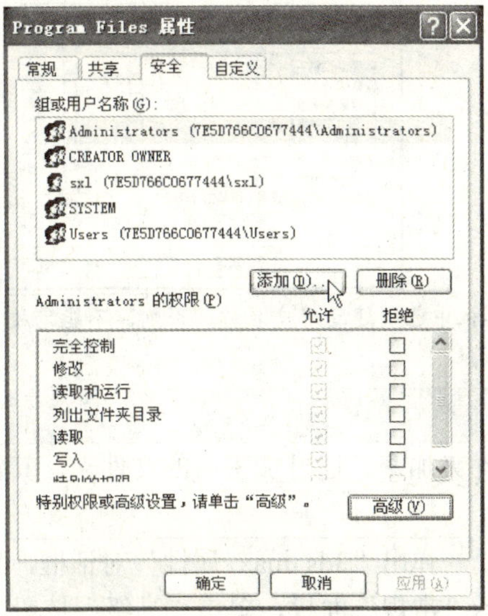

10 在该面板中进行设置方法：在“组或用户名称”区域选择一个用户，然后在“Administrator 的权限”区域设置该用户的权限。如设置“sxl”用户的权限。设置完成后，单击“应用”按钮即可。

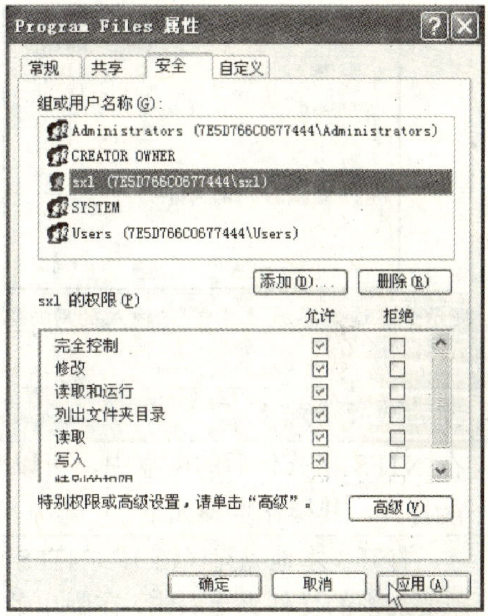

11 还可以“添加”或“删除”管理该文件的“用户”。如单击“添加”按钮，弹出“选择用户或组”对话框，在“输入对象名称来选择”中输入对象名称（如“革”），单击“检查名称”按钮。

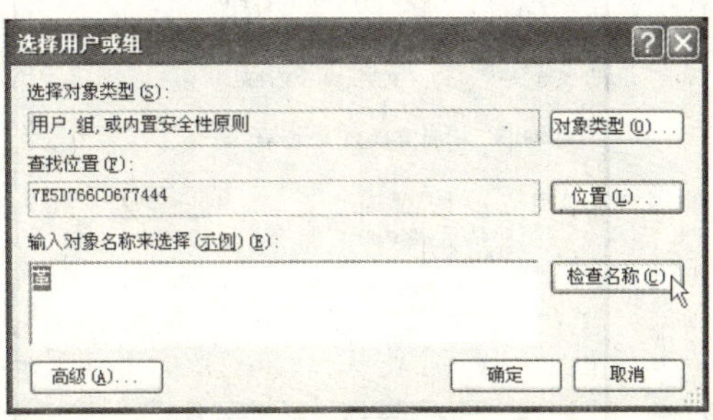

12 系统即自动检查该名称，单击“确定”按钮。

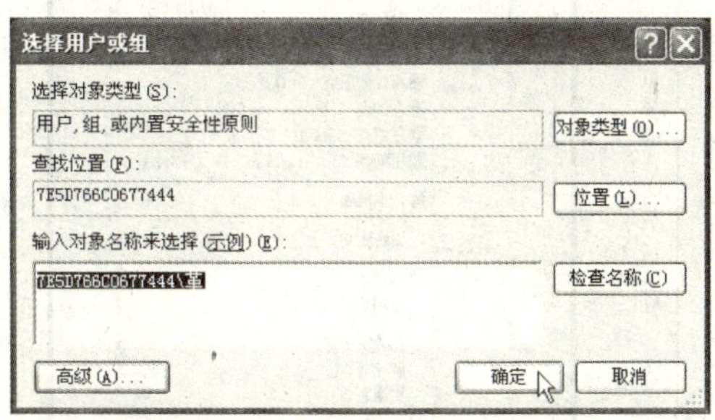

13　在“安全”面板的“组或用户名称”下面即添加了一个“用户”。

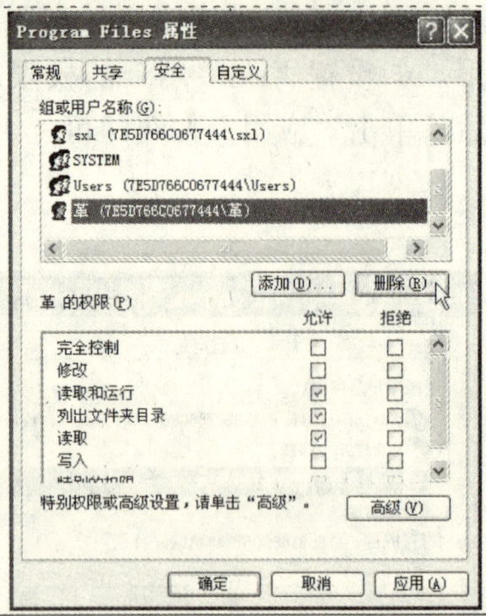

14　单击“删除”按钮，即可删除该用户。

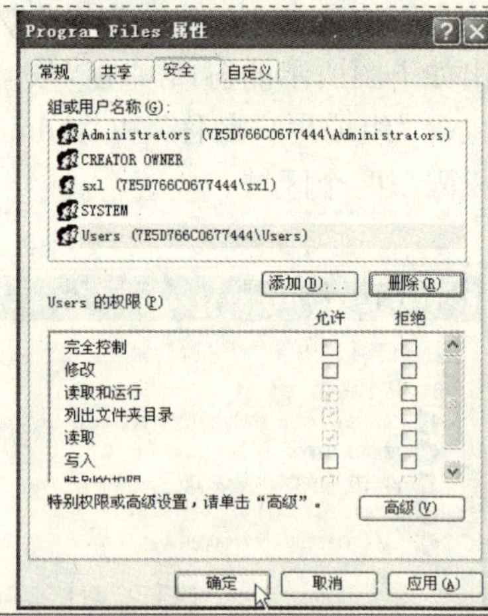

提示：在这里添加“用户”，输入的用户名称必须是计算机中已创建的用户名称，否则，不能完成“添加”操作。

• 加密文件夹

在 NTFS 格式化后的磁盘中，可以对其中的文件夹加密。通过加密后的文件夹，其他用户就不能打开。其操作步骤如下。

1　打开“本地磁盘（E:）”（NTFS），在需要加密的文件夹上右击，在弹出的菜单中单击“属性”命令。

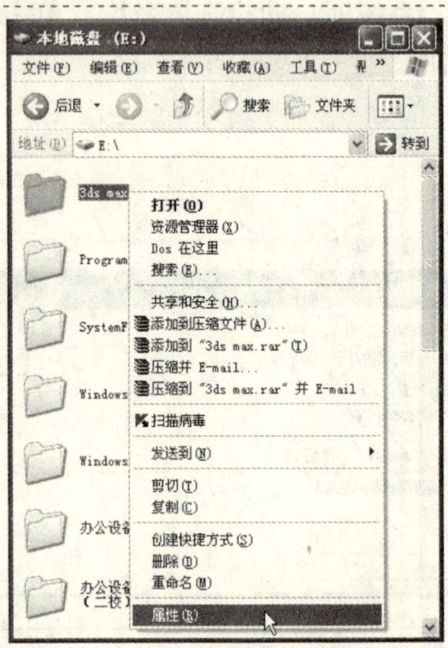

2　弹出“3ds max 属性”对话框，默认显示“常规”面板，单击“高级”按钮。

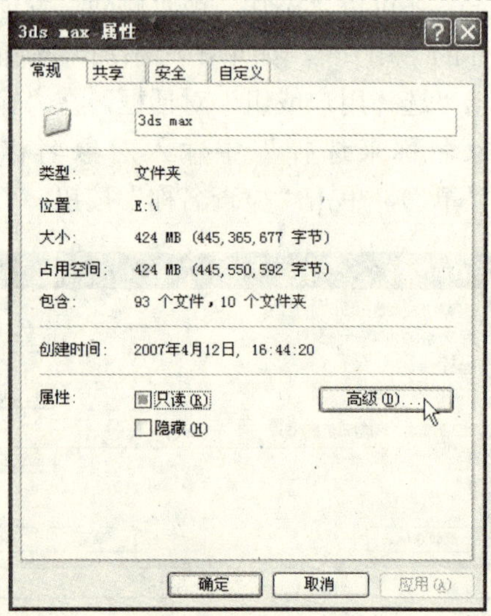

3 弹出“高级属性”对话框，勾选“加密内容以便保护数据”选项。

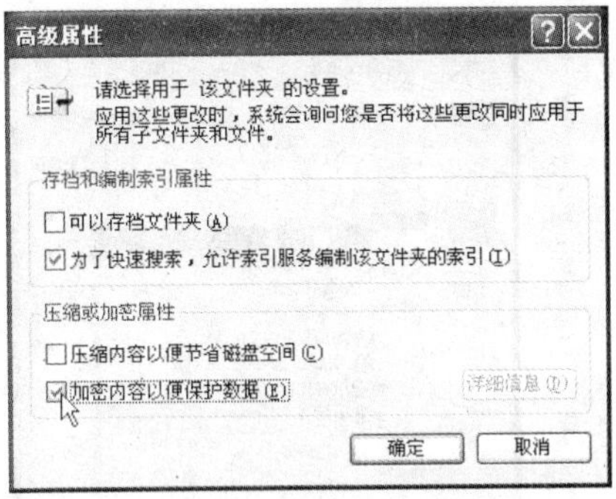

4 单击“确定”按钮，返回到“常规”面板，单击“应用”按钮。

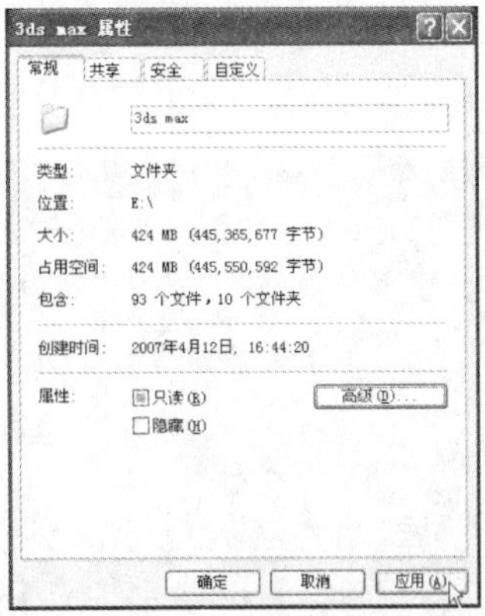

5 弹出“确认属性更改”对话框，根据需要选择一个选项，如选择第二个选项，单击“确定”按钮。

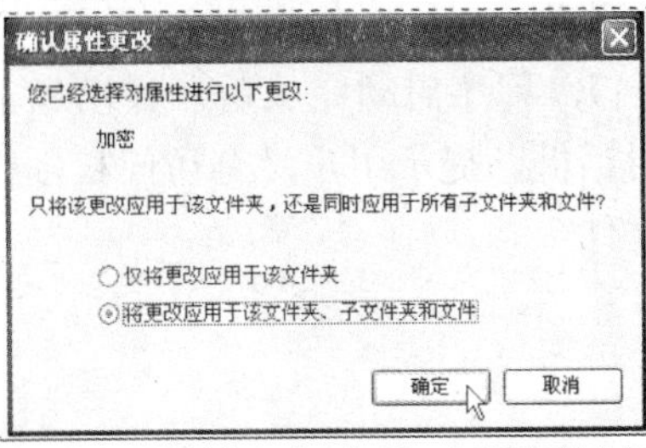

6 弹出“应用属性”对话框，在该对话框中显示“应用属性”的进程。

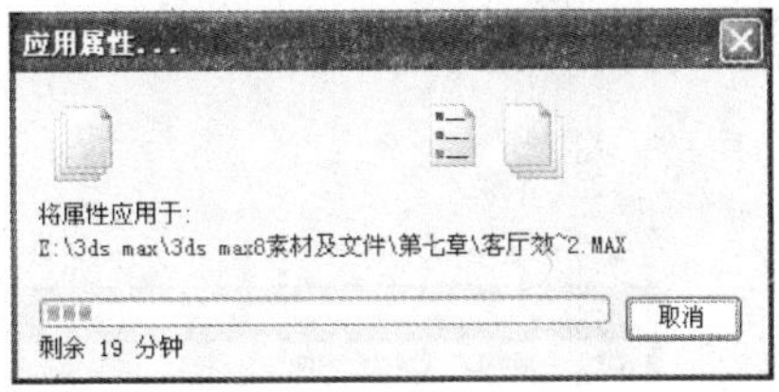

7 “应用属性”完成后，返回到“属性”对话框，单击“确定”按钮，即可完成“加密文件夹”的操作。

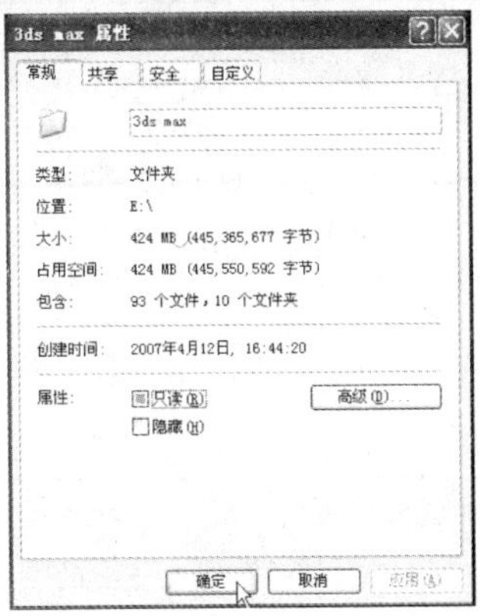

8 可发现“3ds max”文件夹名称呈绿色显示，即表明该文件夹为“加密文件夹”。

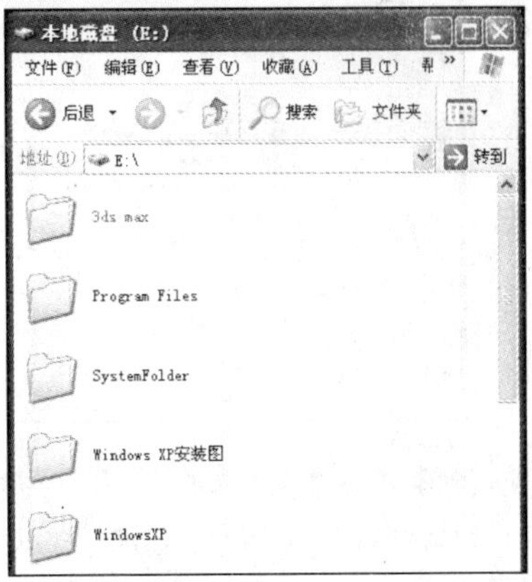

9 按“Windows 徽标键+L”组合键，即可快速切换用户，如单击用户名“革”。

10 打开“我的电脑”，选择刚才在另一个用户中加密的文件夹（3ds max），在右击菜单中单击“打开”命令。

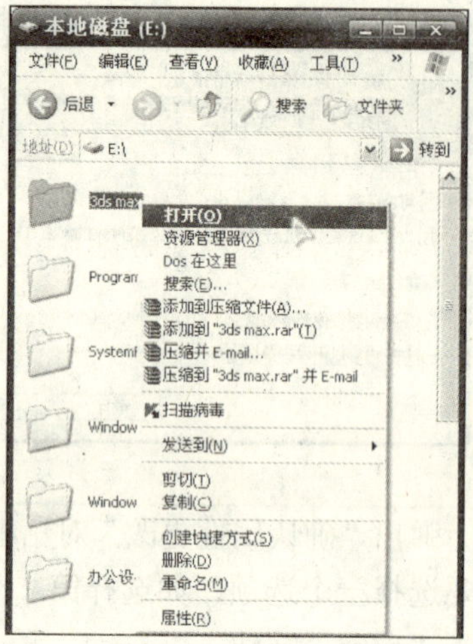

11 选择其中一个文件，在右击菜单中单击“打开”命令。

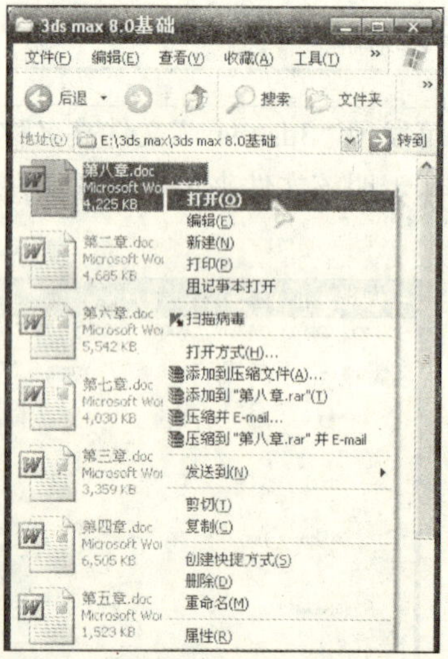

12 此时，系统会先启动程序（此处为 Word），程序启动完成后，弹出如下图所示的对话框，提示用户没有访问权，无法打开该文件。

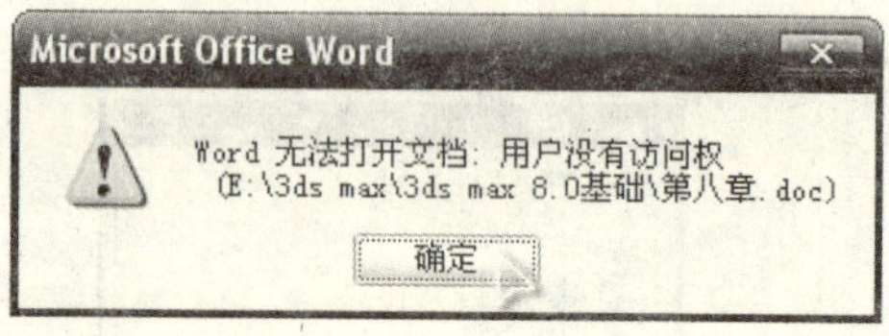

提示：如果要取消文件夹的“加密”属性，首先需切换到创建加密文件夹的“用户”，进入选项中的“高级属性”对话框，取消“加密内容以便保护数据”选项，单击“确定”按钮，即可取消文件夹的“加密”属性。

• 共享文件夹

在一台计算机上存在多个用户时，如需将某些文件或文件夹设置为多个用户共享，可直接将需共享的文件或文件夹移动到“我的电脑”中的“共享文档”即可。如果计算机存在于某个域中，要共享文件或文件夹需要创建“共享文件夹”。介绍其操作步骤如下。

1　打开“我的电脑”，单击“文件夹”按钮，即可显示“文件夹”窗格。如需在本机上共享“本地磁盘（F:）”中的某个文件夹，可双击“本地磁盘（F:）”。

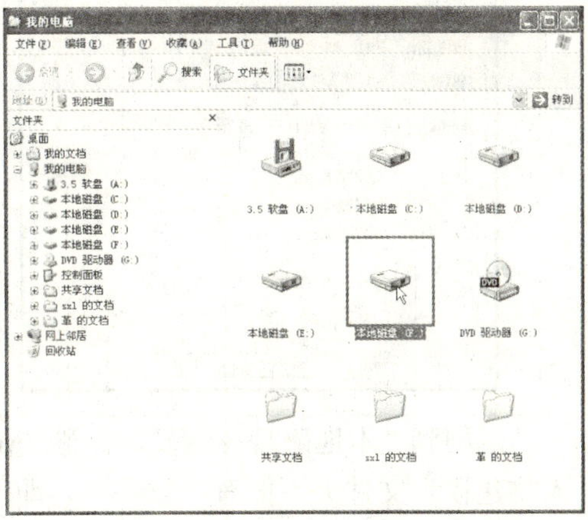

2　按住鼠标左键，将“本地磁盘（F:）”中的“cad 文件”文件夹拖动到右侧“共享文档”上，释放鼠标，即可将“cad 文件”设置为本台计算机中所有用户的“共享文档”。

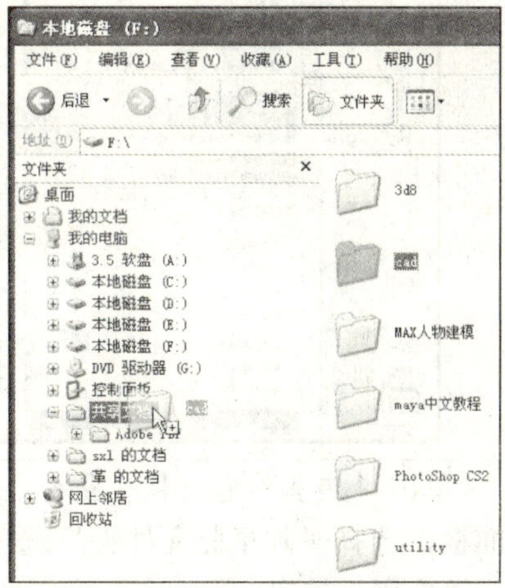

3　单击“文件夹”窗格中的“共享文档”，在右侧的主窗口中即可看到共享的文件夹。

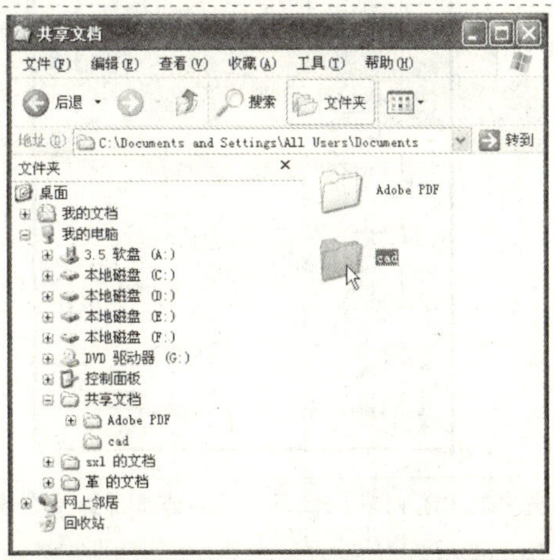

4　单击“共享文档”下的“cad”文件夹，在右侧的主窗口中即可看到该文件夹中的文件。

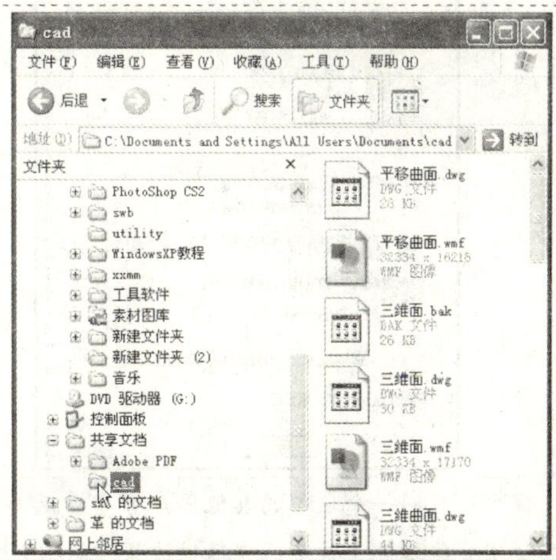

5 如计算机存在于某个域中，如要将某个文件夹共享，可先选择这个文件夹，单击右键，在弹出的菜单中单击“属性”命令。

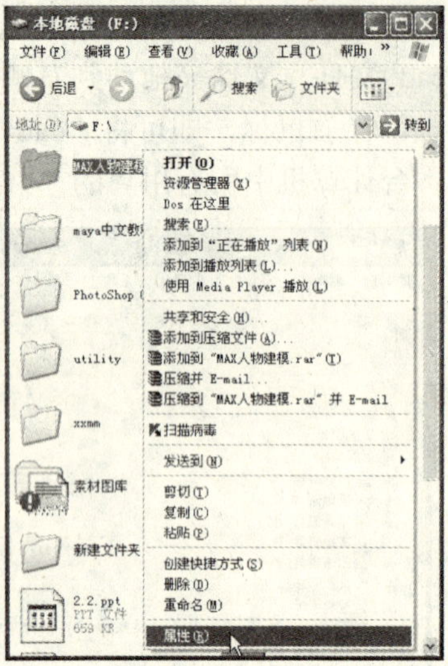

6 弹出“MAX 人物建模 属性”对话框。

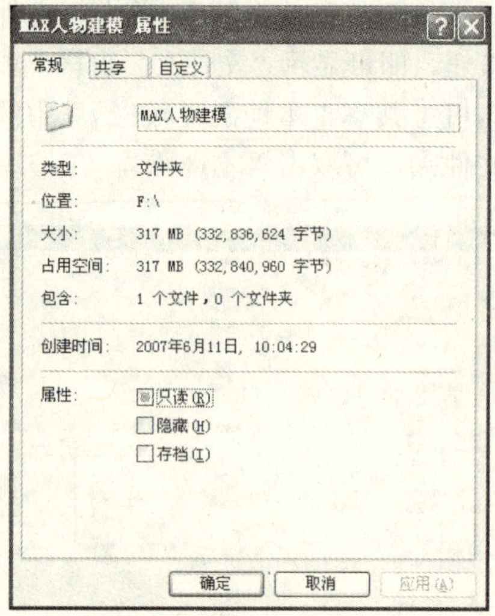

7 单击“共享”选项卡，进入“共享”面板，选择“共享此文件夹”选项，单击“应用”按钮。

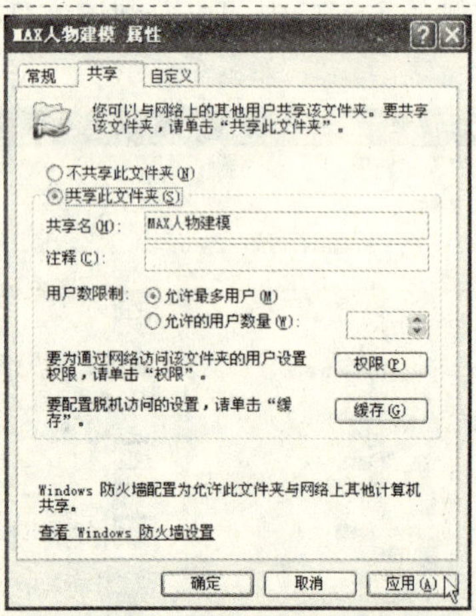

8 返回到“本地磁盘（F:）”，看到“MAX人物建模”文件夹下面有一只手形，即表示该文件夹为共享文件夹。在同一个域中的其他计算机即可查看该文件。

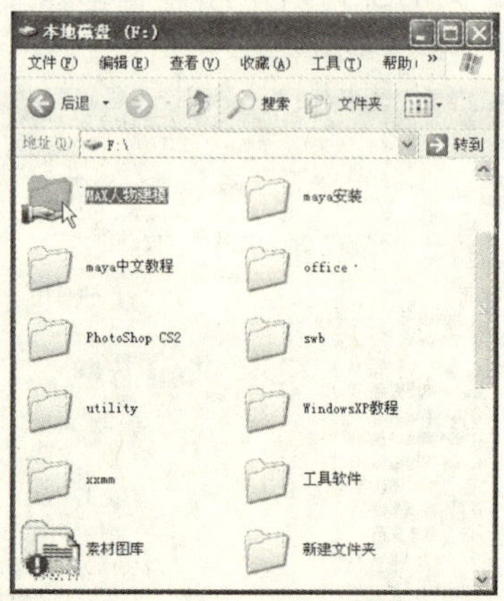

提示：在同一个域中的其他用户可查看或复制共享文件夹中的所有内容，但不能编辑或删除此文件夹。如需其他用户编辑此文件夹，可通过设置“权限”来实现。操作步骤如下。

9 返回到“MAX 人物建模 属性”对话框，进入“共享”面板，单击“权限”按钮，选择“共享此文件夹”选项。

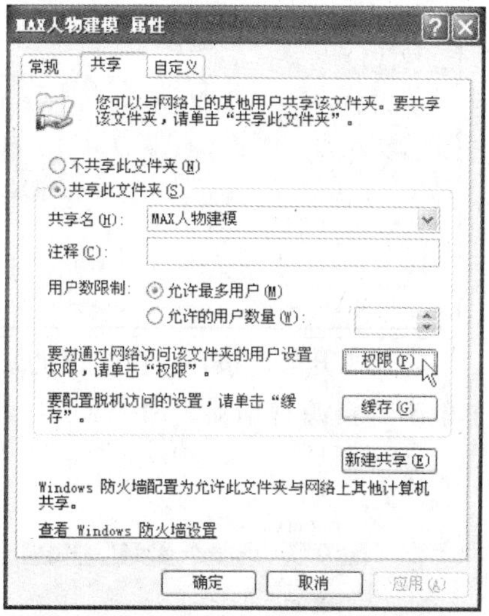

10 弹出“MAX 人物建模 的权限”对话框，在该对话框中将“完全控制”设置为“允许”。单击“确定”按钮，返回到 “MAX 人物建模 属性”对话框，单击“确定”按钮，即可完成设置。

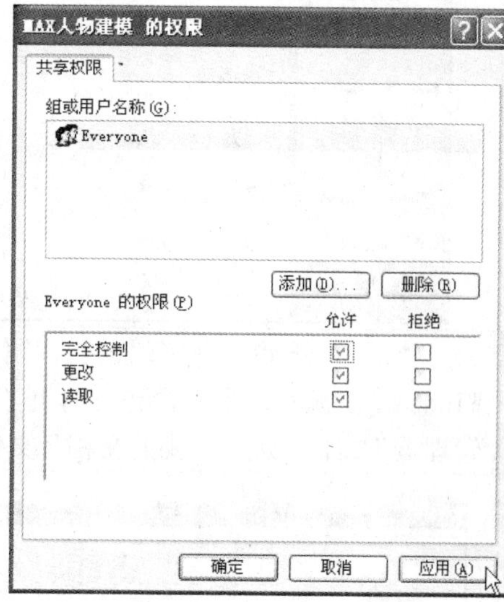

3.2 Windows XP 文档管理器

在 Windows XP 中可以在多个场所对文档进行管理，如“我的电脑”、“我的文档”、“资源管理器”和“打开”对话框等，通常将它们称为 Windows XP 文档管理器。可以在多个管理器中对文档进行管理，使文档的管理更为方便。下面对这些文档管理器进行简要的介绍。

3.2.1 资源管理器

资源管理器是管理电脑资源中很重要的一个文件管理工具。它以目录树的形式显示文件夹中的内容和结构，使用户可以更加快速、方便地管理的文件。不必打开多个窗口，在一个窗口中就能浏览所有的磁盘和文件夹。

1 单击桌面上“我的电脑”图标，打开“我的电脑”窗口，在该窗口的左边区域显示“任务”窗格。

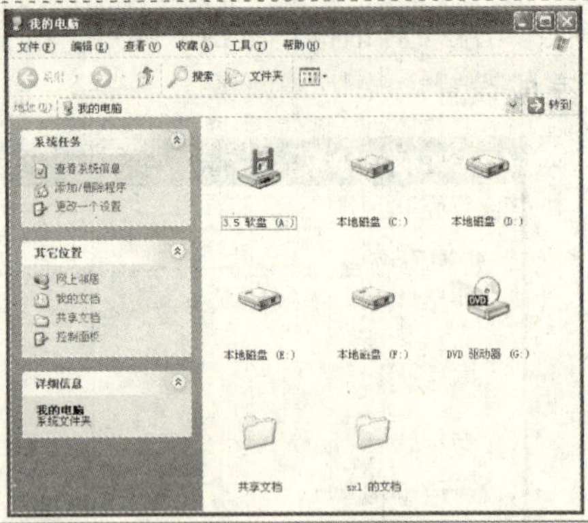

2 单击“文件夹”按钮，即可切换到“资源管理器”。

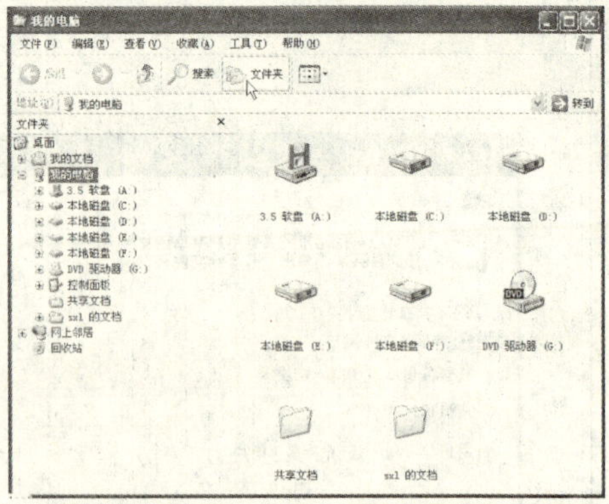

3 执行“开始/所有程序/附件/Windows 资源管理器”命令，打开“资源管理器”窗口，进入“我的文档”文件夹。

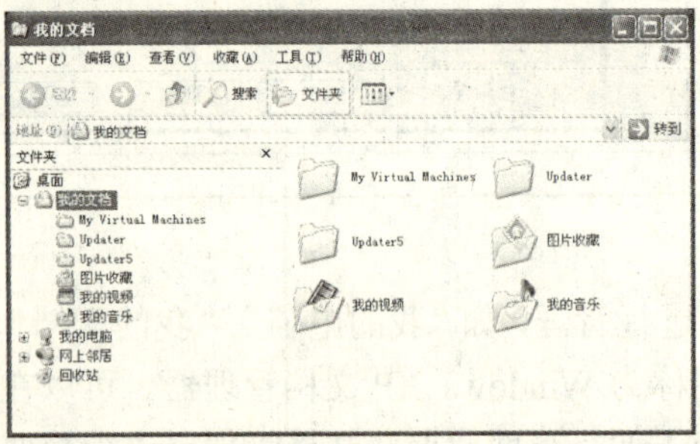

4 右击“开始”按钮，在弹出的快捷菜单中单击“资源管理器”命令。

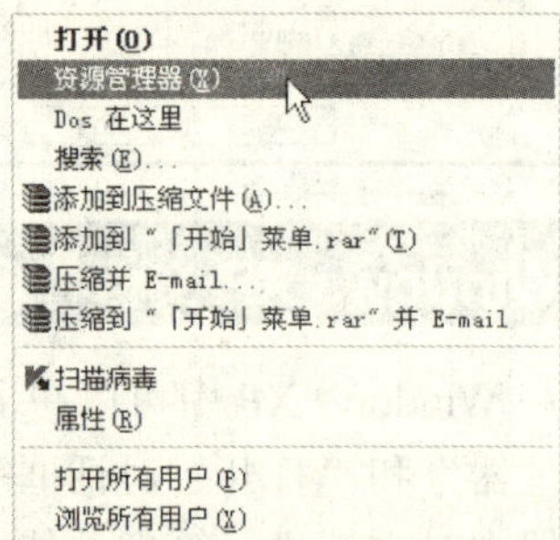

5 打开“资源管理器”窗口，默认进入“[开始]菜单”文件夹。

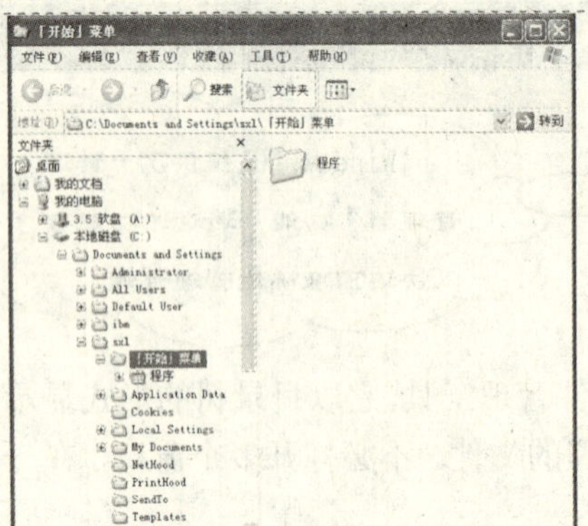

6 单击“文件夹”按钮，即可切换到“我的电脑”。

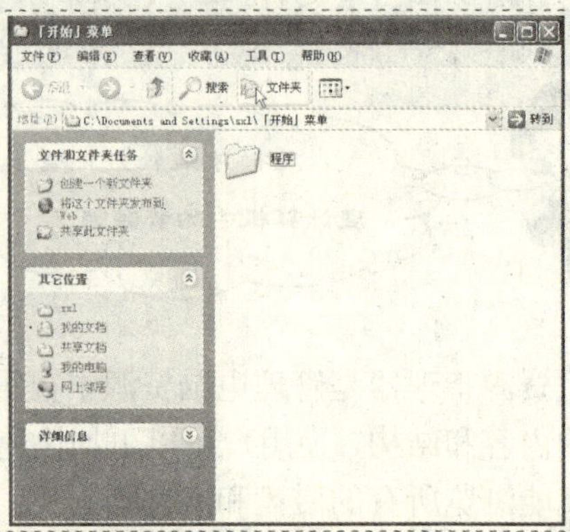

提示：

无论是浏览哪一个磁盘或文件夹内容，在“资源管理器”窗口左上角显示的图标不变，而“我的电脑”窗口左上角的图标会因为浏览的内容不同而改变。需要在“任务”窗格中操作，打开“我的电脑”要省一步；需要编辑“[开始]菜单”，可选择右击“开始”按钮的方法比较迅速；需要在“我的文档”中进行编辑，可执行“开始／所有程序／附件／Windows 资源管理器”菜单命令，或双击桌面“我的文档”图标。

3.2.2 我的电脑

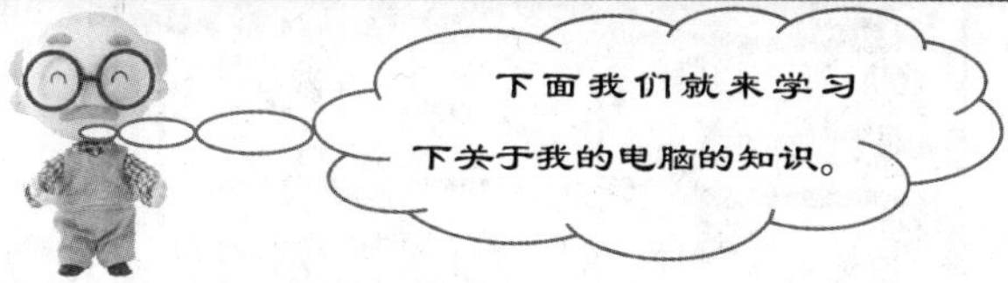

可以通过单击“开始”按钮，在打开的“开始”菜单中选择“我的电脑”选项，也可以直接双击桌面上的“我的电脑”图标，系统即会弹出“我的电脑”窗口。

在该窗口中显示了软盘、硬盘、CD-ROM 驱动器、文件夹等资源。

1 双击桌面“我的电脑”图标，打开“我的电脑”窗口，窗口左侧是“任务”窗格。

2 单击“系统任务”和“详细信息”卷展栏右上角的折叠按钮，即可卷起其面板。

3 展开“系统任务”面板，单击“查看系统信息”按钮。

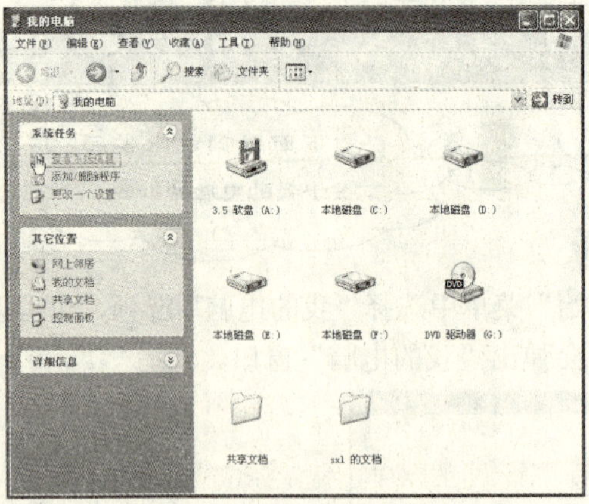

4 弹出“系统属性”对话框。在该对话框中即可查看“系统属性”，单击“确定”按钮，关闭该对话框。

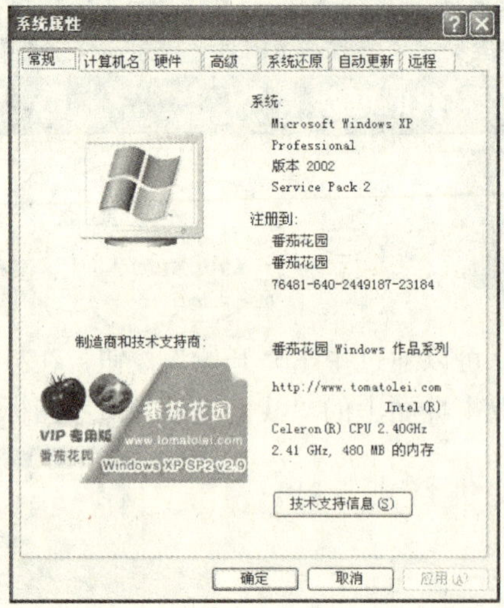

5 在“我的电脑”主窗口中双击“本地磁盘（F:）”。

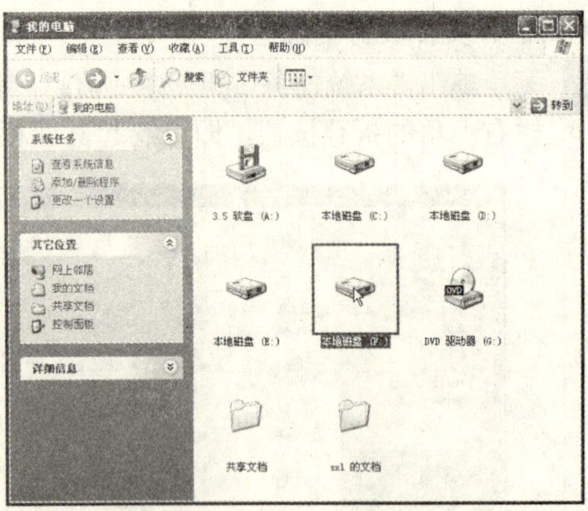

6 浏览一个图片文件夹，此时，可看到在“任务”窗格中增加了“图片任务”、“文件和文件夹任务”两个卷展栏，原先的“系统任务”卷展栏却不再显示。

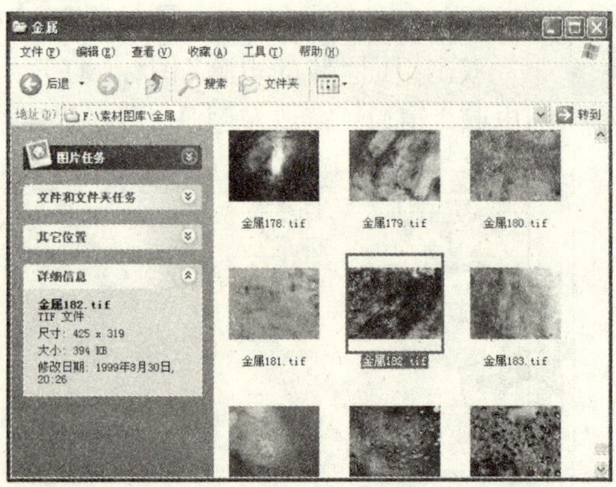

提示：在“我的电脑”窗口中左侧的“任务”窗格中的内容并不是固定不变的。它将随着“主窗格”中的内容变化而变化。

7 展开“图片任务”面板，单击“作为幻灯片查看”按钮。

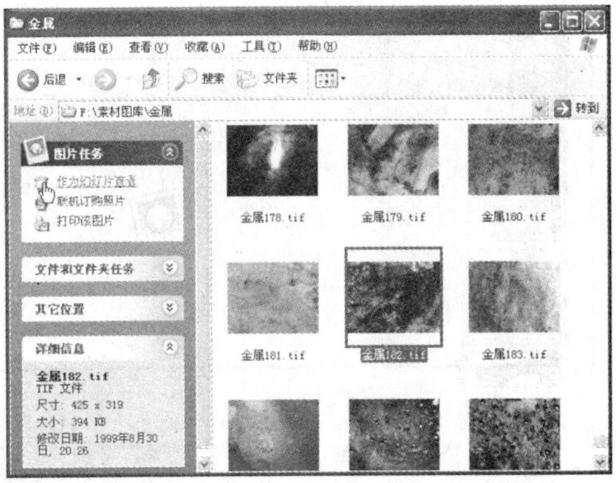

8 系统即以幻灯片显示，单击“上一个”或“下一个”按钮，来查看各个图片效果。单击“关闭”按钮，即可退出幻灯片查看。

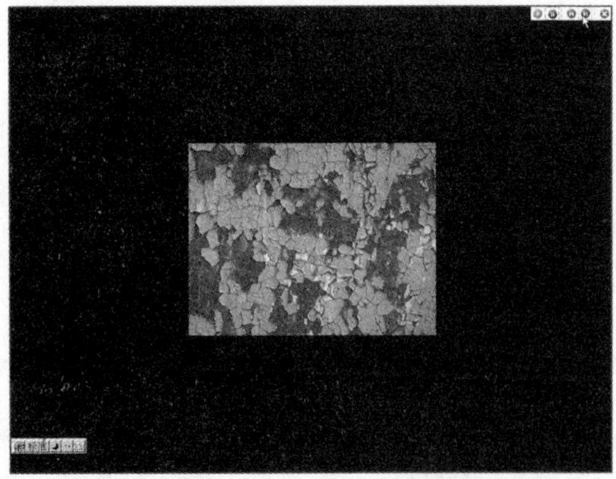

9 展开“其它位置”面板，单击“网上邻居”按钮。

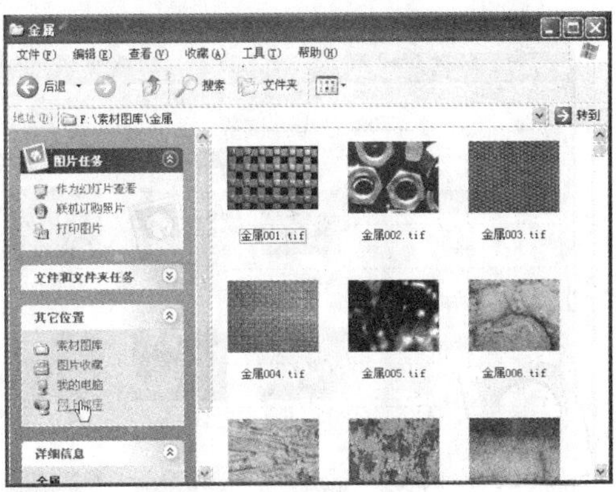

10 在“任务”窗格中即显示出“网络任务”卷展面板，单击“查看工作组计算机”按钮。

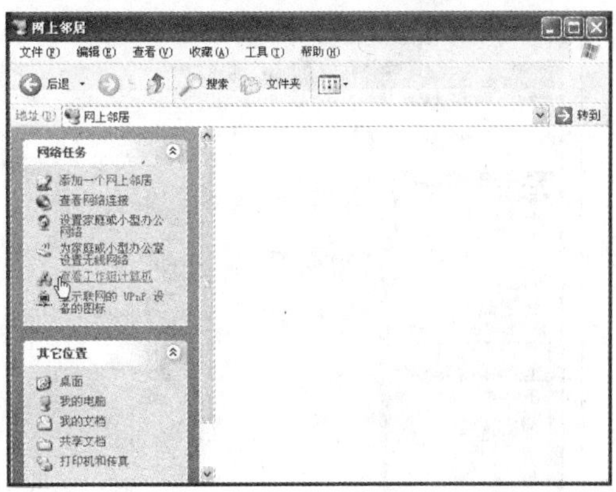

11 在主窗格中即可显示所在工作组中的所有计算机。

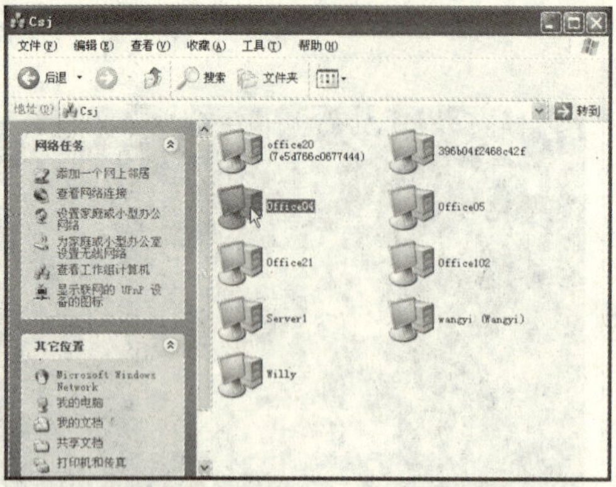

12 双击需进入的计算机，即可显示该计算机中共享的文件夹。

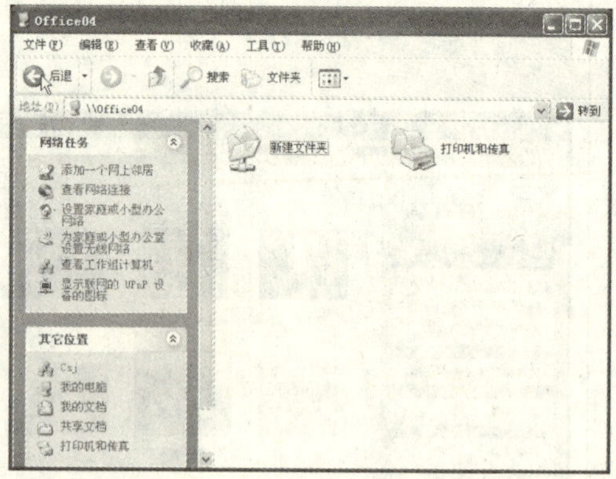

提示:

在一个公司或办公室工作，为了工作上的协作，通常会创建一个工作组。各用户会将一些有价值的文件共享，当需要使用这些文件时，可以进入工作组寻找这些文件或将需要的文件复制到“我的电脑”中。

13 单击工具栏中的“后退”按钮，即可退回到前一个窗口。单击“后退”按钮右边的下拉箭头，在弹出的列表中列出了在前几步进入的窗口标题名，单击这些标题名即可进入相应的窗口。

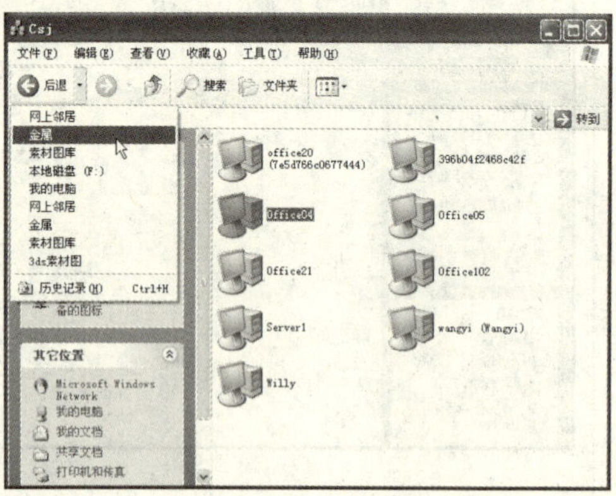

14 如单击“金属”标题名，即可进入“金属”窗口，单击工具栏中的“查看”按钮，弹出菜单。

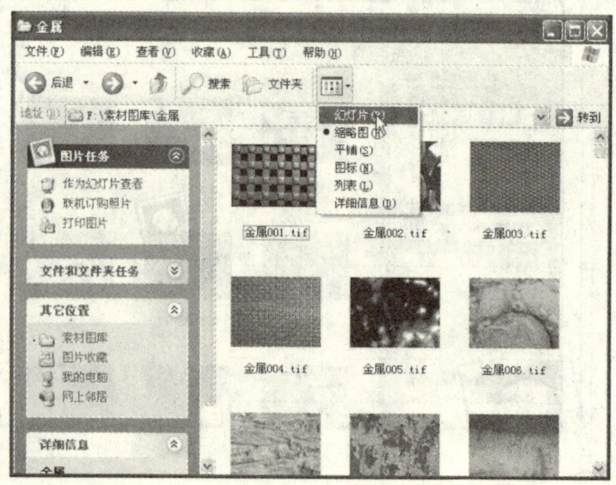

15 在该菜单中包含了查看文件的几种方式：幻灯片、缩略图、平铺、图标、列表和详细信息。如单击“幻灯片”选项，窗口中的文件显示如下图所示。

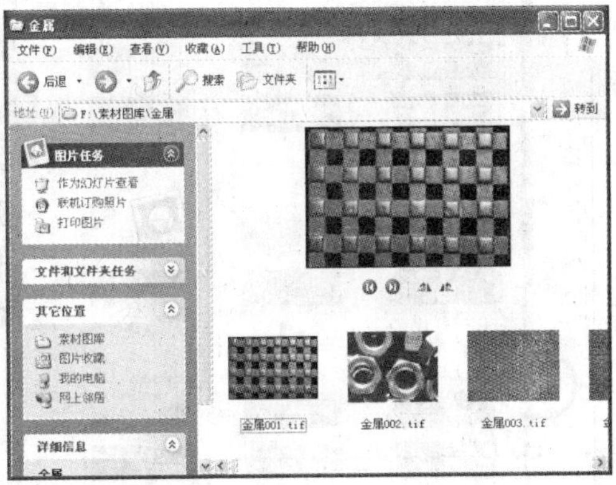

16 选择“详细信息”选项，窗口中的文件显示如下图所示。

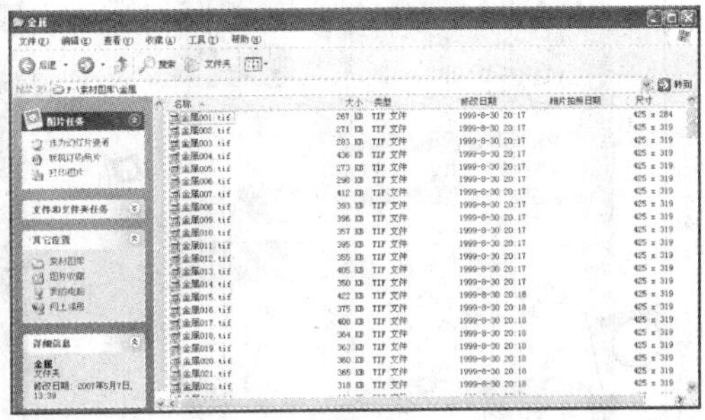

17 单击工具栏中的“向上”按钮，可退回到上一级文件夹或磁盘。

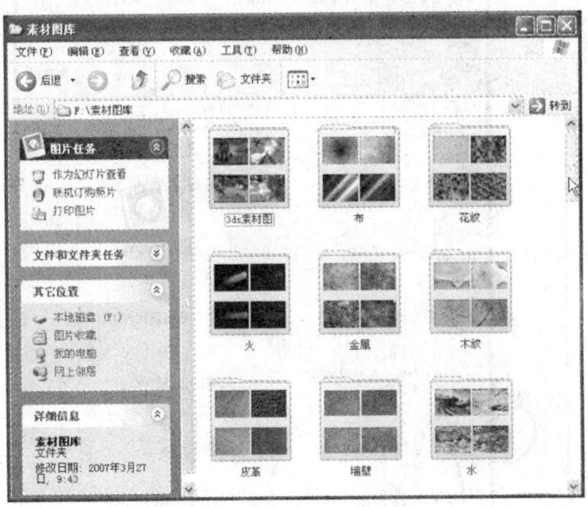

18 拖动窗口右边的垂直滑块，即可浏览到窗口中未显示的其他内容，如下图所示。

19 将光标置于窗口的右边框上，鼠标箭头变为水平双向箭头，按住鼠标向左拖动，窗口在水平方向上的尺寸会缩小。

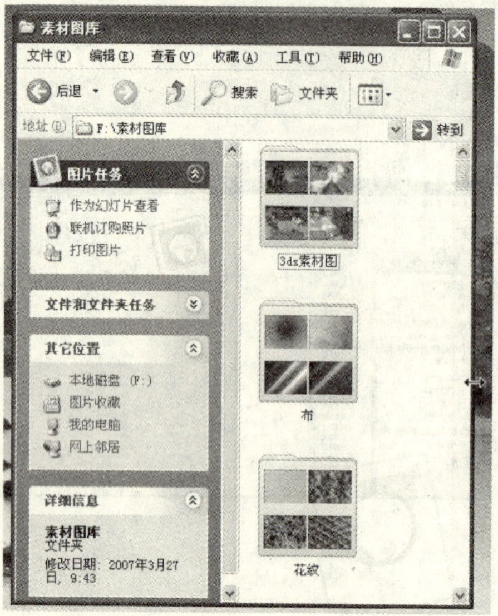

20 继续拖动，在窗口中将隐藏“任务”窗格。

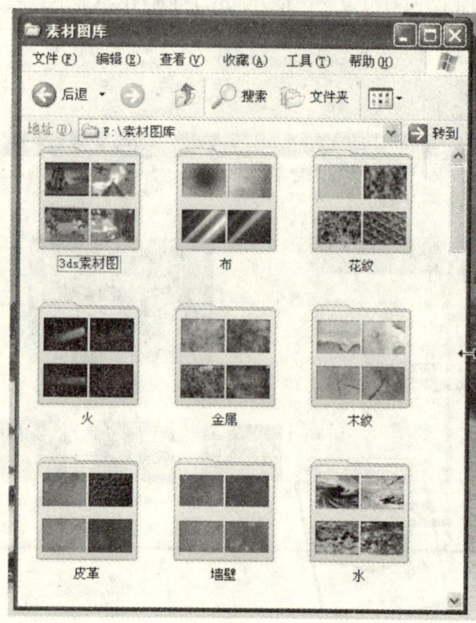

21 单击地址栏右边的下拉箭头，在弹出的下拉列表框，单击需要进入的磁盘或文件夹。

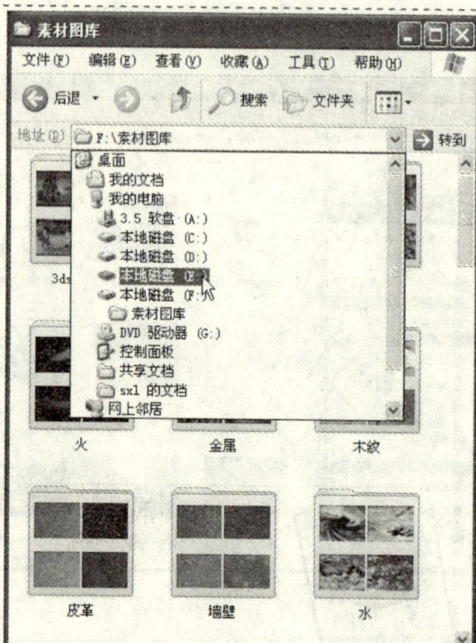

22 单击“本地磁盘（E:）”，即可打开“本地磁盘（E:）”。

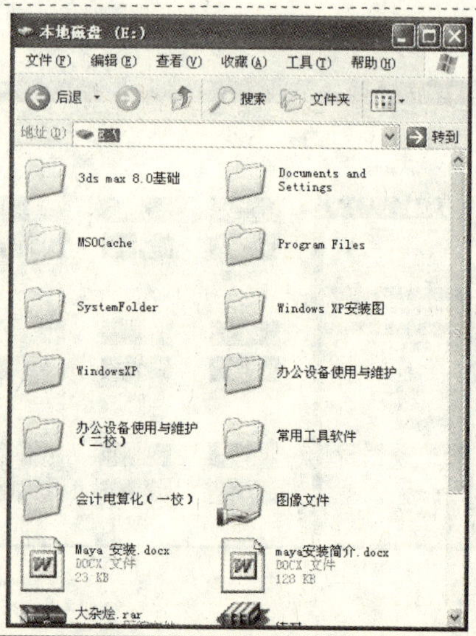

23　在地址栏中输入工作组中其他计算机的 IP 地址，单击“转到”按钮，或按“Enter”键，即可显示选定计算机的共享文件夹。

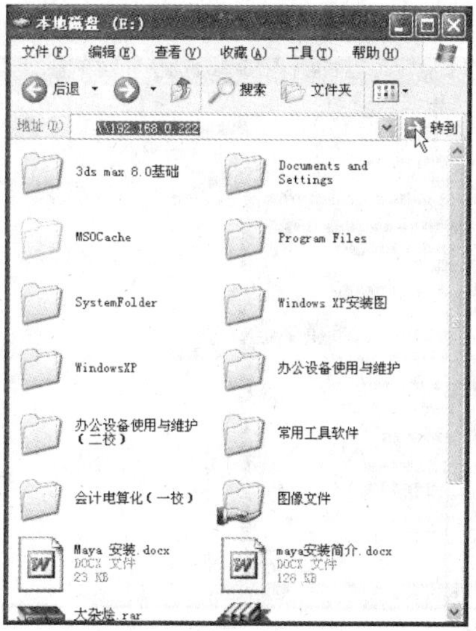

24　显示的共享文件如下图所示。

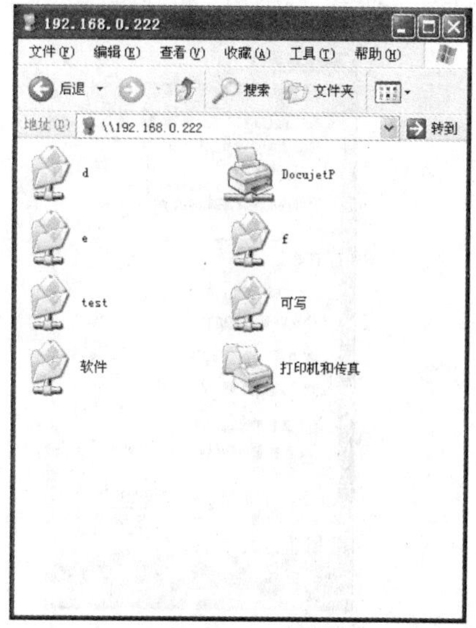

25　单击“地址栏”右边的下拉箭头，在弹出的列表中单击“我的电脑”，即可打开进入“我的电脑”窗口。

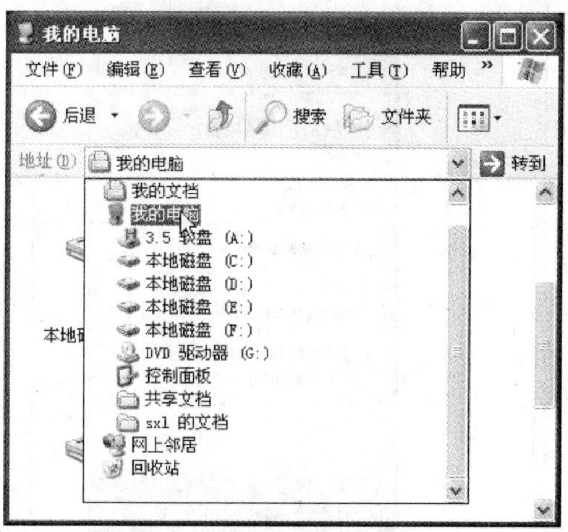

26　单击工具栏中的“搜索”按钮。

27 弹出“搜索助理”窗格，在“全部或部分文件名”下面的文本框中输入“素材图库”，单击“在这里寻找”下面的下拉箭头，在弹出的列表中选择“我的电脑”，单击“搜索”按钮，即开始搜索。

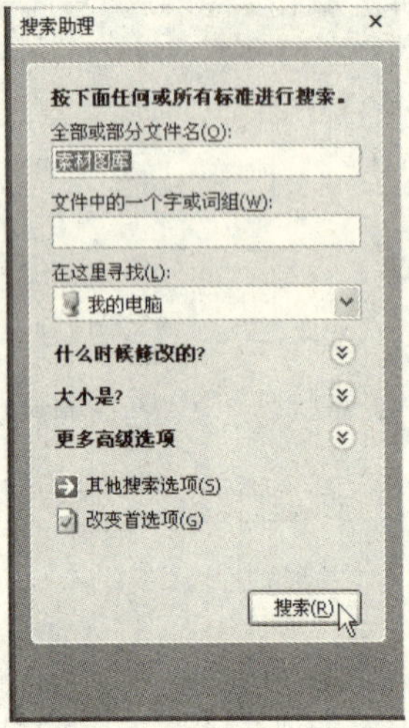

28 搜索到的文件夹显示在主窗口中。单击“停止”按钮，即可停止搜索。

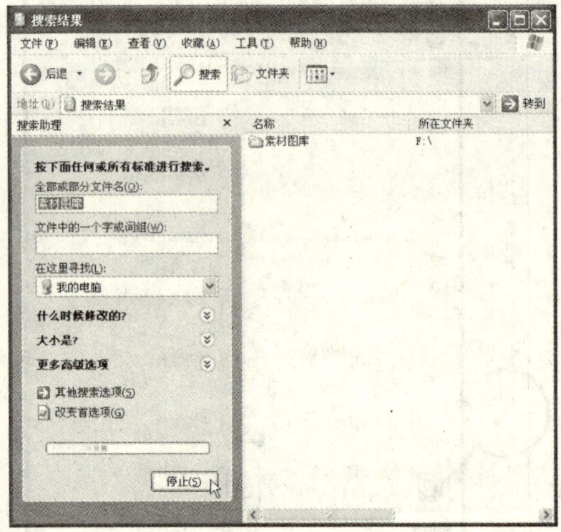

29 双击搜索到的文件夹，即可打开该文件夹。

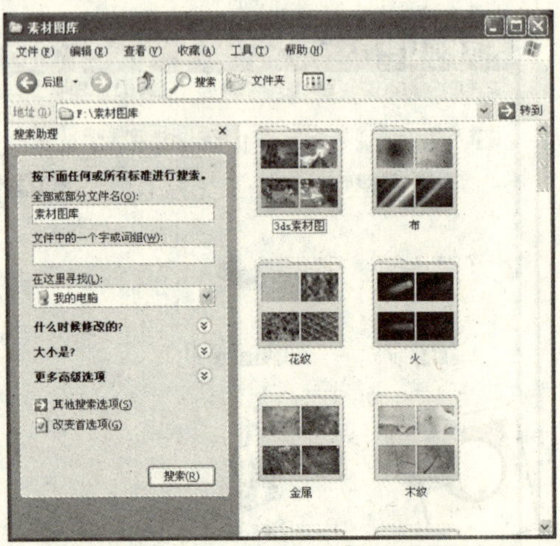

30 在“文件中的一个字或词组”下面的文本框中输入“动画片”，单击“搜索”按钮。

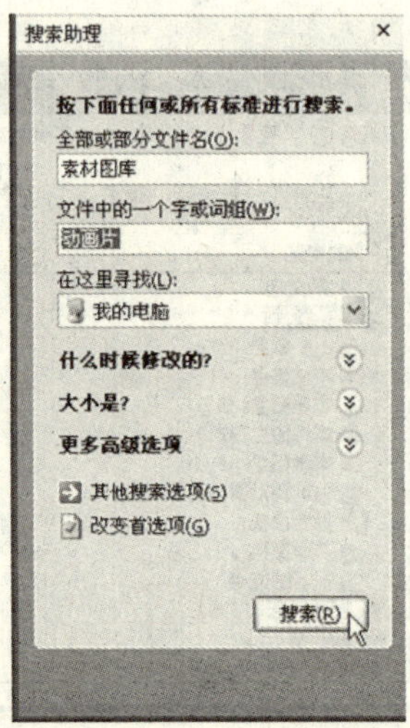

31 “搜索助理”即开始搜索，搜索到的相关文件显示在主窗口中。

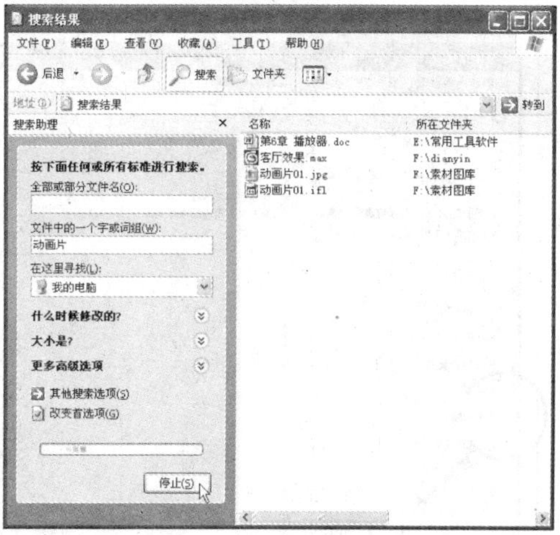

32 搜索完毕后，“搜索助理”即停止搜索。单击“改变首选项”按钮或链接。

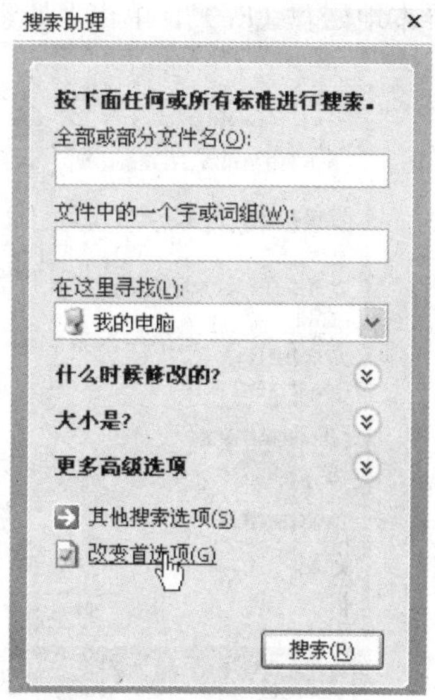

33 弹出如下图所示的面板，在该面板中可以改变“搜索助理”首先项。如单击“使用动画屏幕角色”链接。

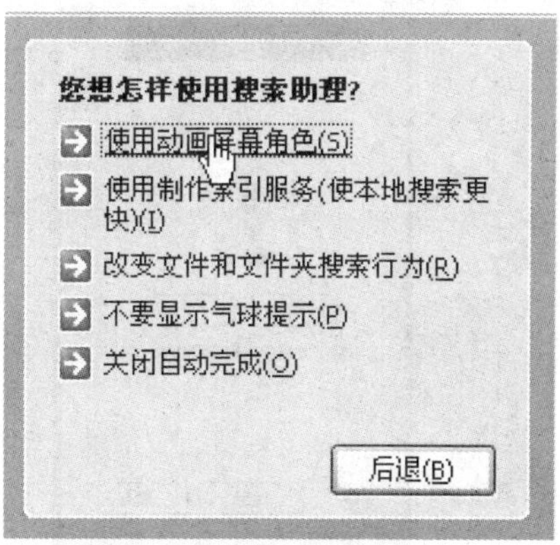

34 即可弹出动画屏幕角色（小黄）。

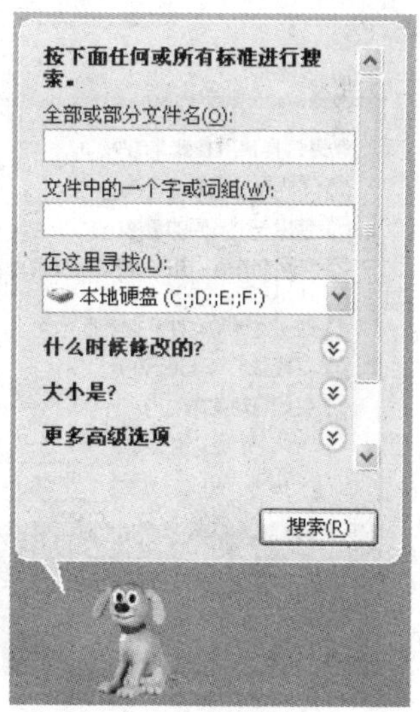

35 在“文件中的一个字或词组”下面的文本框中输入“音乐”。单击“在这里寻找”下面的下拉箭头，在弹出的列表中选择“本地磁盘（F:）”，单击“搜索”按钮。

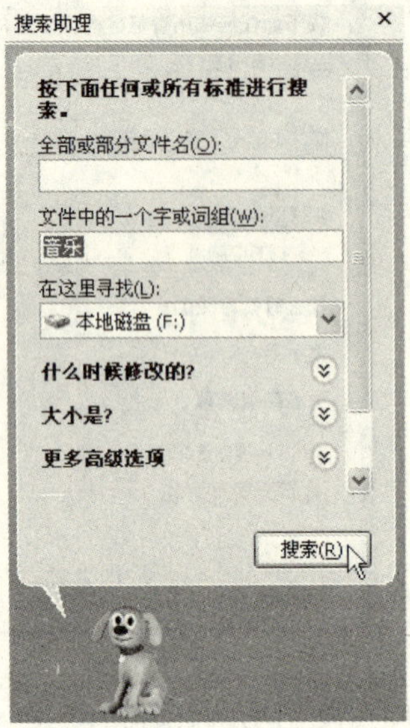

36 “搜索助理”即开始搜索，搜索到的相关文件夹和文件显示在主窗口中，单击“停止”按钮即可停止搜索。

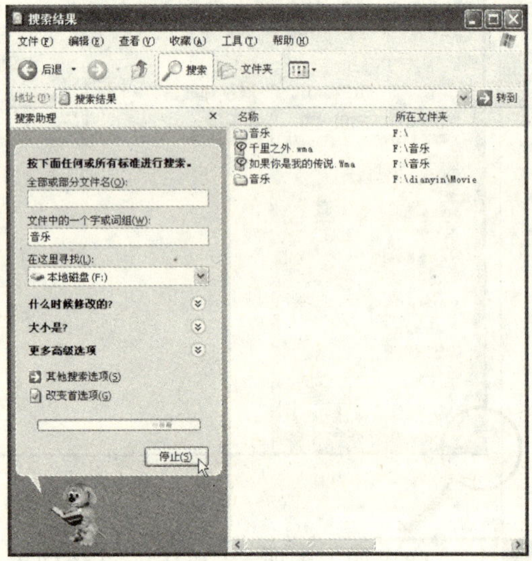

37 单击“改变首选项”链接，在弹出的面板中单击“使用一个不同的角色”链接。

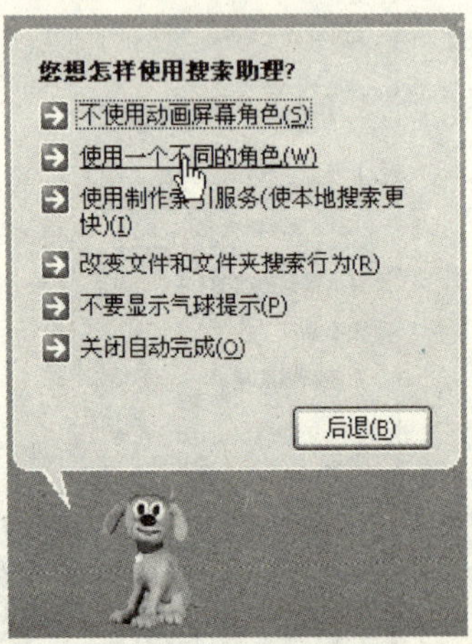

38 在弹出的对话框中单击“下一个”按钮。

39 可以继续单击“下一个”或“上一个”按钮，选择角色。

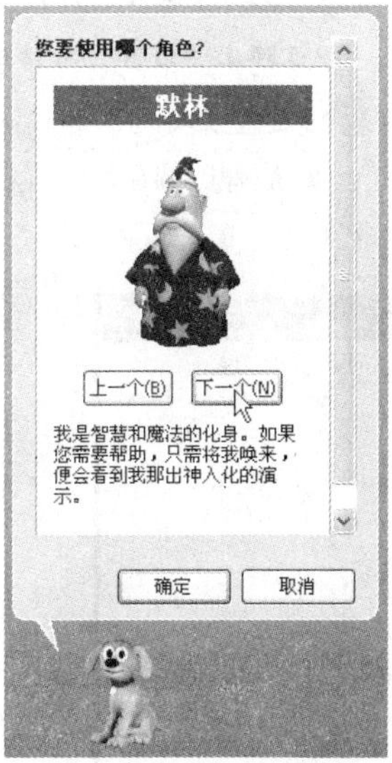

40 单击“确定”按钮，即可完成角色的改变。单击“更多高级选项”后面的卷展按钮。

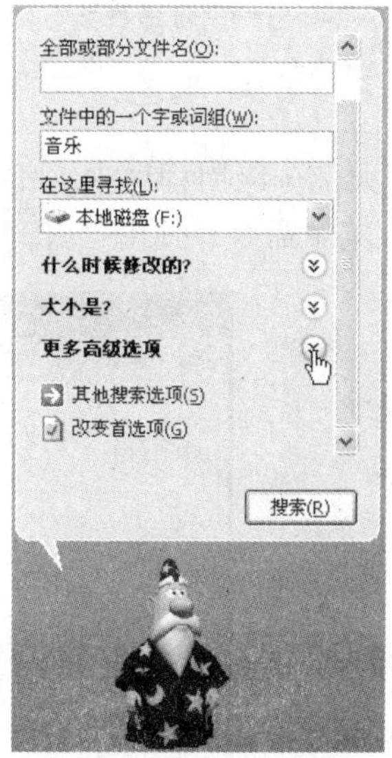

41 “更多高级选项”面板如下图所示，在该面板中即可根据需要选择各个选项，在面板的顶部文本框中输入“Windows XP”，单击“搜索”按钮。

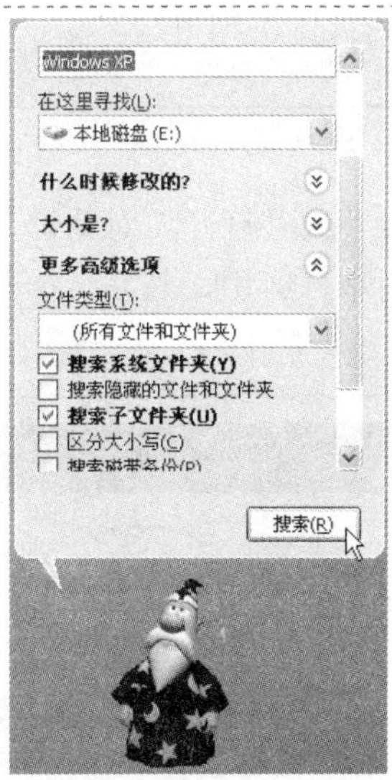

42 “搜索助理”即开始搜索，搜索到的相关文件夹和文件显示在主窗口中，单击“停止”按钮即可停止搜索。

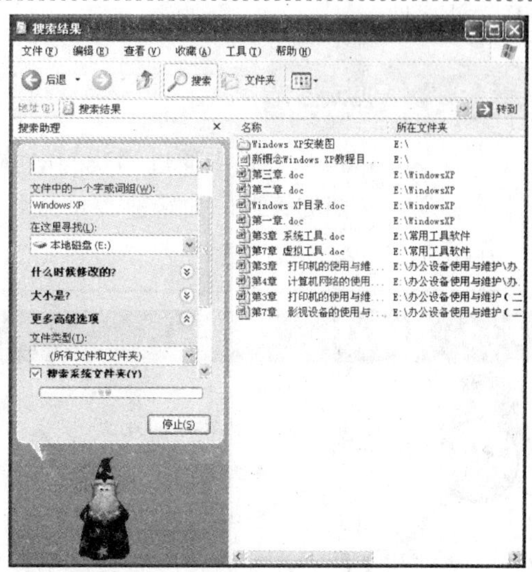

3.2.3 “打开”对话框

在绝大部分应用程序中，都可以弹出“打开”对话框。如启动“Word”程序，执行“文件/打开”菜单命令，弹出“打开”对话框。

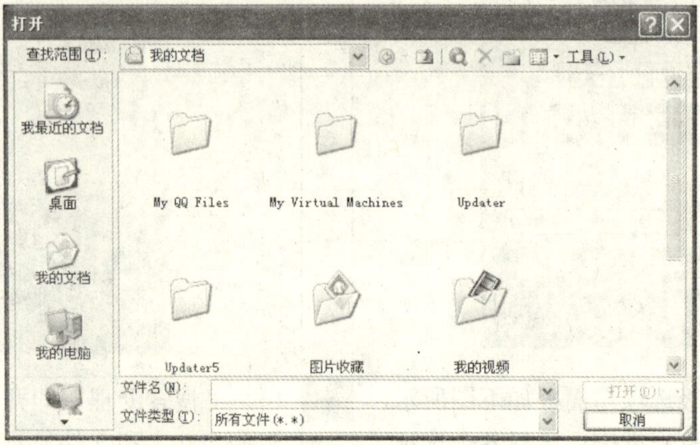

“打开”对话框是管理文档的又一个场所，可以看做是一个小型的资源管理器。在该对话框中除了可以选择需打开的文件，还可以新建文件或文件夹、重命名、复制、删除、查找和查看文件属性等。

3.3 管理文档

在 Windows XP 中通过“我的电脑”、“资源管理器”或“打开”对话框，可以很方便地实现对文档的管理。如新建、重命名、移动、复制/粘贴、剪切、共享、加密、压缩、解压等。

3.3.1 新建文件或文件夹

文件和文件夹在安装程序时会产生，但更多的是通过用户自行创建。

• 创建文件

文件通常分为系统文件和用户文件两种。系统文件是随应用软件的安装，系统自动建立的文件；用户文件是指用户自己建立的文件。通过不同的编辑软件可以创建出文档、源程序、数据、图形、声音等不同类型的文件。

1 在桌面上双击“我的电脑”图标，然后双击“本地磁盘（G:）”图标，打开“本地磁盘（G:）”窗口。在该窗口的空白位置右击，在弹出的快捷菜单中执行“新建/文本文档”命令。

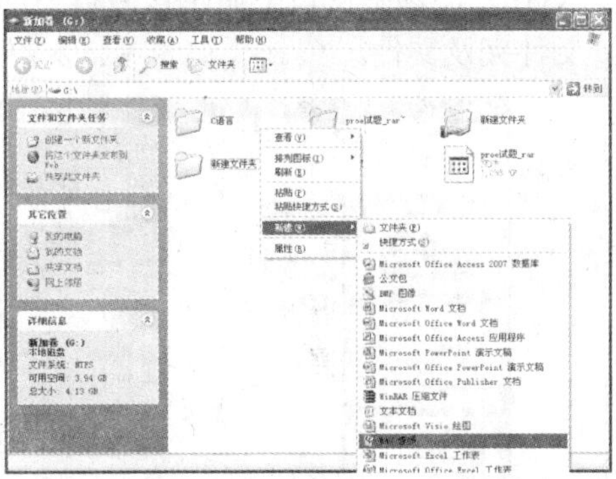

2 执行该命令后，则会在窗口中创建一个音频文件。

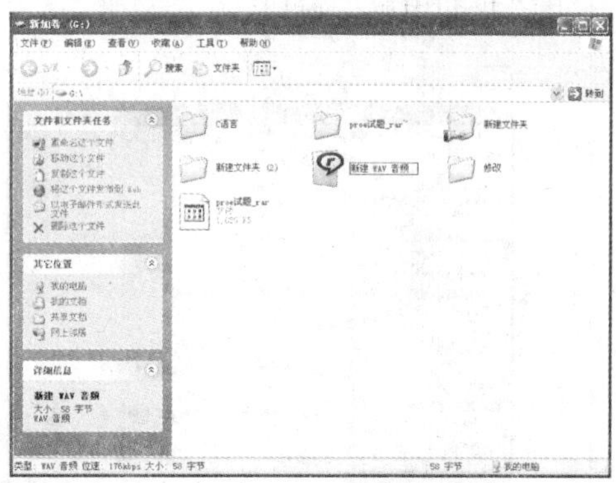

• 创建文件夹

在任何文件夹窗口都可以创建文件夹。创建的新文件夹为空，用户可以在其中存放文件。

1 在窗口空白处右击，在弹出的快捷菜单中执行“新建/文件夹”命令。

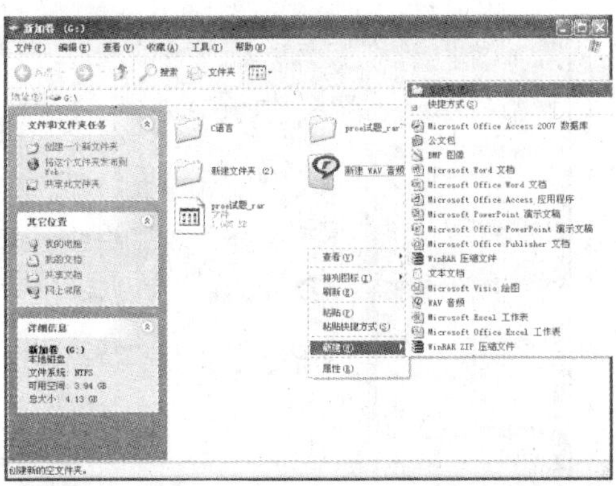

2 执行该命令后，则会在窗口中创建一个新的文件夹。

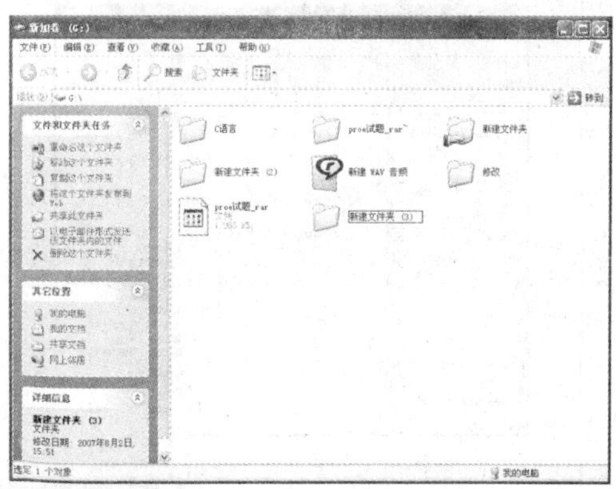

3.3.2 移动重命名文件或文件夹

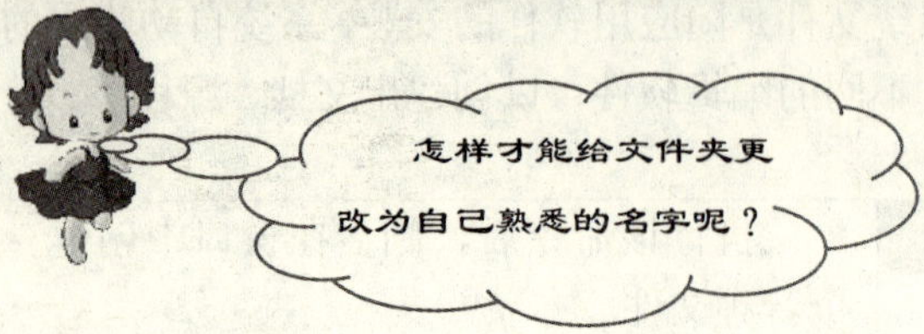

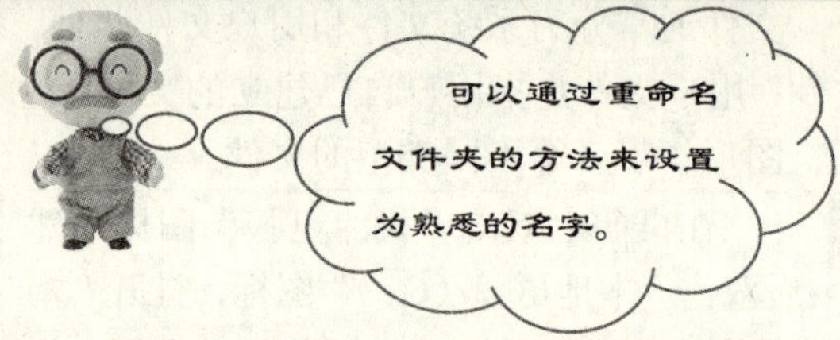

重命名文件或文件夹，除了选择的对象不同外，操作步骤都是一样。下面介绍重命名文件夹的操作步骤。

1 按“Windows 徽标键+D”组合键，打开“我的电脑”窗口。

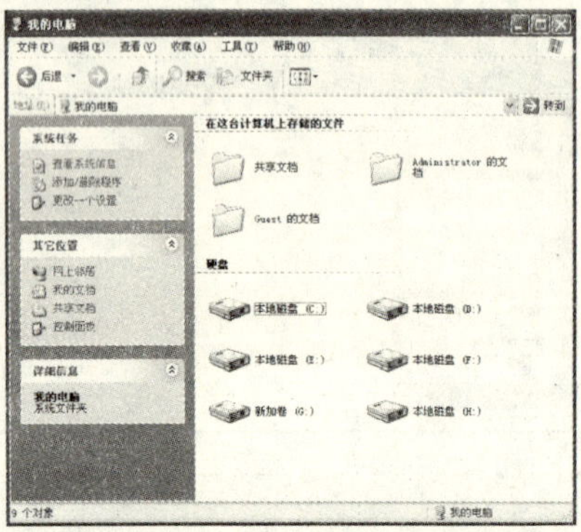

2 在“文件夹”窗格中单击“本地磁盘（G：）”，在主窗口中显示该磁盘中的所有文件夹及文件。

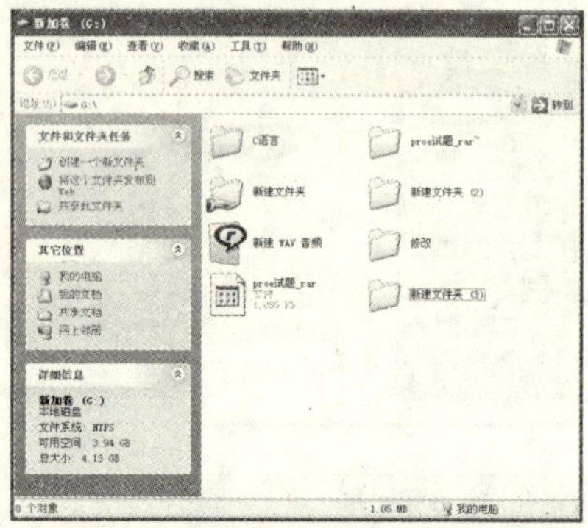

3 选中需要重命名的文件夹“新建文件夹（3）”。然后右击，在弹出的快捷菜单中执行“重命名”命令。

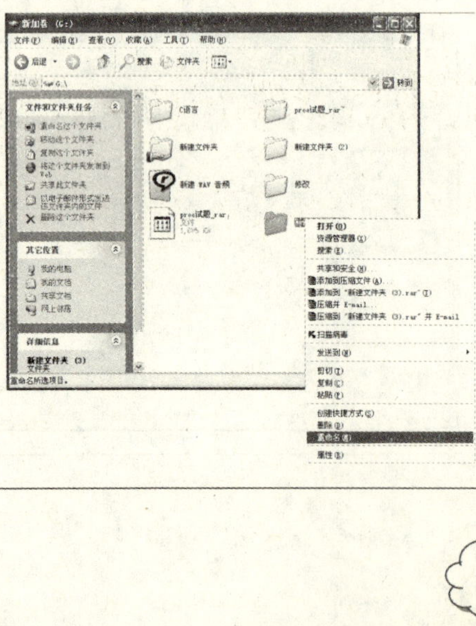

4 在文本框中输入“图片”，然后按“Enter”键，完成该文件夹的重命名操作。

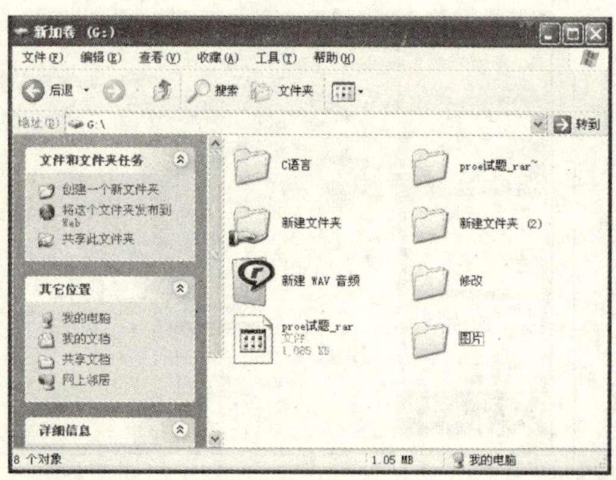

3.3.3 移动文件

1 按“Windows 徽标键+D”组合键，打开“我的电脑”窗口。

2 双击磁盘驱动器“E”图标，打开“本地磁盘 (E:)”窗口。

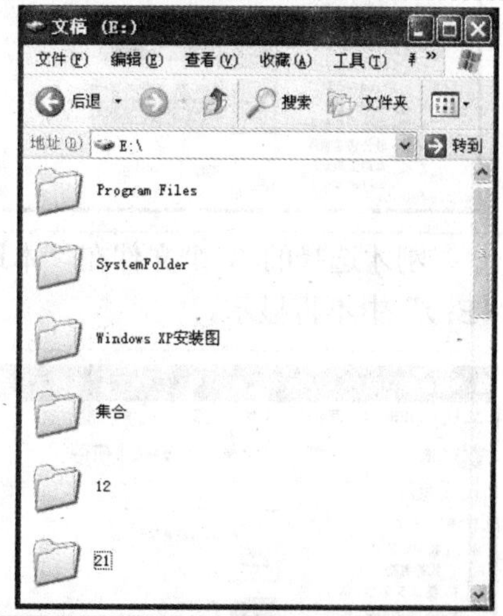

3 按住鼠标左键拖出一个选择区域，释放鼠标，即可选定区域中的所有对象。

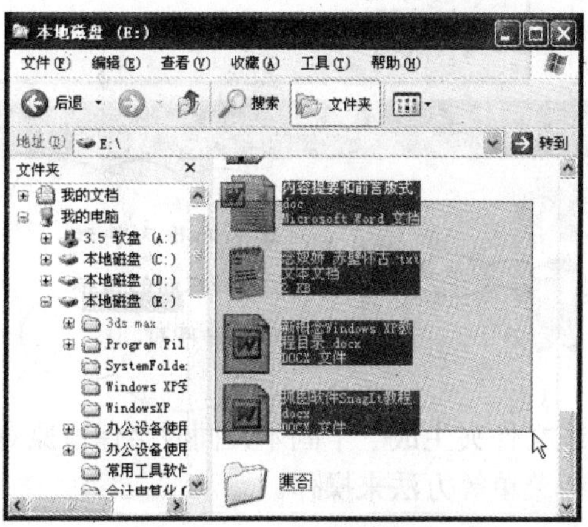

4 按住“Ctrl”键，单击“念奴娇 赤壁怀古”文件，即可从选取的文件中减去此文件。

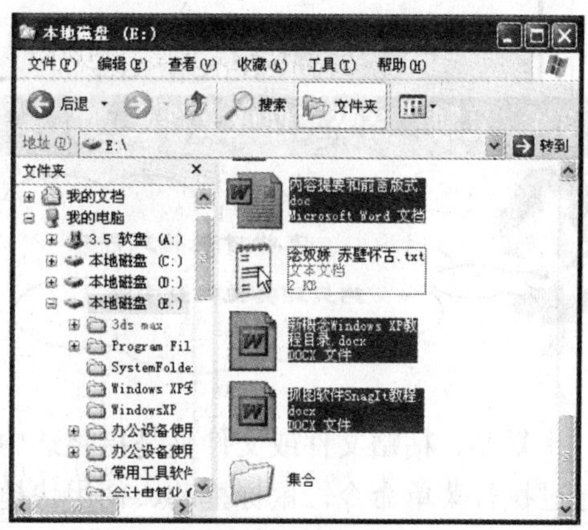

执行“编辑 / 移动到文件夹”菜单命令。

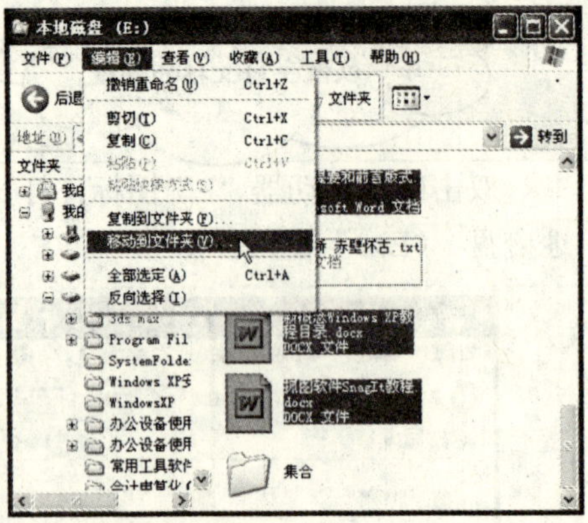

弹出“移动项目”对话框，在该对话框中单击目标文件夹（如“集合”），单击“移动”按钮。

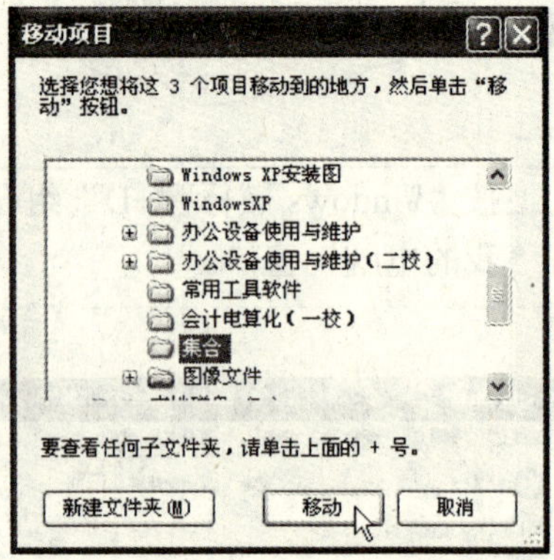

刚才选择的 3 个文件在“本地磁盘（E:）”中不再显示。

双击“集合”文件夹，在打开的“集合”文件夹中可看到移动进来的 3 个文件。

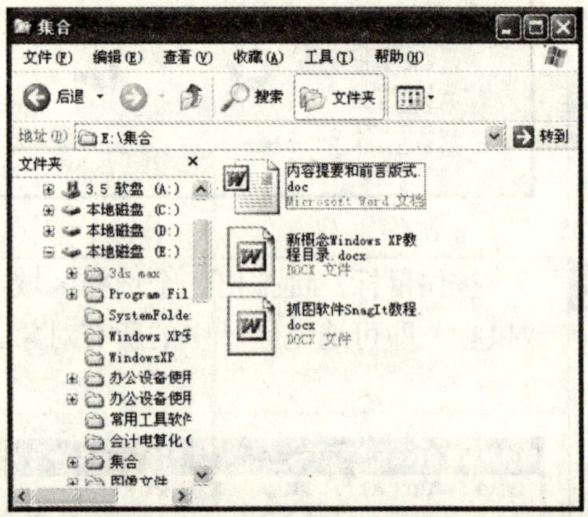

3.3.4 复制、粘贴文件或文件夹

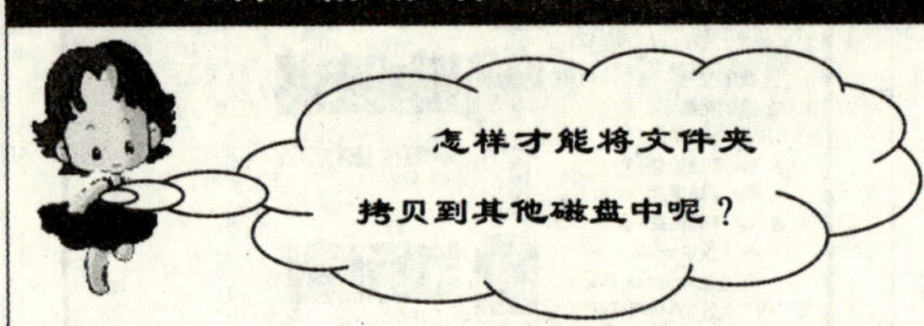

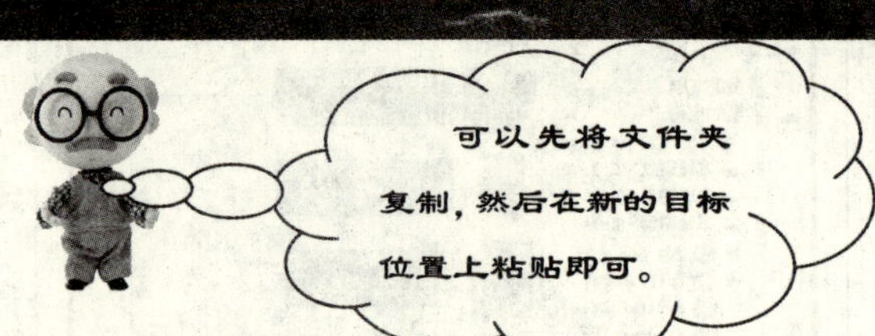

复制、粘贴文件或文件夹是指将选中的文件或文件夹生成一个副本，同时会保留原对象。通过执行菜单命令，鼠标拖动、使用快捷键和快捷菜单等方法来操作。

• 执行菜单命令

其操作步骤如下：

（1）选中需要复制的文件或文件夹。

（2）执行“编辑/复制”命令，如下左图所示。

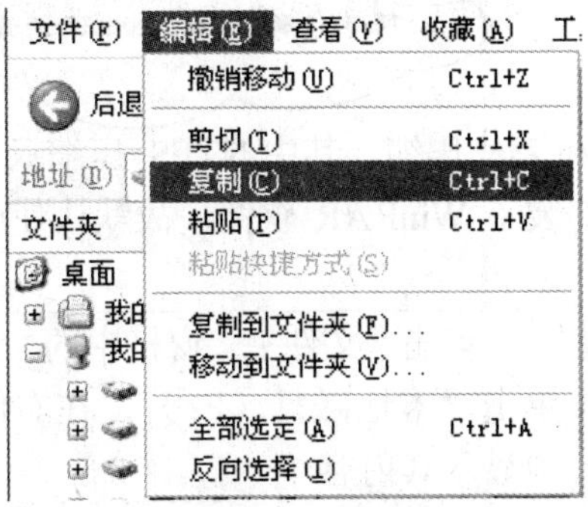

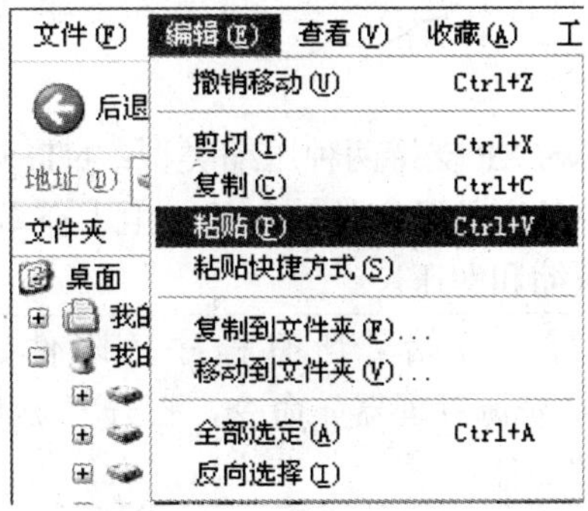

（3）打开需要复制到的目标位置，然后执行“编辑/粘贴”命令。这样就完成了文件或文件夹的复制操作，如上右图所示

• 使用快捷键

其操作步骤如下：

（1）选中需要执行的文件或文件夹。（2）按快捷键“Ctrl+C”。（3）在目标位置上，按快捷键“Ctrl+V”。

• 使用快捷菜单

其操作步骤如下：

（1）选中需要复制的文件或文件夹。（2）鼠标右击，在弹出的快捷菜单中执行“复制”命令，如下左图所示。（3）在需要复制到的目标位置上右击，在弹出的快捷菜单中执行“粘贴”命令，如下右图所示。

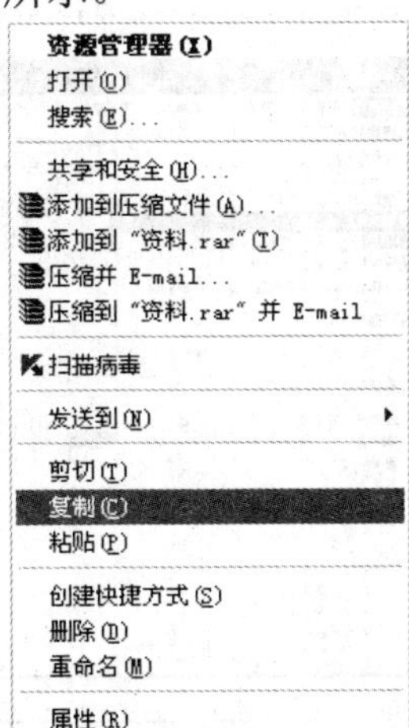

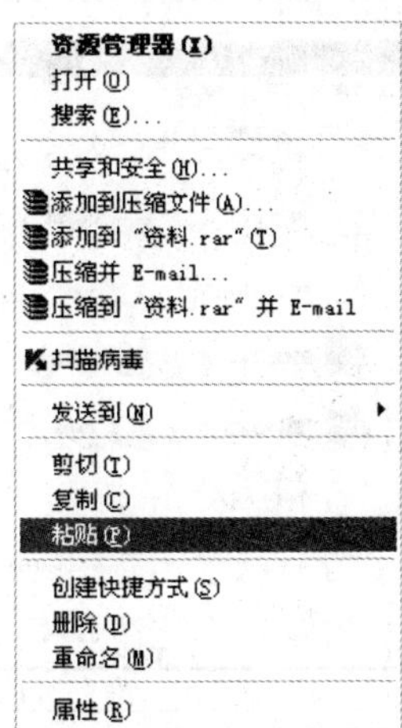

3.3.5 压缩文件

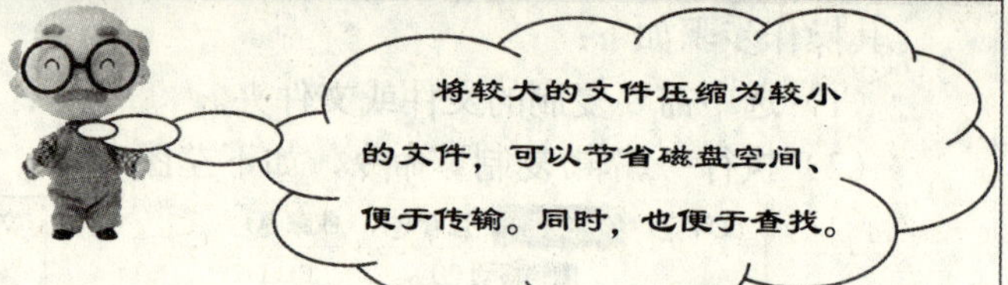

Windows XP 支持两种压缩类型：NTFS 压缩和 Zip 压缩。其中 NTFS 压缩只对 NTFS 格式化磁盘中的文件及文件夹有效。由于在本机中安装了 WinRAR 软件，故默认使用 WinRAR 软件进行压缩和解压。

执行“开始 / 所有程序 / 附件 / Windows 资源管理器”命令，打开“资源管理器”窗口。

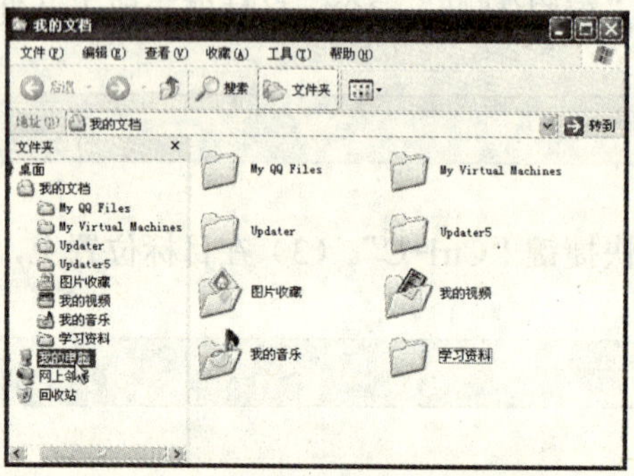

单击“文件夹”窗格中的“我的电脑”，单击“本地磁盘（F:）”，在右侧的主窗口中显示其内容。

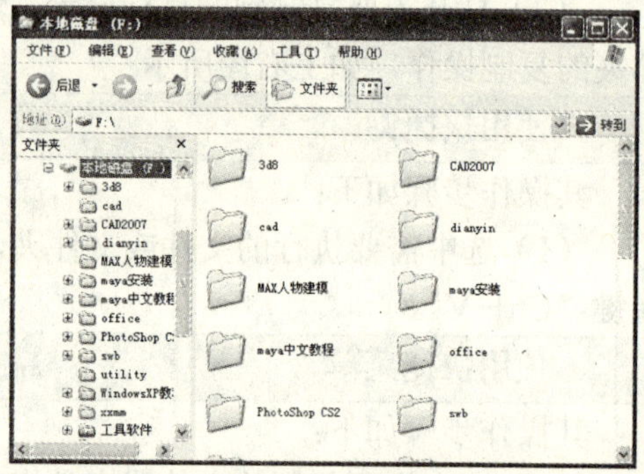

选择如下图所示的 3 个文件夹。

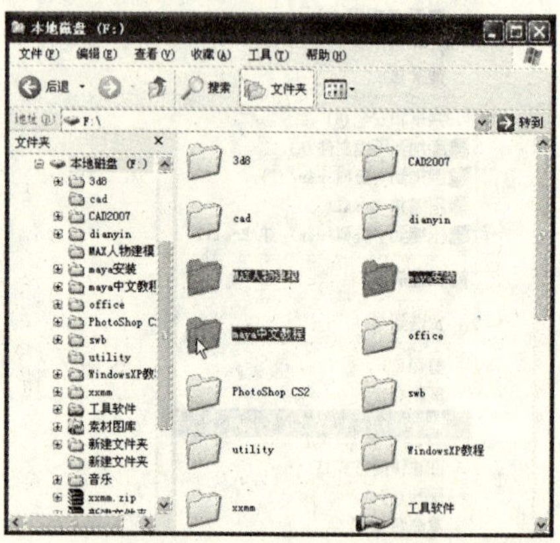

执行“文件 / 添加到压缩文件”菜单命令。

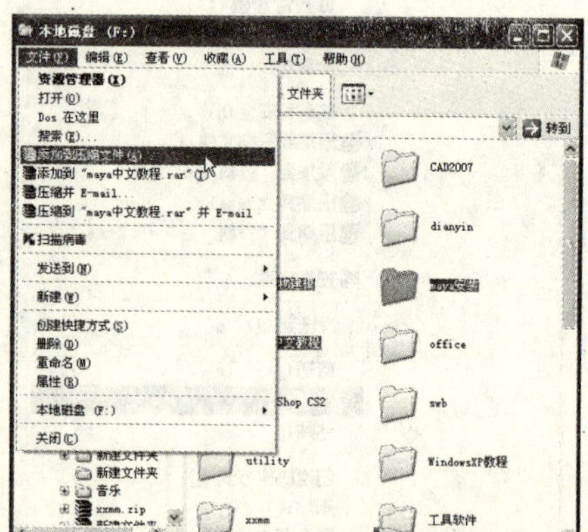

弹出“压缩文件名和参数”对话框，在该对话框中可以进行多方面的设置。

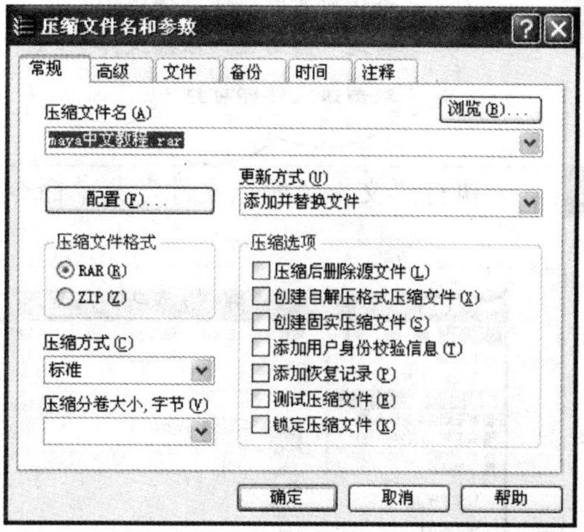

设置“常规”面板中的参数如下图所示。单击“确定”按钮。

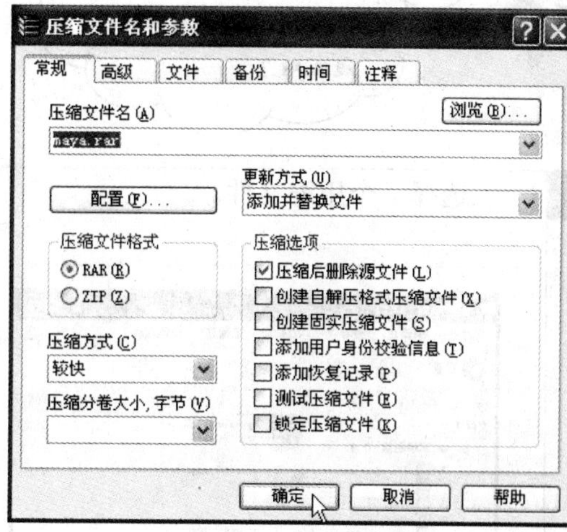

WinRAR 程序即根据设置开始创建压缩文件。

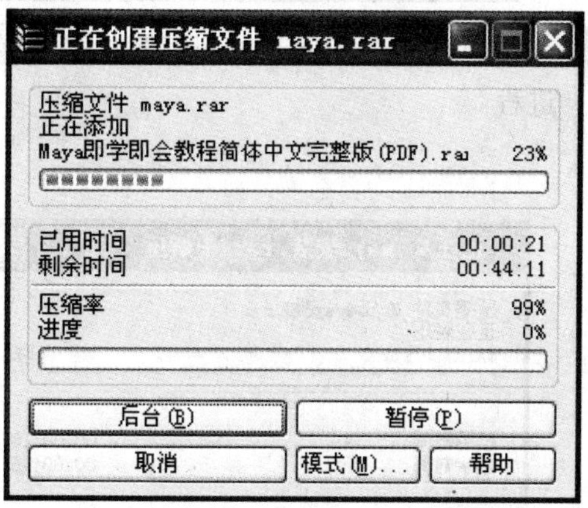

压缩完成后，创建“maya.rar”文件。

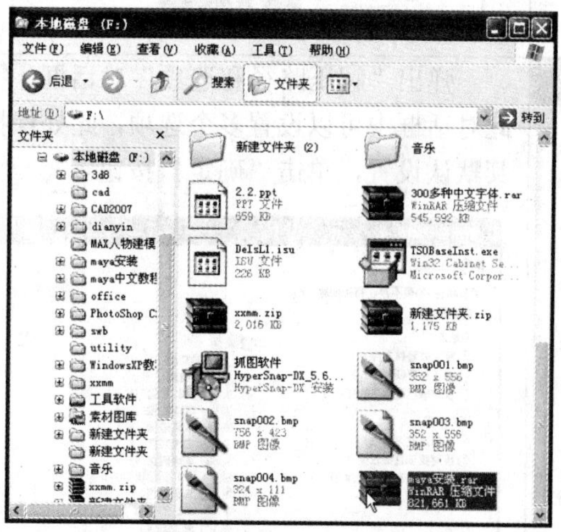

提示：对文件或文件夹的压缩操作可以根据需要设置很多选项，如分卷压缩、固实压缩、创建自解压文件、添加压缩注释等。在此不进行介绍。

3.3.6 解压文件

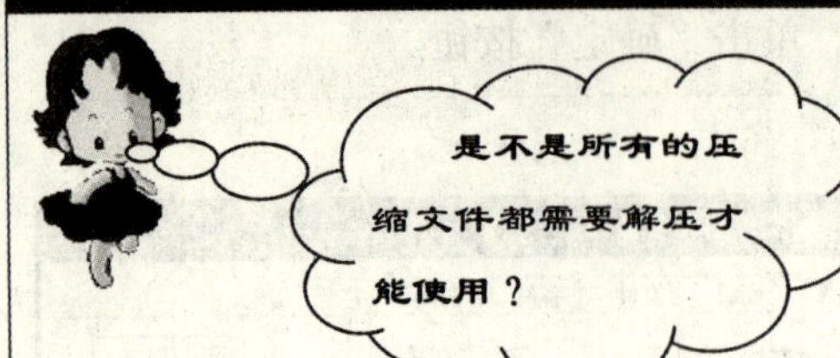

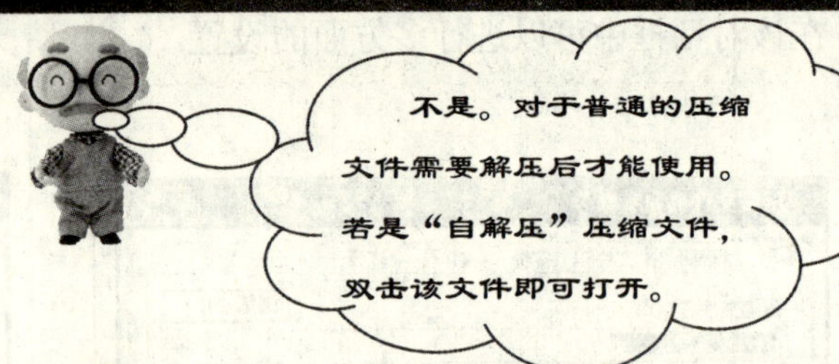

选择一个压缩文件。

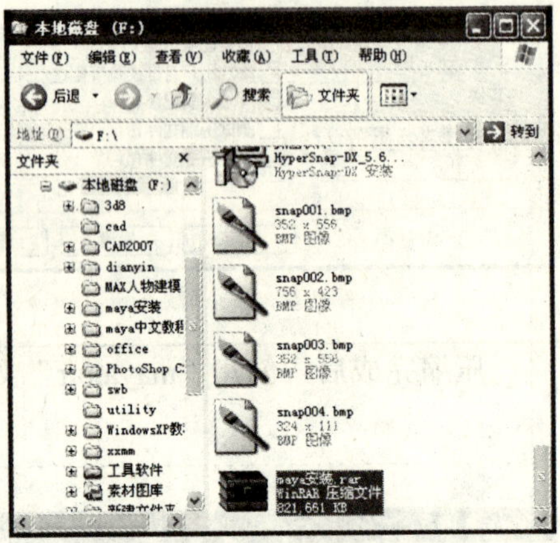

执行“文件 / 解压文件”菜单命令。

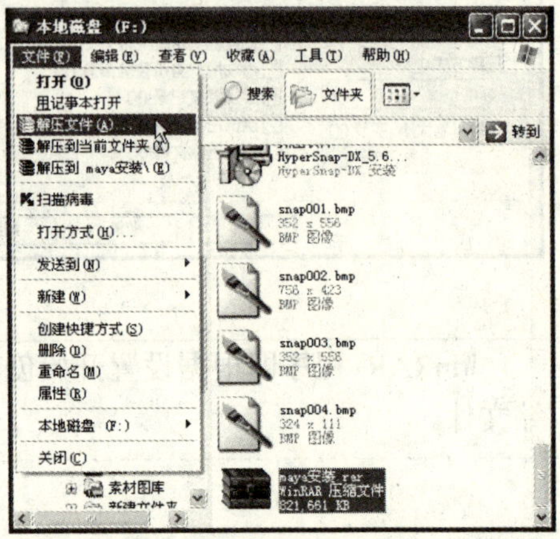

弹出“解压路径和选项”对话框，在此对话框中可以设置多个选项，此处保持其默认设置，单击“确定”按钮。

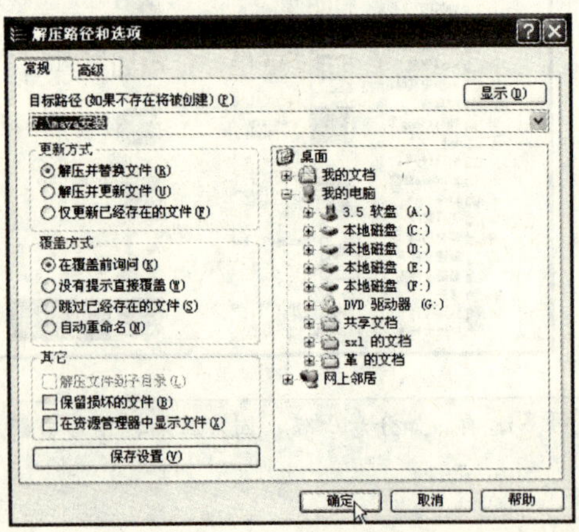

弹出如下图所示的对话框，显示解压进程。

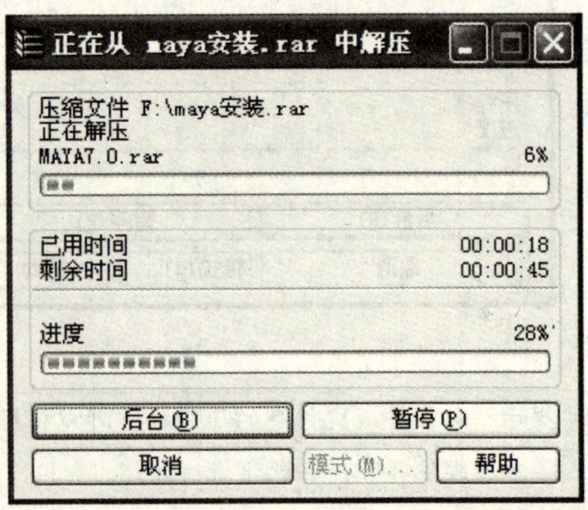

解压完成后的文件夹“maya 安装”。

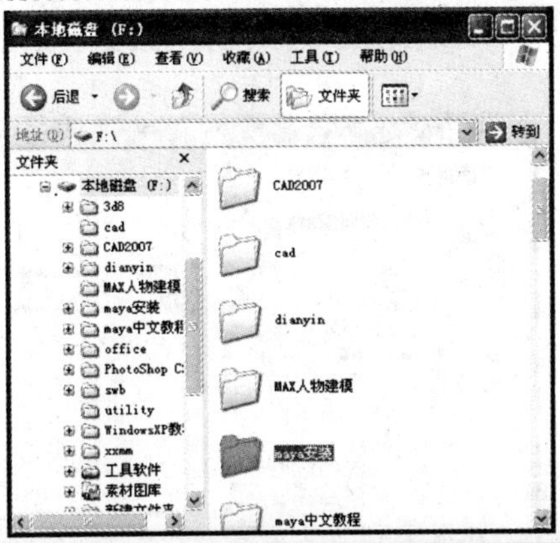

双击该文件夹即可使用其内容。

3.3.7 使用右键菜单

下面以“扫描病毒”、“复制”和“粘贴”、“剪贴”和“粘贴”为例进行介绍，其操作步骤如下。

选择一个文件。

单击鼠标右键，在弹出的快捷菜单中执行“扫描病毒”命令。

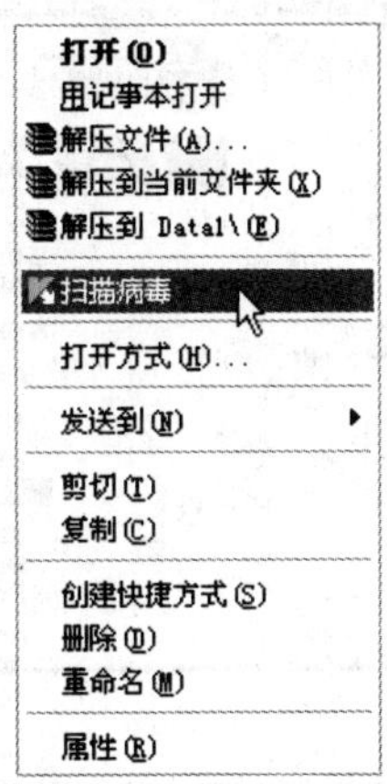

系统即启动"卡巴斯基反病毒"程序，开始对选择的文件进行扫描。弹出如下图所示的对话框，显示其扫描进程。

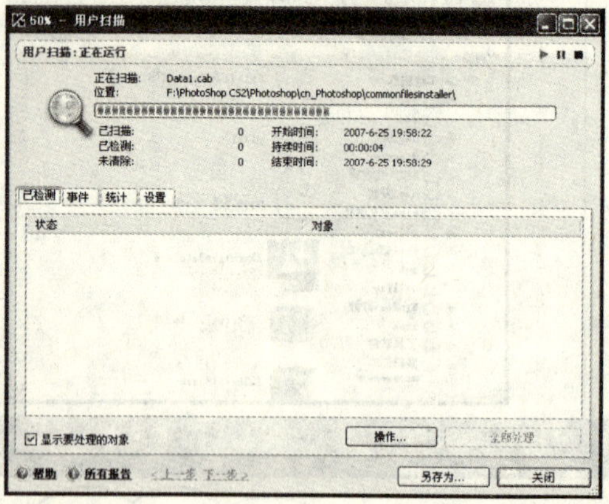

扫描完成后，显示病毒报告。如下图所示为"未检测到威胁"，单击"关闭"按钮，关闭该对话框。

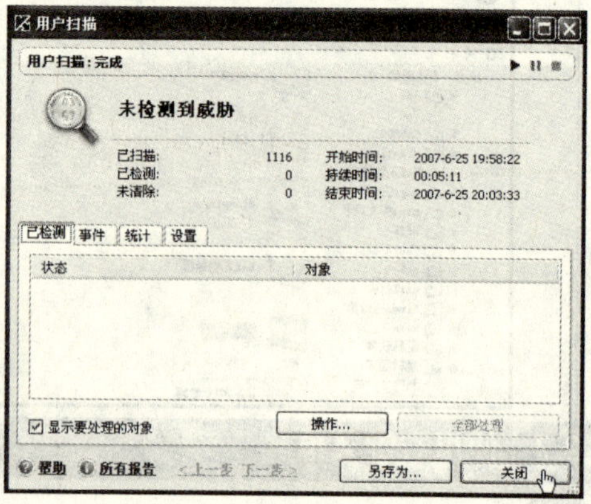

提示：

为了保证系统的安全，在计算机中至少要安装一个杀毒软件。杀毒软件很多，目前比较流行的有"瑞星杀毒"、"卡巴斯基反病毒"、"金山毒霸"、"诺顿杀毒"等。本机中安装了"卡巴斯基反病毒"软件。

选择该文件，单击右键，在弹出的快捷菜单中单击"复制"命令。

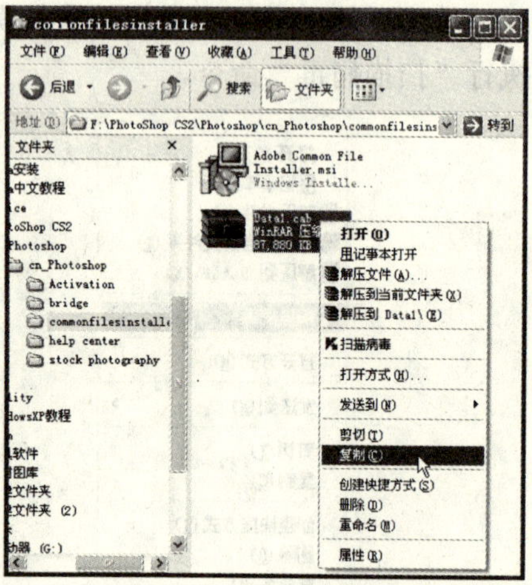

在主窗口的空白处单击右键，在弹出的菜单中单击"粘贴"命令。

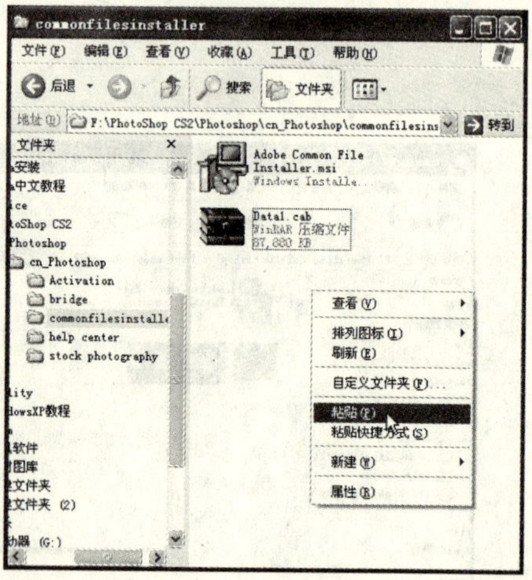

系统即开始复制选择的文件，弹出对话框显示其进程。

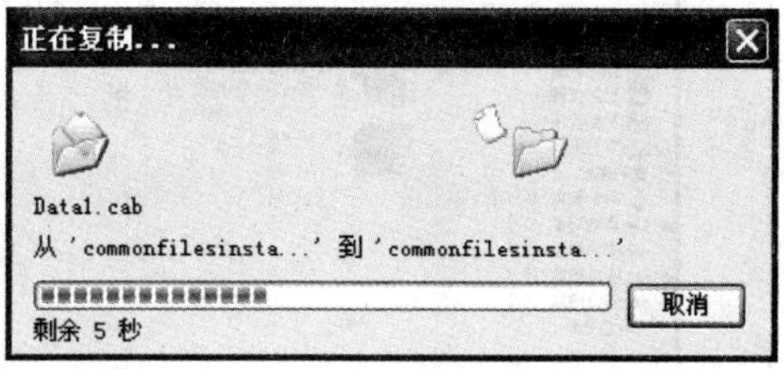

复制/粘贴完成后，即可看到得到的文件复件。

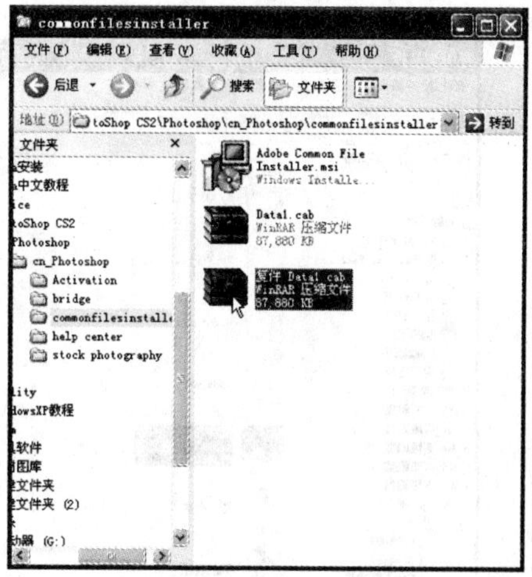

选择“复件”文件，单击右键，在弹出的菜单中单击“剪切”命令。

在“文件夹”窗格中单击“我的文档”，在主窗口中单击右键，在弹出的快捷菜单中单击“粘贴”命令。

可将选择的文件移动到"我的文档"中。

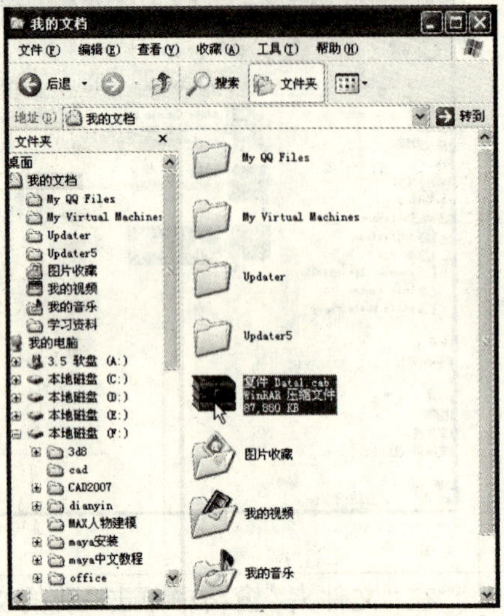

单击工具栏中的"后退"按钮，返回到前一个窗口，可看到"复件"对象已不在此文件夹中。

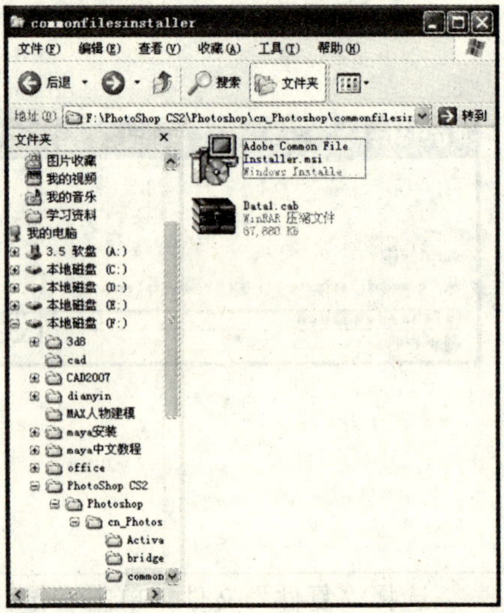

提示:

通过"复制"命令可以产生一个"复件"对象，原对象依然存在；而通过"剪切"命令不产生对象，如果不进行"粘贴"，将删除选择的文件，如果执行"粘贴"命令，会移动选择对象。

电脑即学即用

教你学电脑

第4章 管理应用程序

本 章 要 点:

- 安装应用程序
- 卸载应用程序

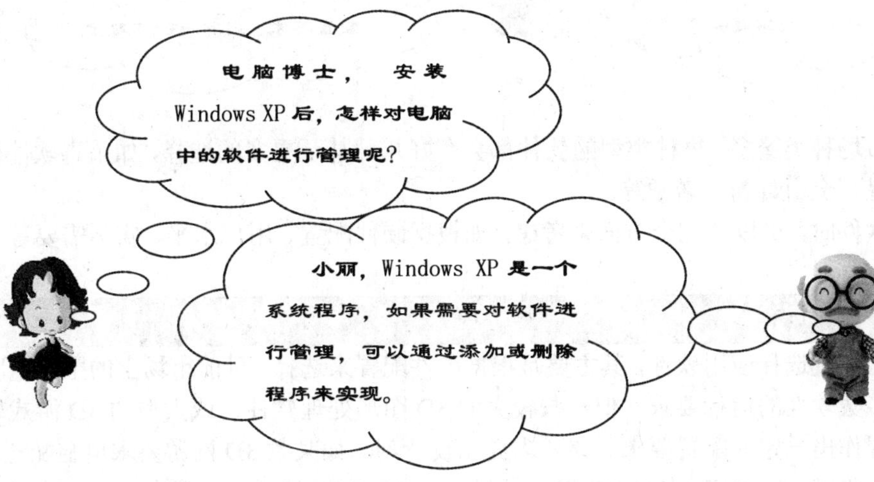

4.1 安装应用程序

Windows XP 是一个操作系统程序，它为所有的应用程序提供操作平台。如果在计算机中只安装了 Windows XP 操作系统程序，而不安装应用程序，计算机工作的范围就相当有限。

Windows XP 是多任务的桌面操作系统，许多操作和功能的实现需要用到大量的应用程序。Windows XP 操作系统的应用程序包括两部分，一部分是 Windows XP 内置的应用程序，如任务管理器、计算器、写字板、画图和 Windows Media Player 等。另一部分是用户根据工作需要添加的应用程序，如 Adobe Reader、Office XP、Flash、Auto CAD、3ds Max、Photoshop 等。

对这些应用程序的管理主要包括：安装、运行、关闭和卸载等。下面将以应用程序的安装和卸载为例进行介绍。

4.1.1 选择应用软件的考虑因素

如今软件市场种类繁多，每种类型的软件都会有好几种甚至更多的选择，如杀毒软件就有卡巴斯基、瑞星、金山毒霸、诺顿等。

选择应用软件时，可以从几个方面来考虑，如根据硬件配置、用户水平、实际需要等方面来选择。

• 根据硬件配置选择

根据电脑的配置选择应用软件，其主要是根据硬件配置来选择。目前市场上的主流电脑配置都能满足大多数软件的运行要求，但一些较大的 3D 图形处理软件，或大型的 3D 游戏软件会对电脑的配置作出一定的配置要求，该要求会比较苛刻。如某款 3D 网游要求电脑配置为：CPU 主频在 2.6 兆以上，内存在 512MB 以上，显卡为 7 300GS 以上，且显存在 64MB 以上；如果某用户的电脑只有 256MB 的内存，那么该游戏就无法在这台电脑上运行。

另外，电脑中安装的应用软件越多，那么对注册表的改动就越大。注册表会越来越“臃肿”，这样会影响电脑的运行速度。因此，在安装应用软件应该谨慎。

· 根据用户水平选择

由于软件种类很多，留给用户的选择也就多了。每个领域的软件都有若干选择，选择哪种软件呢？如果是初学者，就不要盲目地选择那些功能强大的软件。大多数功能强大的软件都降低了软件自身的易用性，操作起来也比较复杂，容易打击初学者的学习积极性。

· 根据实际需要选择

在选择应用软件时，也应该考虑该软件是否真正需要。比如，如果只是偶尔收发一下电子邮件，可以登录网站收发邮件，就无需使用 Outlook 等邮件客户端软件；相反，如果是经常性使用邮件，则使用邮件客户端软件能提高效率。

4.1.2 运行安装文件

大部分应用软件的安装步骤相似，下面以安装 Photoshop CS2 为例进行介绍。

执行“开始 / 运行”菜单命令，弹出“运行”对话框，单击“浏览”按钮。

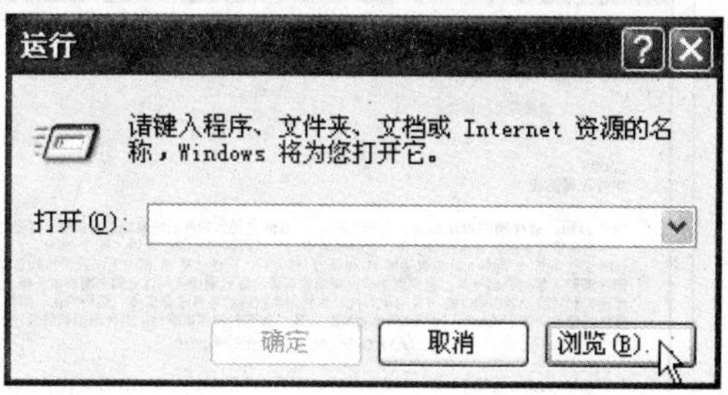

弹出“浏览”对话框，在该对话框中单击“Photoshop”的“setup.exe”文件，再单击“打开”按钮。

返回到“运行”对话框，单击“确定”按钮。

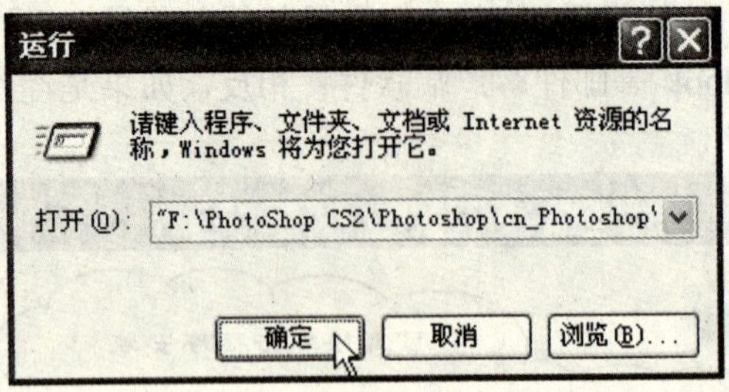

弹出如下图所示的对话框，此时，系统正在配置 Windows Installer（安装向导）。

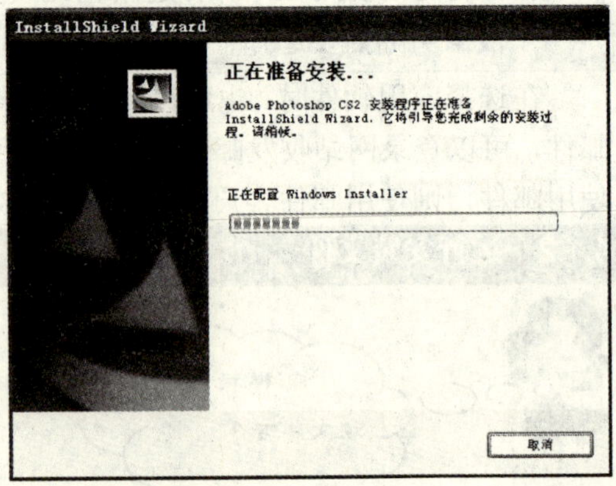

弹出如下图所示的对话框，单击“下一步”按钮。

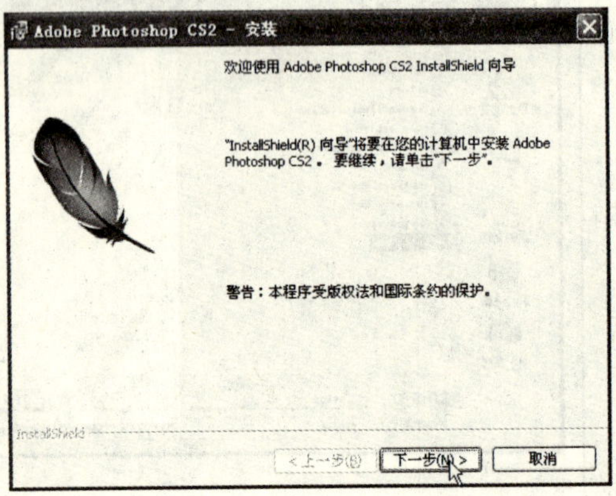

弹出如下图所示的对话框，单击“选择语言”右边的下拉箭头，在弹出的列表框中选择需要的语言（如简体中文），单击“接受”按钮。

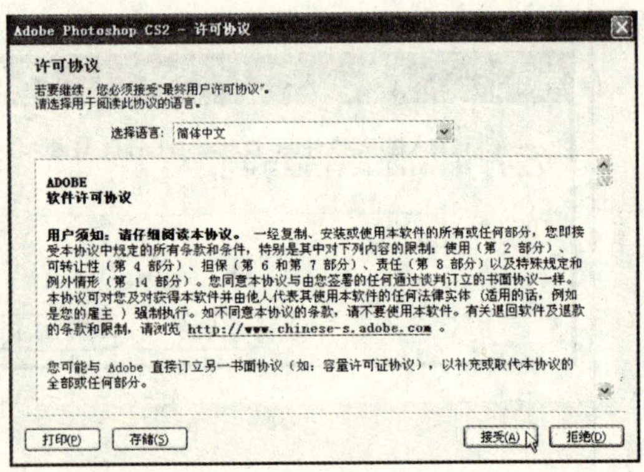

弹出如下图所示的对话框，在该对话框中输入用户名、组织及序列号，单击“下一步”按钮。

弹出如下图所示的对话，根据需要，可单击“更改”按钮。

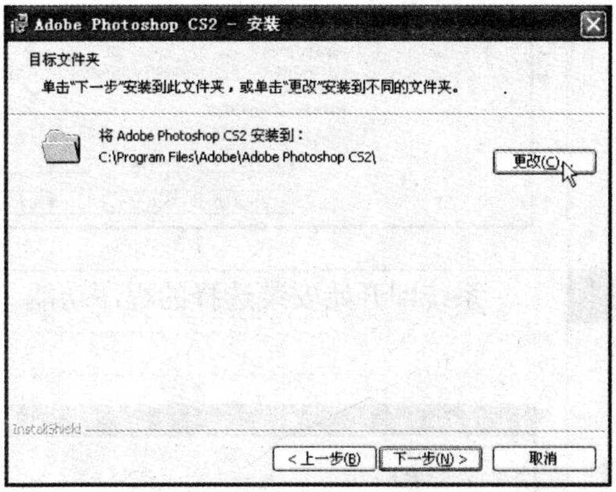

9 在弹出的对话框中重新选择安装的目标文件夹，此处，直接将 C 驱动器修改为 D 驱动器，单击“确定”按钮。

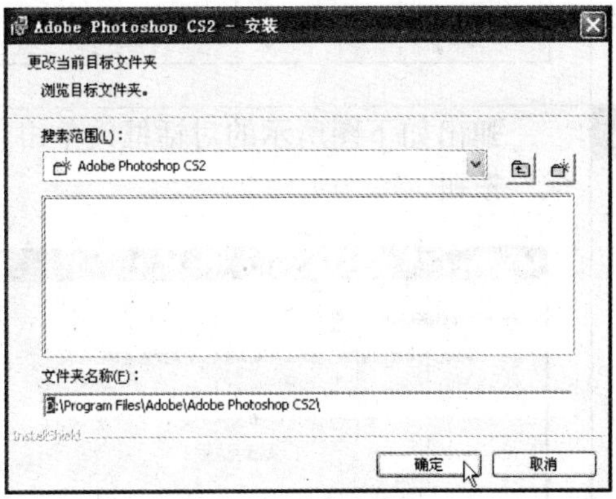

10 返回到上一个对话框，单击“下一步”按钮。

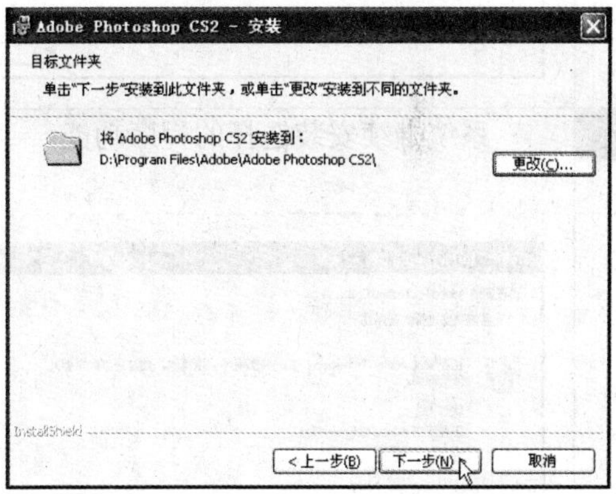

弹出如下图所示的对话框，根据需要选择需安装的程序，单击“下一步”按钮。

弹出如下图所示的对话框，单击“安装”按钮。

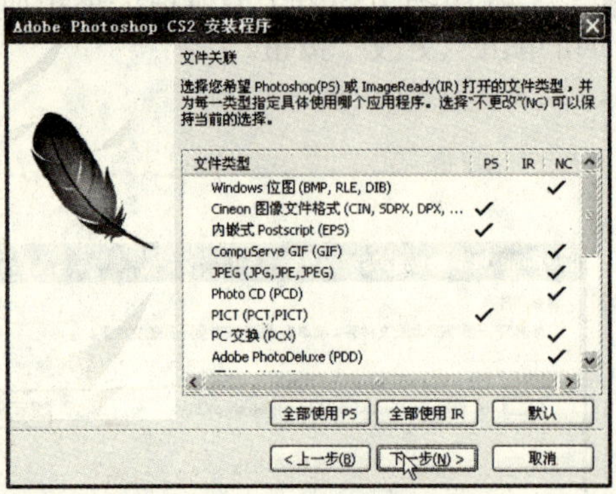

系统即开始安装选择的程序功能。

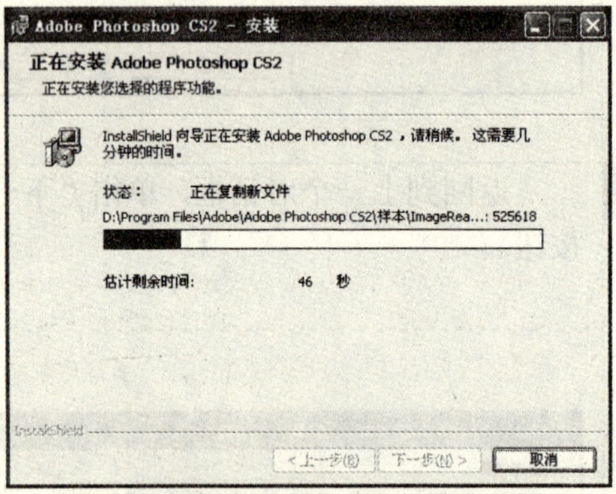

系统继续安装选择的程序功能。

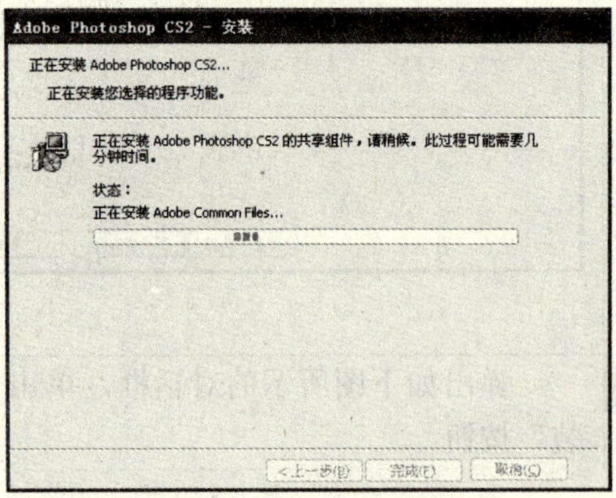

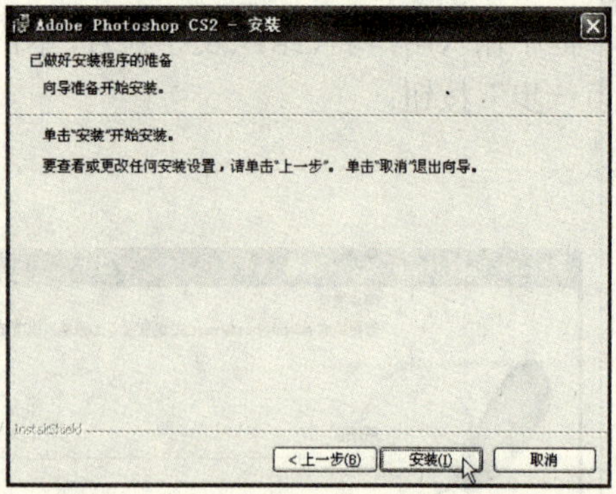

弹出如下图所示的对话框，单击“激活”按钮。

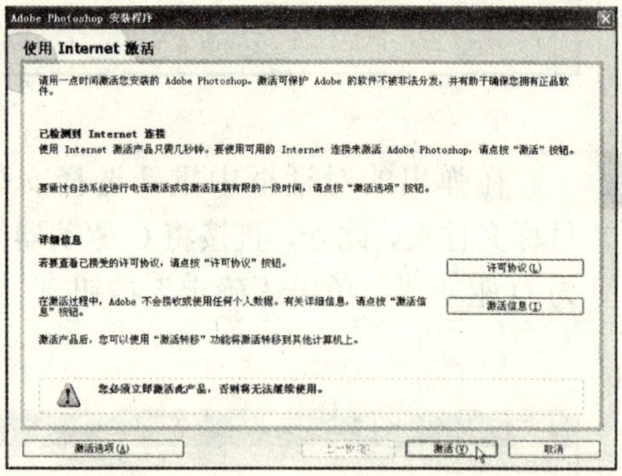

弹出如下图所示的对话框，单击“完成”按钮。

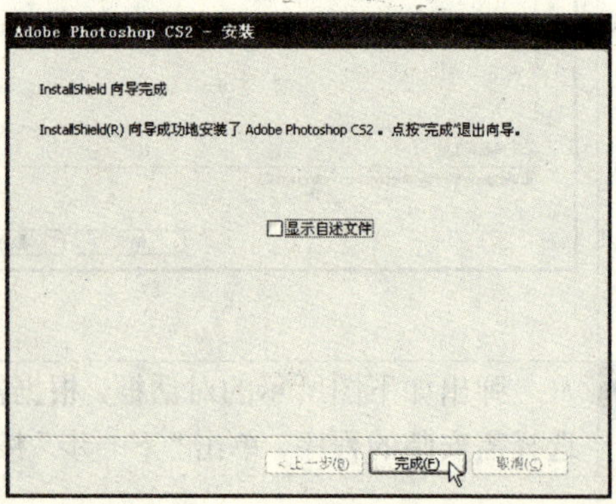

17 双击 Photoshop CS2 快捷方式图标，启动完成后，弹出如下图所示的“注册”对话框。根据需要选择“注册”与否。

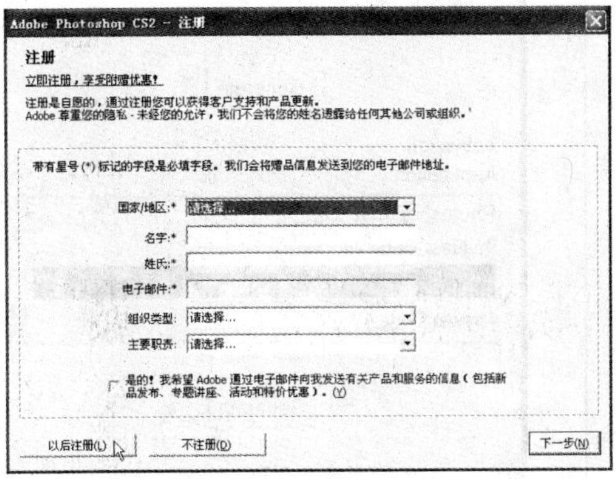

18 单击“以后注册”按钮。弹出“激活”对话框，单击“激活选项”按钮。

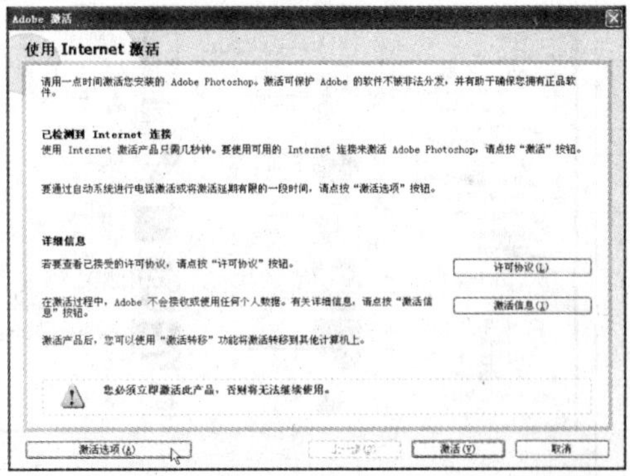

19 在弹出的对话框中选择“通过‘软件自动激活系统’进行电话激活”选项，单击“下一步”按钮。

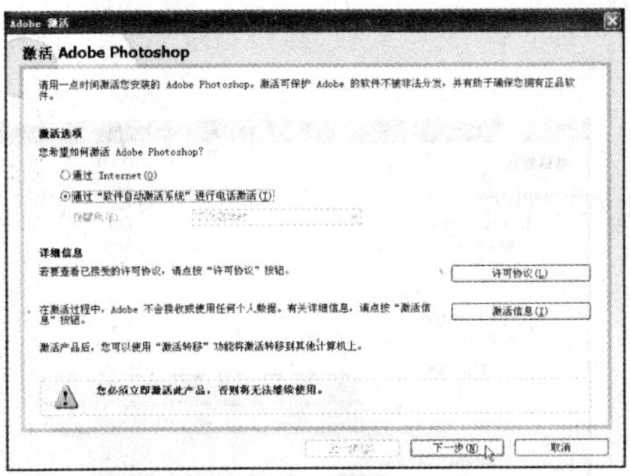

20 在弹出的对话框中选择“激活号”后面的号码，按“Ctrl+C”组合键，进行复制。

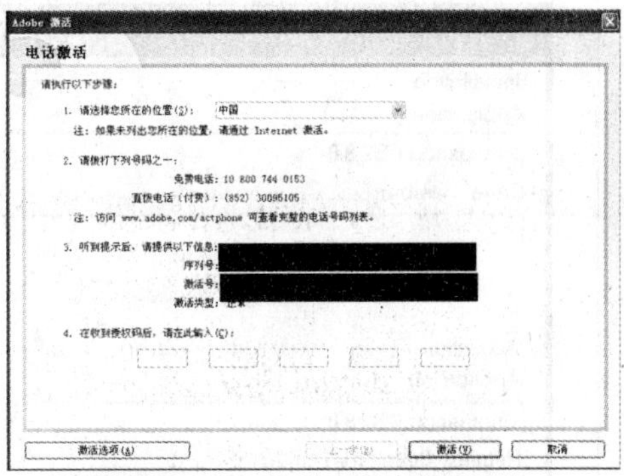

21 打开安装文件夹，双击“keygen.exe”文件。

22 打开如下图所示的对话框，将光标置于“Request Code”下面的文本框内，按“Ctrl+V”组合键，进行粘贴。单击“Generate”按钮。

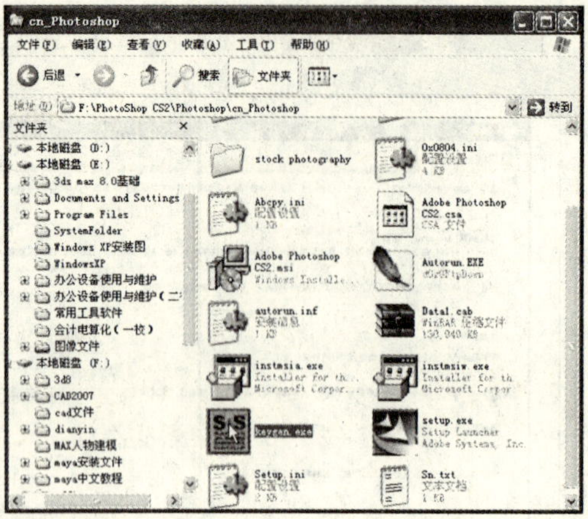

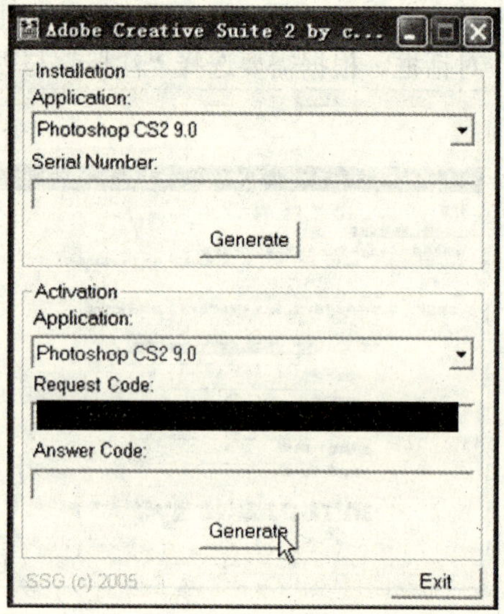

23 在“Answer Code”下面的文本框内，将生成一组数据。这组数据即为“授权码”。

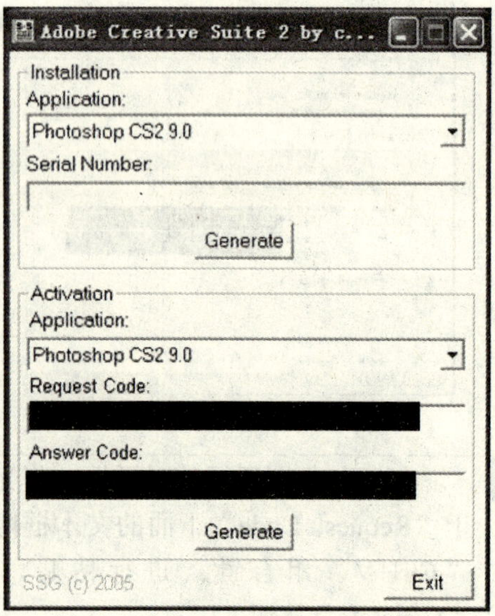

24 将收到的“授权码”复制到“电话激活”对话框中最后的一行文本框内，单击“激活”按钮。

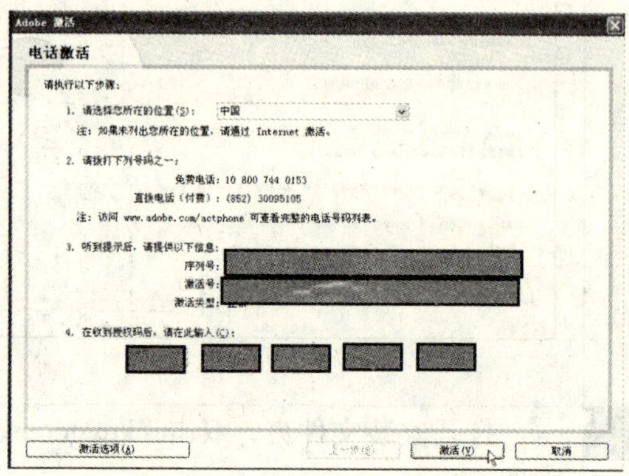

25 弹出对话框，单击“完成”按钮，至此完成“Photoshop CS2”的激活操作。

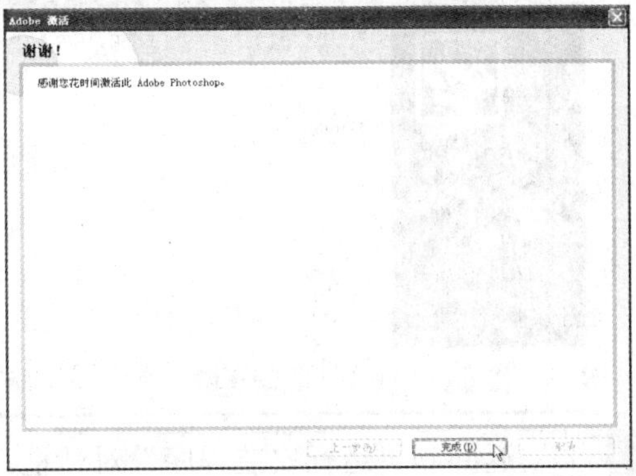

26 激活后，即可使用该程序。

4.1.3 使用“添加新程序”命令

下面简述使用“添加新程序”命令安装播放器“Kmplayer”的操作步骤。

1 执行“开始 / 控制面板”菜单命令，打开“控制面板”，双击“添加或删除程序”图标。

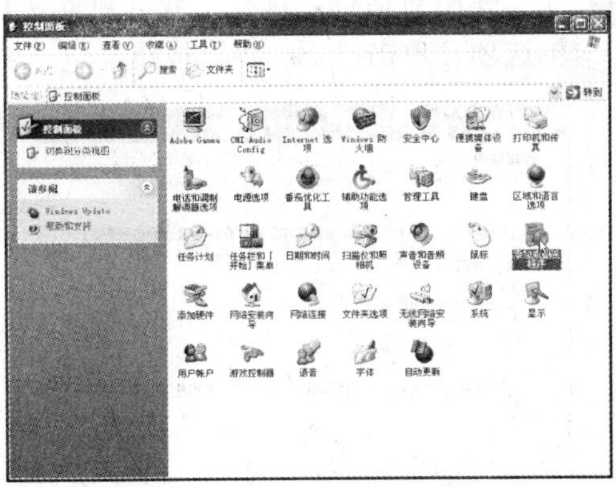

2 弹出“添加或删除程序”对话框，单击左边的“添加新程序”按钮，再单击右边区域中的“CD 或软盘”按钮。

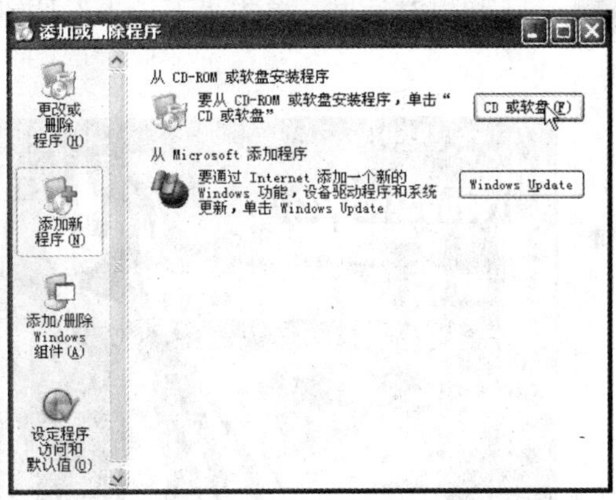

3 弹出对话框，单击“下一步”按钮。

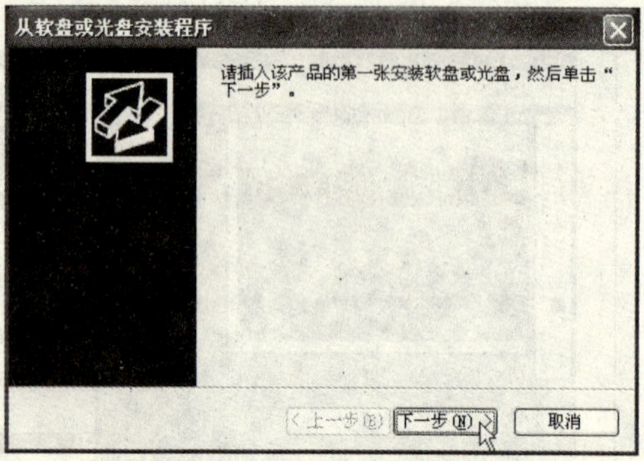

4 在弹出的对话框中单击“浏览”按钮。

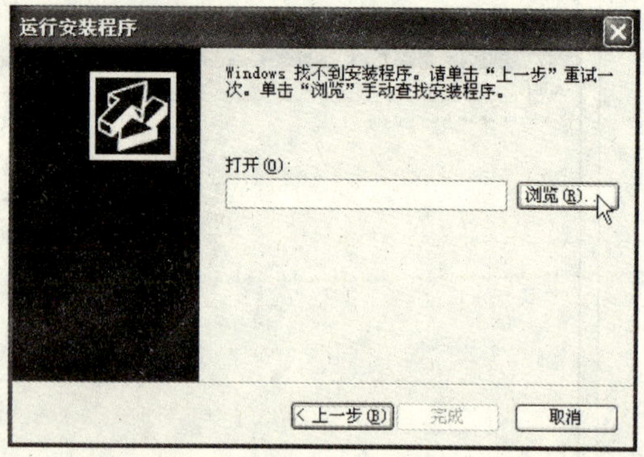

5 弹出“浏览”对话框，在该对话框中找到 Kmplayer 安装文件，单击“打开”按钮。

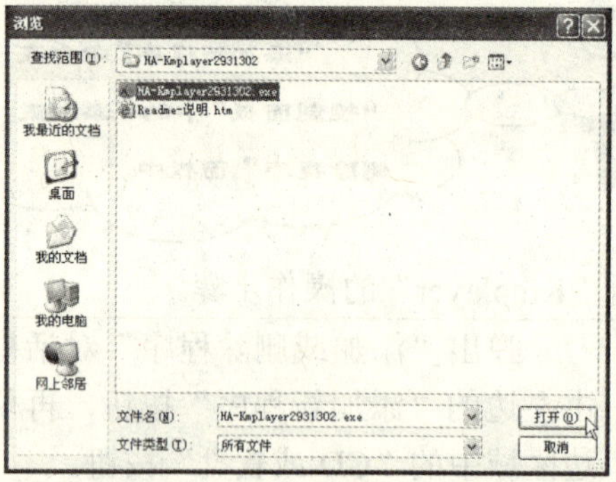

6 返回到“运行安装程序”对话框，单击“完成”按钮。

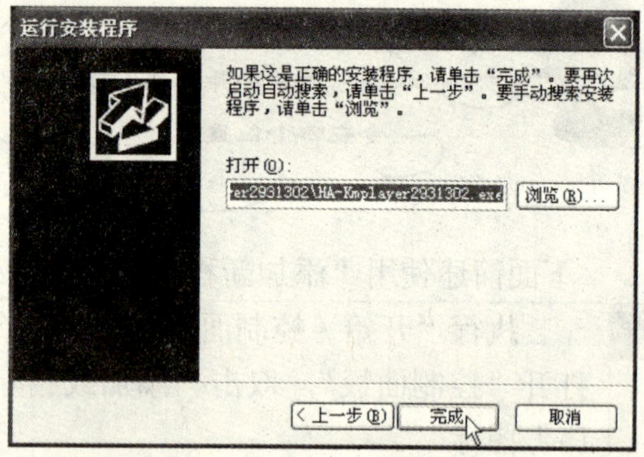

7 弹出对话框，单击“下一步”按钮，

8 弹出对话框，选择“我同意此协议”单选项，单击“下一步”按钮。

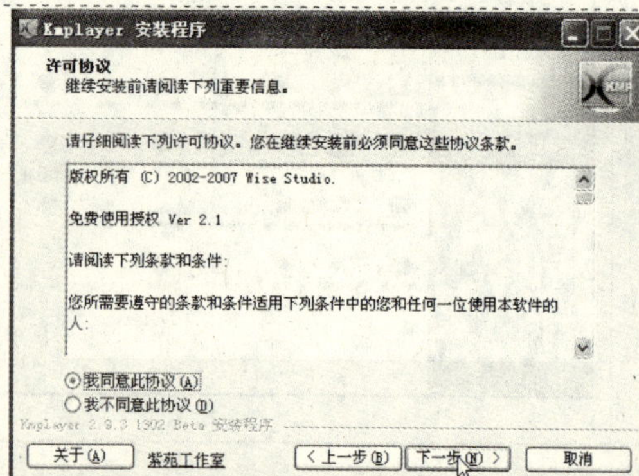

9 弹出对话框，单击“下一步”按钮。

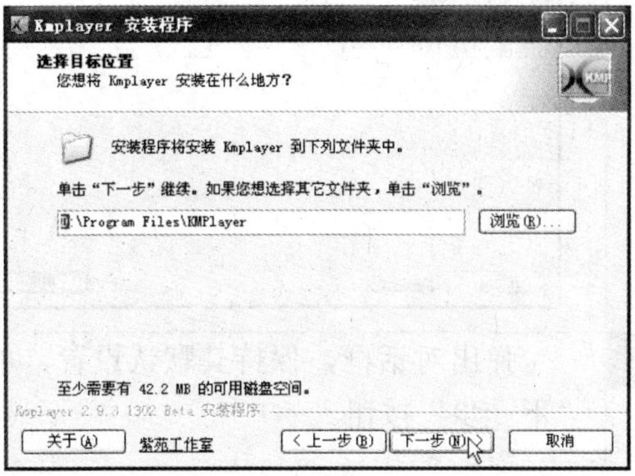

10 弹出对话框，在该对话框中根据需要选择各选项，单击“下一步”按钮。

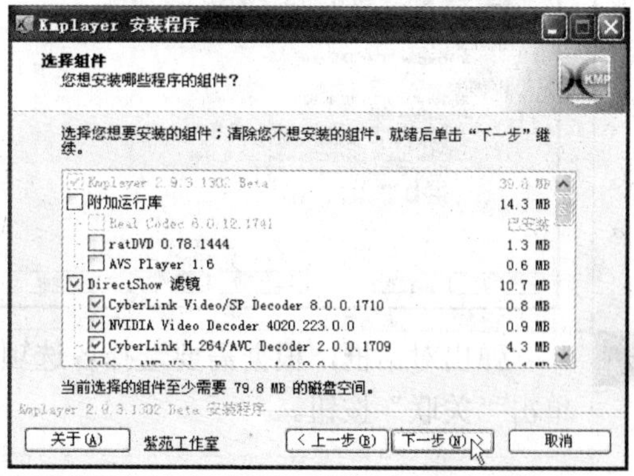

弹出对话框，在该对话框中可单击“浏览”按钮，在弹出的对话框中选择文件夹，也可以保持其默认文件夹，单击“下一步”按钮。

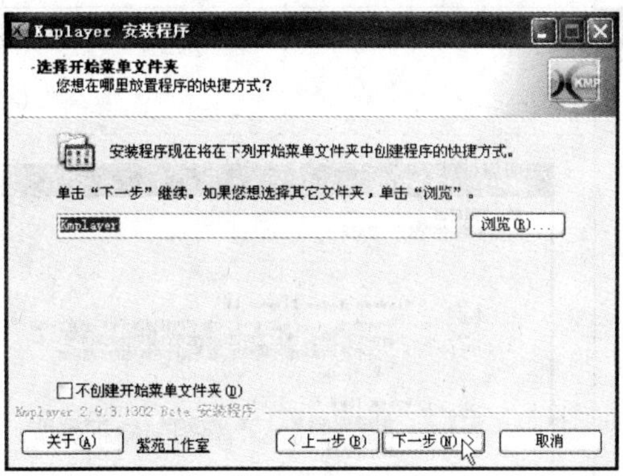

弹出对话框，根据需要选择各选项，单击“下一步”按钮。

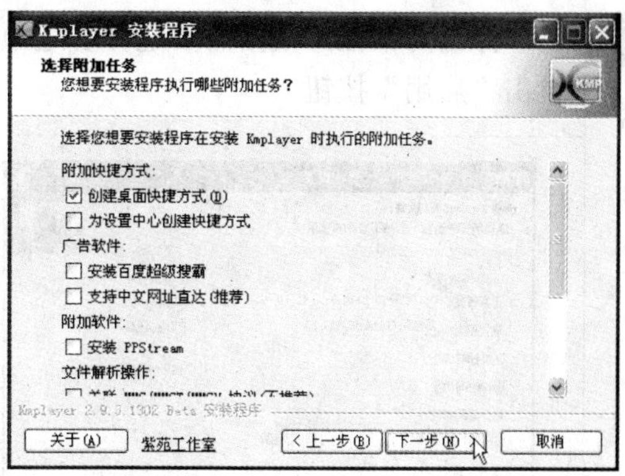

弹出对话框，单击“安装”按钮。

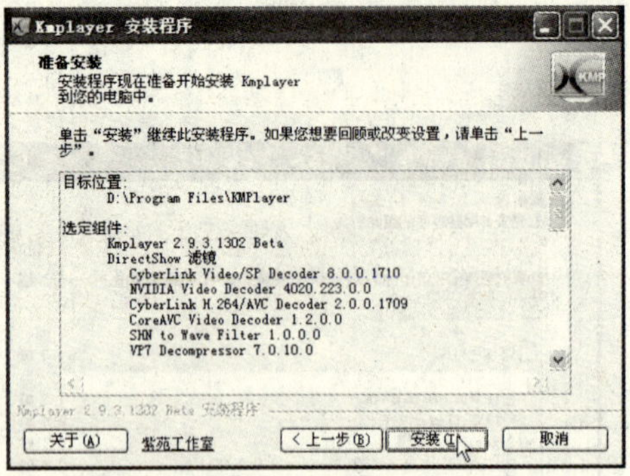

14 系统即开始安装，如下图所示。

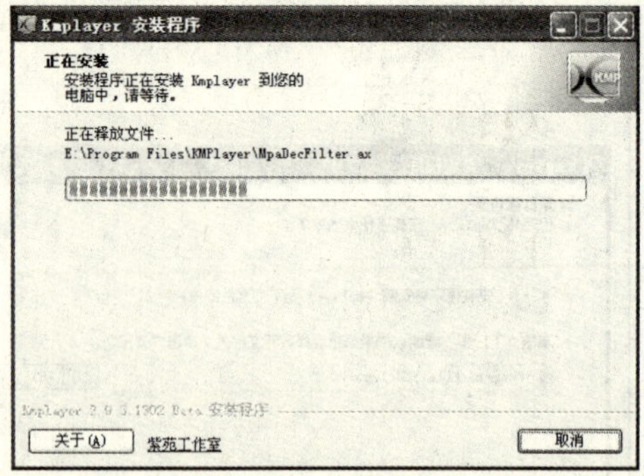

弹出对话框，根据需要选择各选项，单击“关联”按钮。

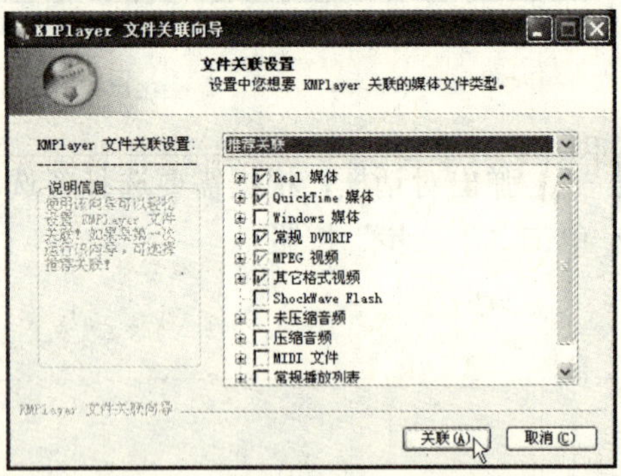

16 弹出对话框，保持其默认设置，单击“下一步”按钮。

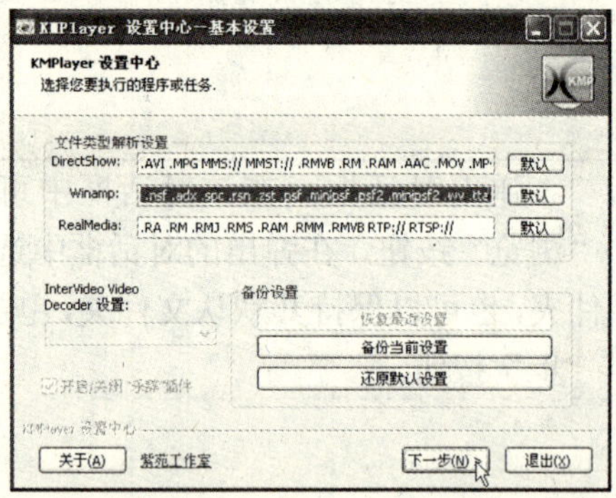

弹出对话框，根据需要选择各选项，单击“启用”按钮。

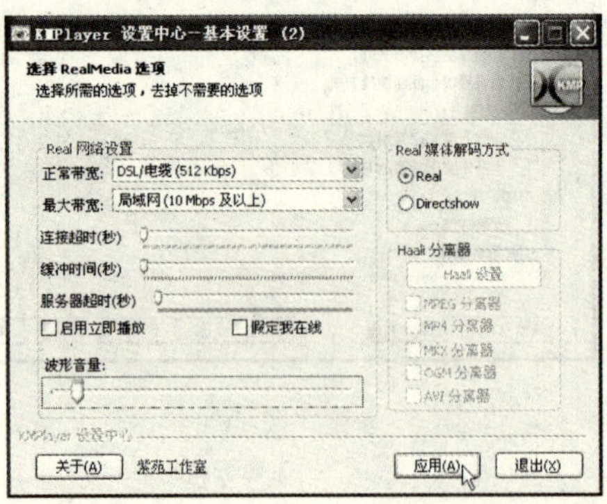

弹出对话框，单击“下一步”按钮。

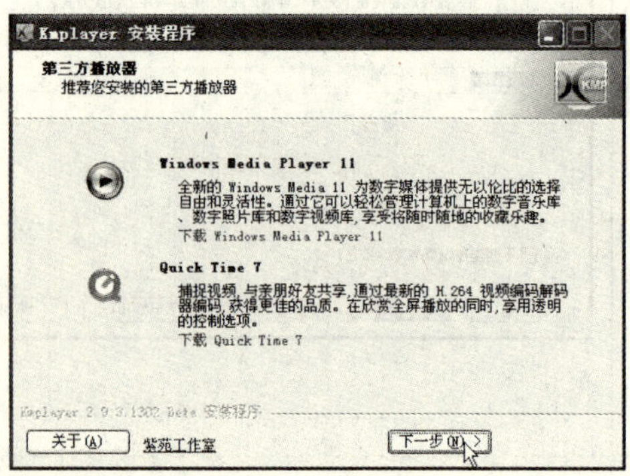

弹出对话框，单击“完成”按钮，至此完成“Kmplayer”的安装。	弹出 Kmplayer 操作界面，在此界面中即可进行播放。

4.2 卸载应用程序

在日常的计算机操作中，往往需要卸载一些旧版的或不再使用的应用程序。其中有的应用程序自带有“卸载程序”，要卸载该应用程序，直接运行它的“卸载程序”即可。卸载大多数应用程序，可进入“控制面板”窗口，执行“添加或删除程序”即可。

4.2.1 运行“卸载程序”

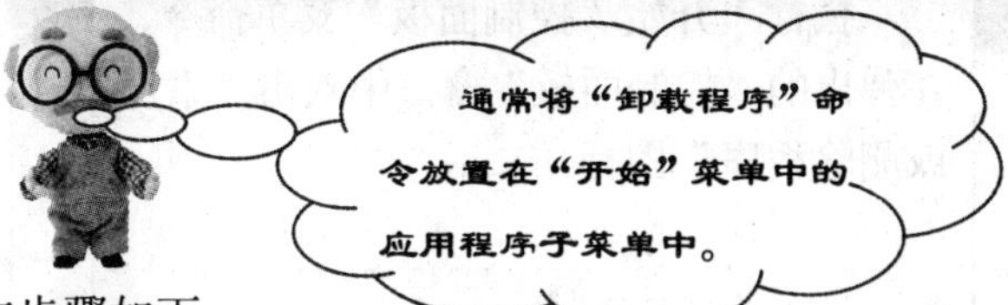

以卸载 RealPlayer 程序为例介绍其操作步骤如下。

执行“开始 / 所有程序 / Real / RealPlayer / 卸载 RealPlayer”菜单命令。	弹出“添加或删除程序”对话框，单击左边的“添加新程序”按钮，再单击右边区域中的“CD 或软盘”按钮。

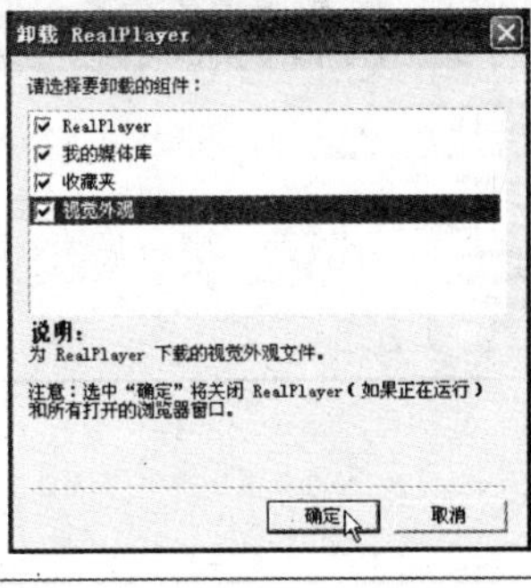

3 单击“是”按钮，弹出如下图所示的对话框。

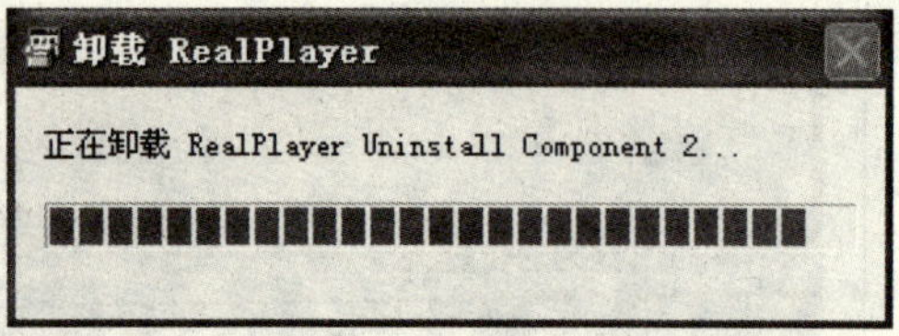

4 在弹出的对话框中单击“确定”按钮。

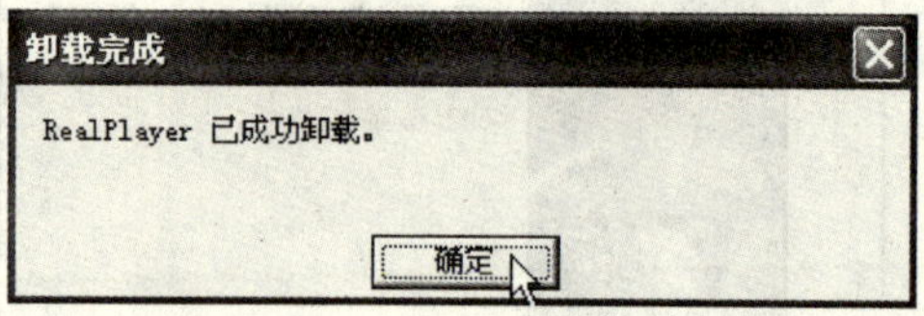

4.2.2 使用“添加或删除程序”命令

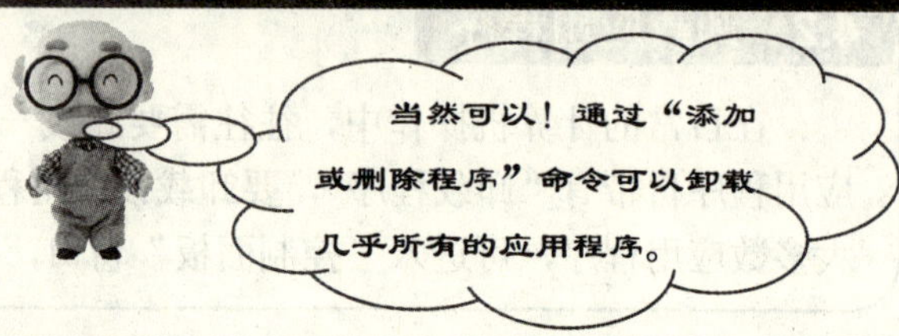

以卸载 Photoshop CS2 程序为例介绍其操作步骤如下。

1 执行“开始 / 控制面板”菜单命令，在弹出的“控制面板”窗口中双击“添加或删除程序”图标。

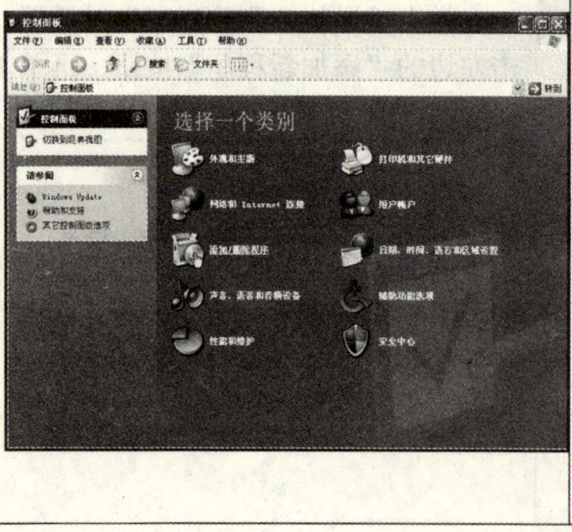

2 弹出“添加或删除程序”对话框，单击左边的“更改或删除程序”按钮，单击“Adobe Photoshop CS2”，再单击右边的“更改 / 删除”按钮。

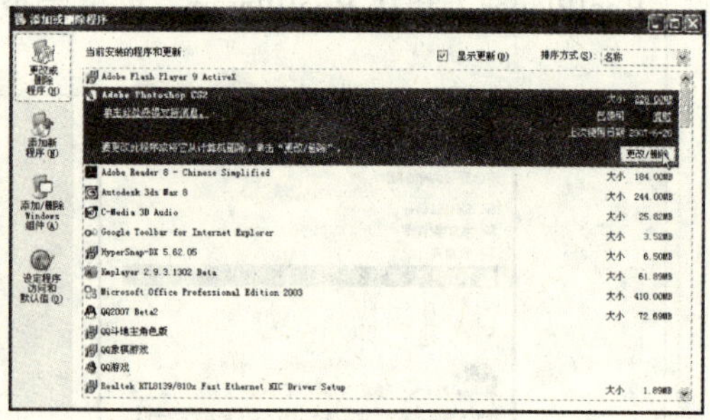

3 弹出对话框，单击“下一步”按钮。

4 弹出对话框，选择“删除”选项，单击“下一步”按钮。

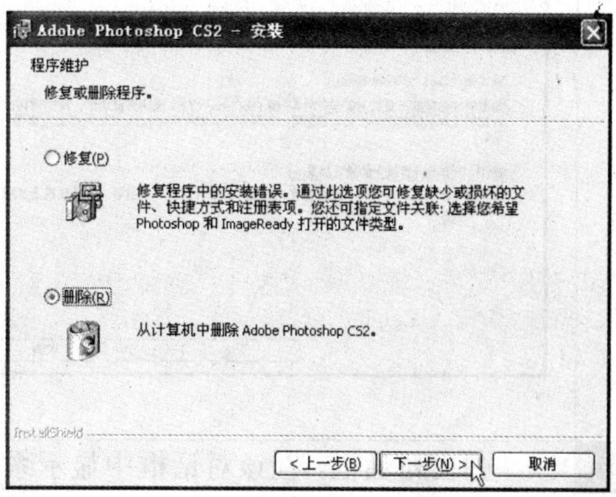

5 弹出对话框，根据需要选择一个选项，单击“下一步”按钮。

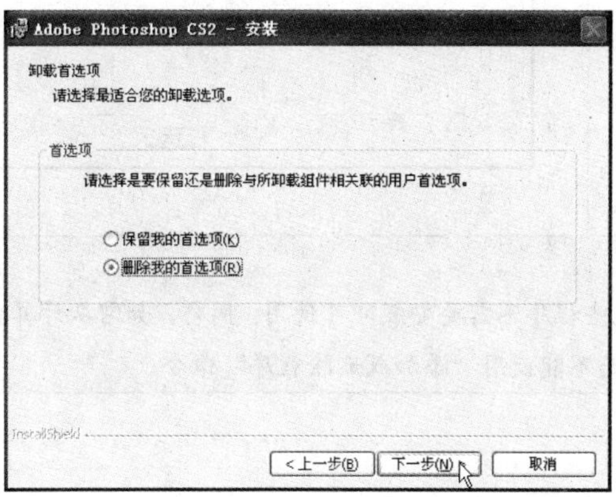

6 弹出对话框，单击“跳过转移”按钮。

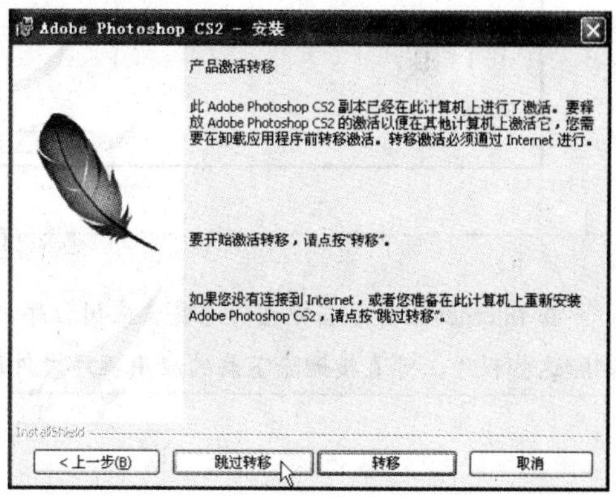

弹出对话框，根据需要选择一个选项，单击“下一步”按钮。

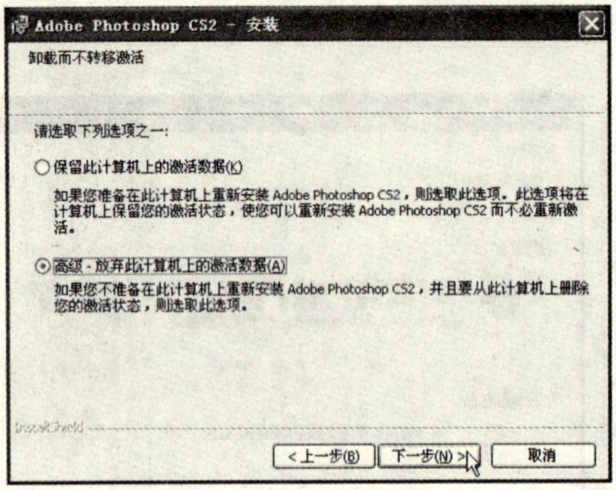

弹出对话框，单击“删除”按钮。

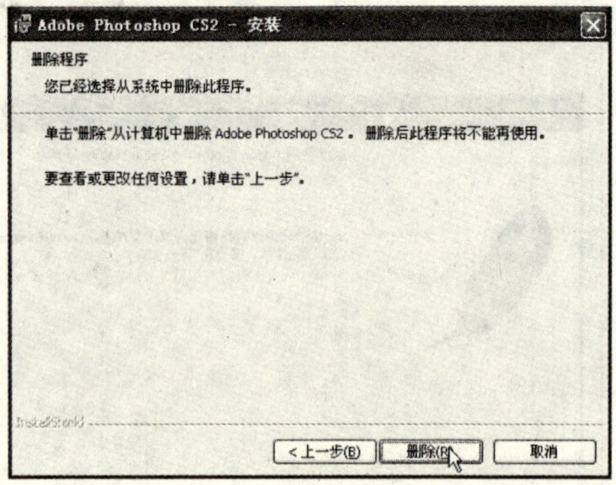

弹出对话框，在该对话框中显示系统正在卸载 Adobe Photoshop CS2。

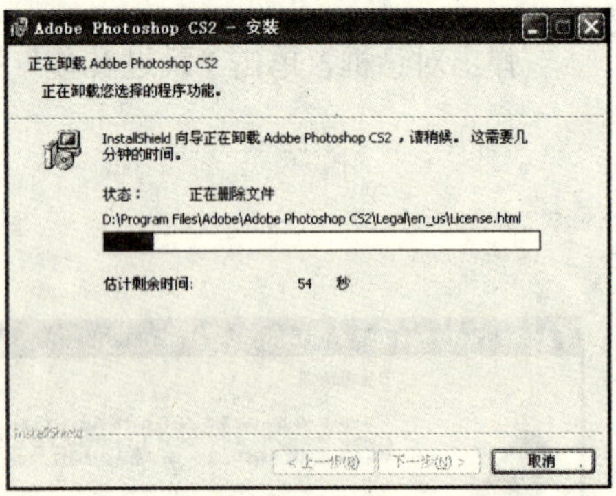

弹出对话框，单击“完成”按钮，即可完成 Adobe Photoshop CS2 的卸载。

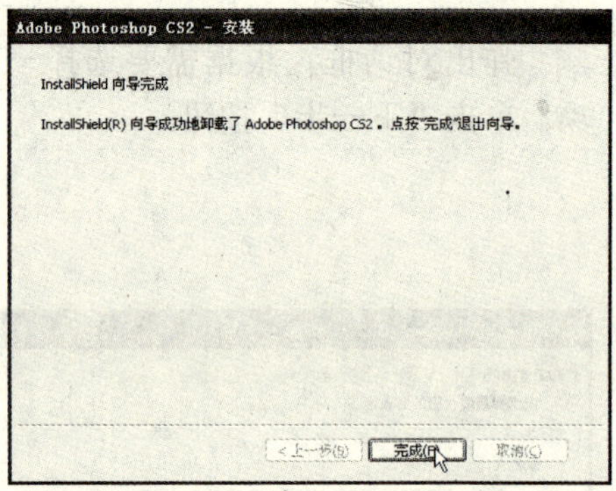

提示：

在 Internet 上有一些绿色的免安装应用程序，对于这些程序不需要安装即可使用；同样，如需从计算机中删除这些程序，可直接删除下载的应用程序文件即可，而不能使用“添加或删除程序”命令。

电脑即学即用

教你学电脑

第 5 章 Windows XP 系统管理

本 章 要 点:

- 系统硬件管理
- 配置系统选项
- 使用 Windows 任务管理器

电脑博士，安装了 Windows XP 操作系统后，可不可以对 Windows XP 操作系统进行管理呢？

小丽，当然可以！可以通过多个方面 Windows XP 操作系统进行管理，如管理系统硬件、配置系统选项、使用 Windows 任务管理器以及使用注册表等。

5.1 系统硬件管理

为了保证 Windows XP 系统能够高效地运行，需要在系统上正确地安装系统设备。其中包括系统设备硬件的安装及设备驱动程序的安装，在使用设备的过程中，有时还需要更新设备驱动程序。对各种系统设备可以使用与其相对应的工具进行管理。

5.1.1 添加硬件设备

在日常办公中，要添加很多硬件设备，如扫描仪、传真机、打印机、一体机等。下面以添加扫描仪和打印机为例进行介绍。

• 添加打印机

首先将打印机数据传输线接入计算机主机箱接口，将打印机电源插头插入电源插座中，完成打印机硬件的物理安装。然后为打印机安装驱动程序，完成软件的安装。介绍安装打印机的步骤如下。

1 执行“开始 / 设置 / 打印机和传真”菜单命令，弹出“打印机和传真”对话框。

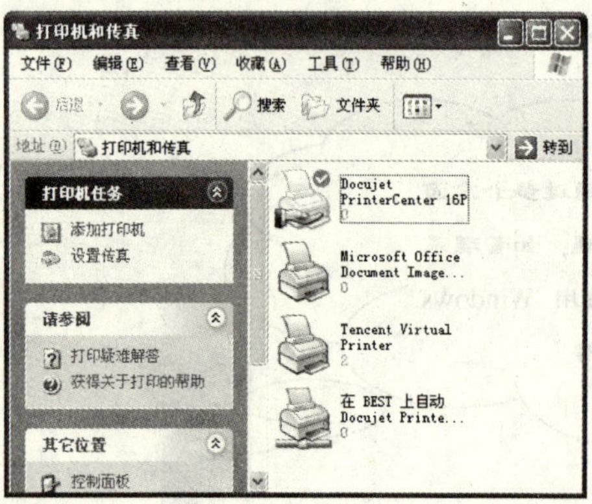

2 单击“打印机任务”中的“添加打印机”按钮，弹出“添加打印机向导”对话框，单击“下一步”按钮。

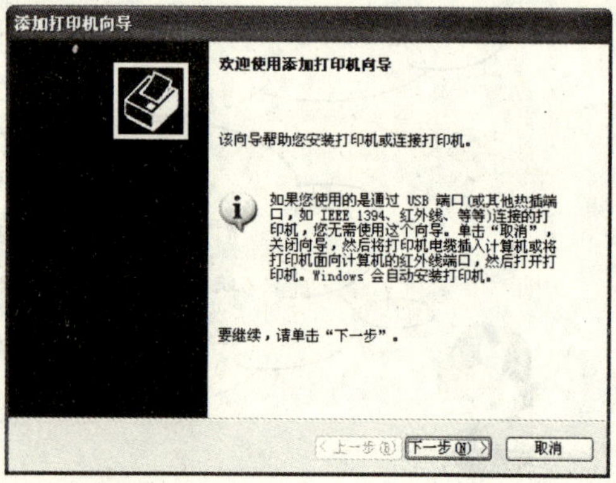

3　在弹出的对话框中选择“连接到此计算机的本地打印机”单选项，单击“下一步”按钮。

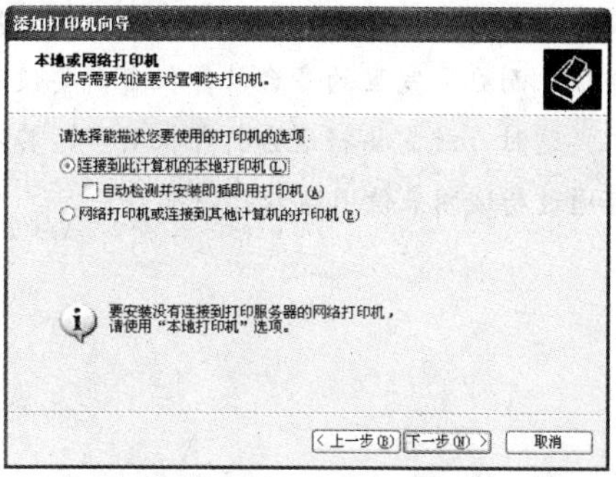

4　在弹出的对话框中选择“LTP1 打印机端口”。单击“下一步”按钮。

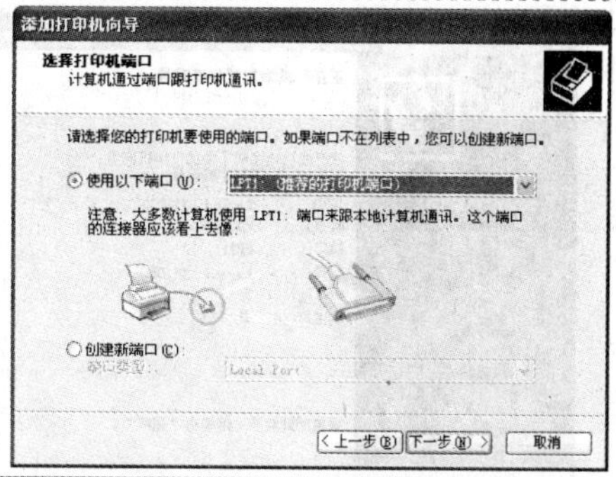

5　在弹出的对话框中，选择与打印机相对应的厂商和打印机型号，选择厂商和型号后，单击“下一步”按钮。

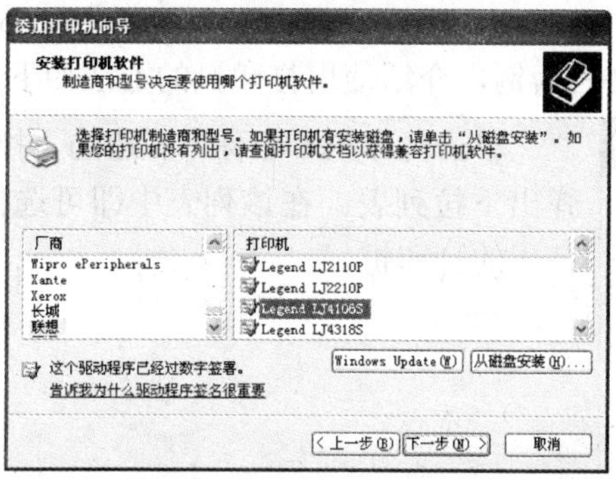

6　弹出对话框，在该对话框中可为打印机重新命名，根据需要选择是否将此打印机设为默认打印机。

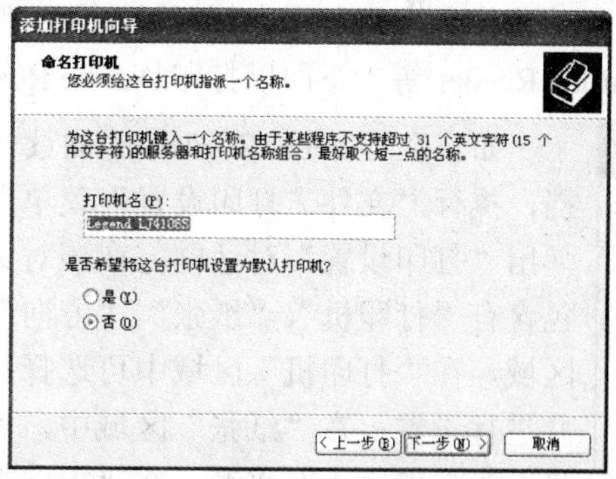

7　单击“下一步”按钮，弹出对话框，根据需要选择共享或不共享此打印机。

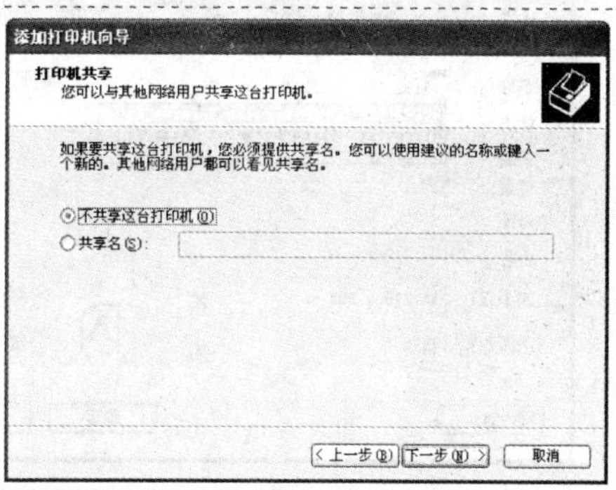

8　单击“下一步”按钮，弹出对话框，选择“是”单选项，单击“下一步”按钮。

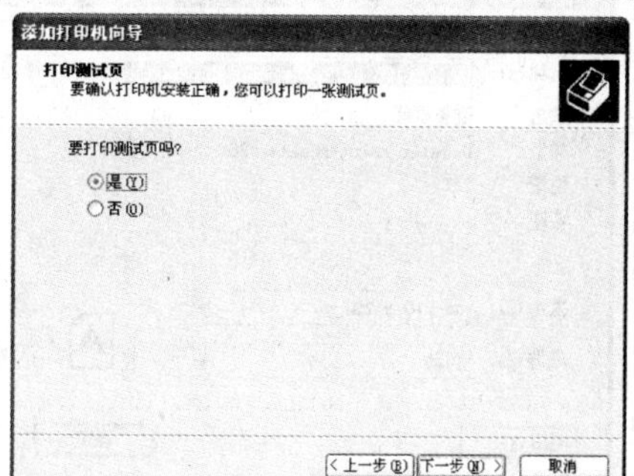

9 弹出对话框，单击“完成”按钮，即可完成打印机的添加。

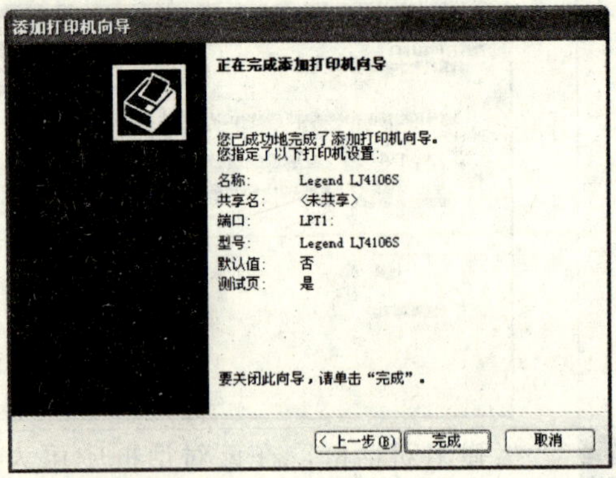

提示：

本节中介绍了“连接到此计算机的本地打印机”的安装。在现代办公中，一个办公室里通常只有一台打印机，而办公室里的多台计算机都需要使用这台打印机。这时，就需要将这台打印机共享，其他的用户即可通过局域网来使用这台打印机。

• 打 印

在大多数应用程序中都可以实现文件的打印，如 Word、Photoshop、CorelDraw、AutoCAD、Adobe Reader 等。下面以打印 Adobe Reader 中的文档为例，介绍使用打印机的方法如下。

1 如正在 Adobe Reader 8 阅读一个文档，执行“文件 / 打印设置”菜单命令，弹出“打印设置”对话框。在该对话框中包含有“打印机”、“纸张”、“方向”三个区域。在“打印机”区域中可选择打印机并进行设置；在“纸张”区域中，可设置“纸张”的大小及来源；在“方向”区域中可选择纸张方向为“纵向”或“横向”。

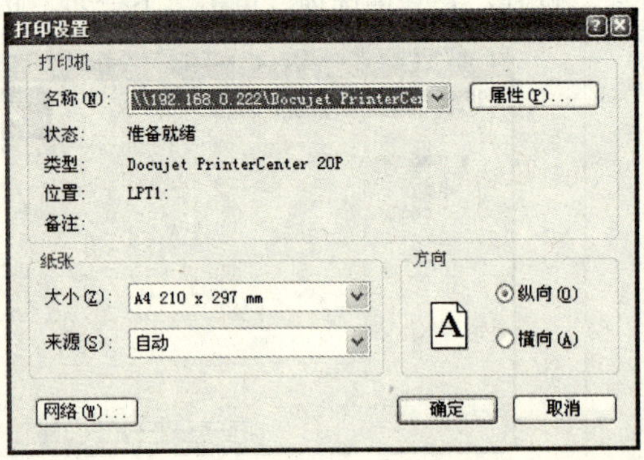

2 单击打印机“名称”右边的下拉箭头，弹出下拉列表。在该列表中即可选择需要使用的打印机。

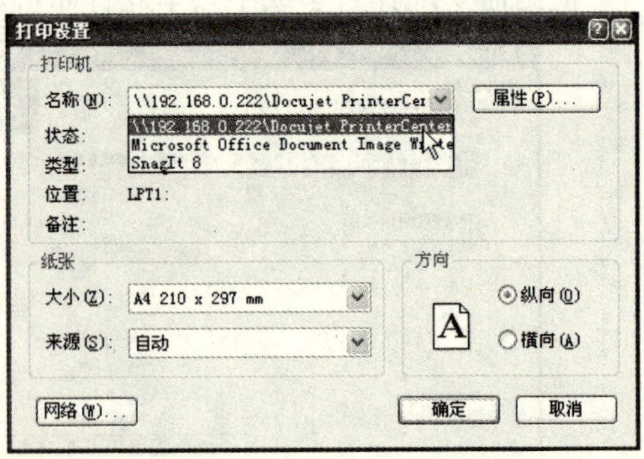

3 选定打印机后，在打印机选项区域显示当前打印机的状态、类型及位置信息。单击“属性”按钮，弹出对话框。在该对话框中包含“设置”、“纸张”和“质量”三个选项卡，单击这些选项卡，即可进入相应的面板中进行设置。

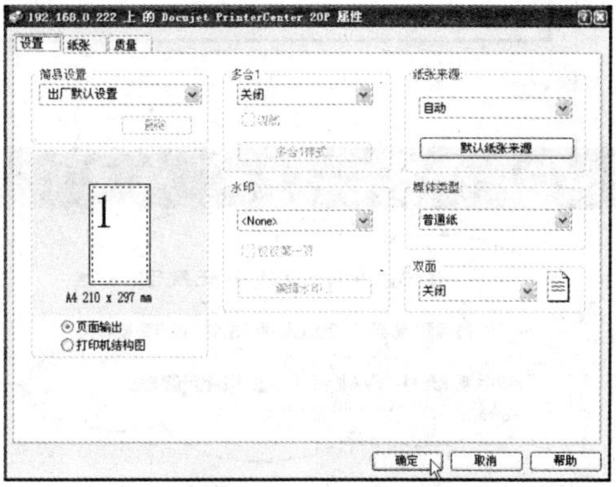

4 完成设置后，单击“确定”按钮。返回“打印设置”对话框，单击“纸张”区域中“大小”右边的下拉箭头，在弹出的列表中选择合适的纸张大小，如下图所示。单击“纸张”区域中“来源”右边的下拉箭头，在弹出的列表中选择纸张来源。

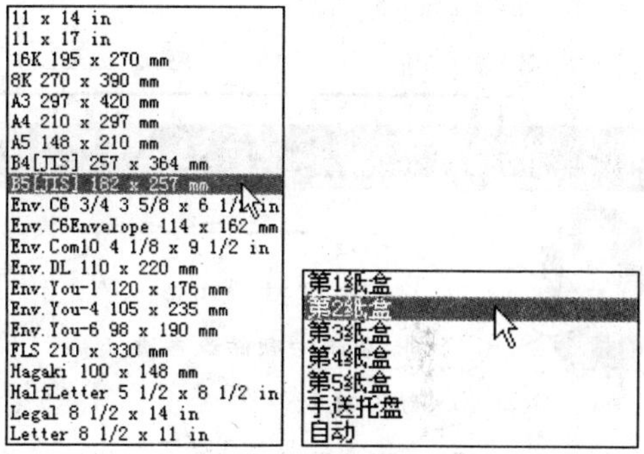

5 在“方向”区域选择“纵向”，单击“确定”按钮，即可完成“打印设置”。

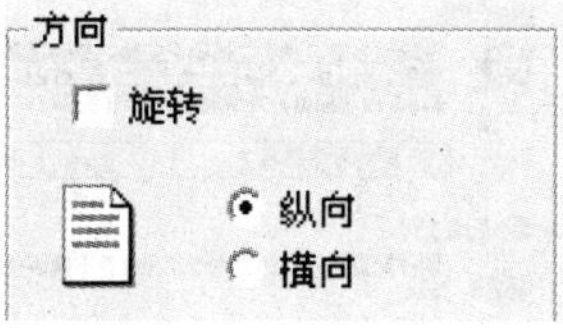

6 执行“文件 / 打印”菜单命令，弹出“打印”对话框。在该对话框中包含有“打印机”、“打印范围”、“页面处理”、“注释和表单”选项区域和“预览”窗口。

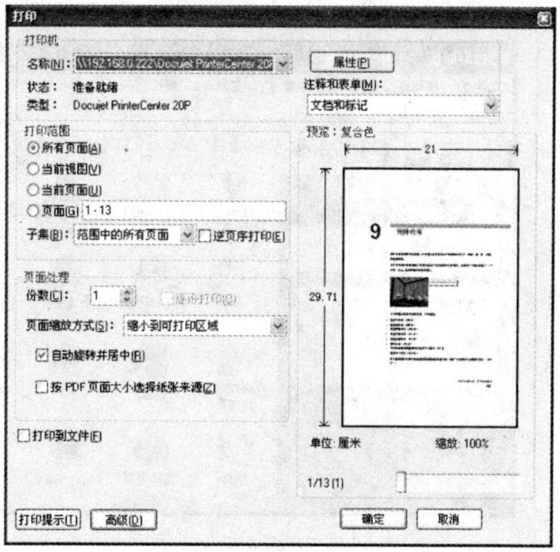

7 单击“高级”按钮，弹出对话框，选择“作为图像打印”复选框。

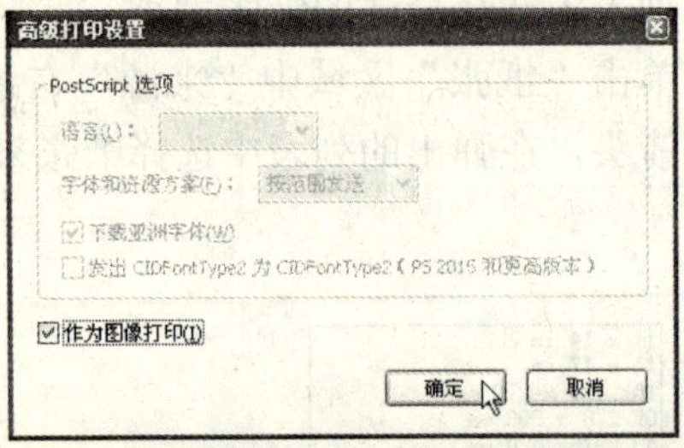

8 单击“确定”按钮，返回“打印”对话框，单击“确定”按钮，弹出“进度”对话框，在该对话框中显示打印的进度。

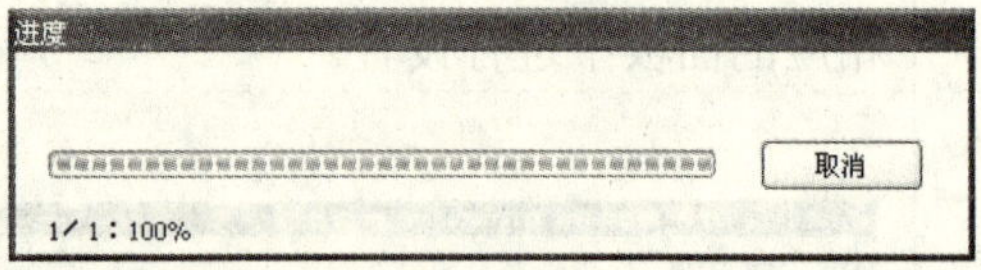

5.1.2 设备管理器

“设备管理器”放置在“系统属性”对话框的“硬件”面板中。右击“我的电脑”或从“控制面板”中都可以打开“系统属性”对话框。介绍从“控制面板”打开的步骤：

1 执行“开始/控制面板”菜单命令，在弹出的“控制面板”窗口中双击“系统”图标。

2 弹出“系统属性”对话框，并单击“硬件”选项卡。

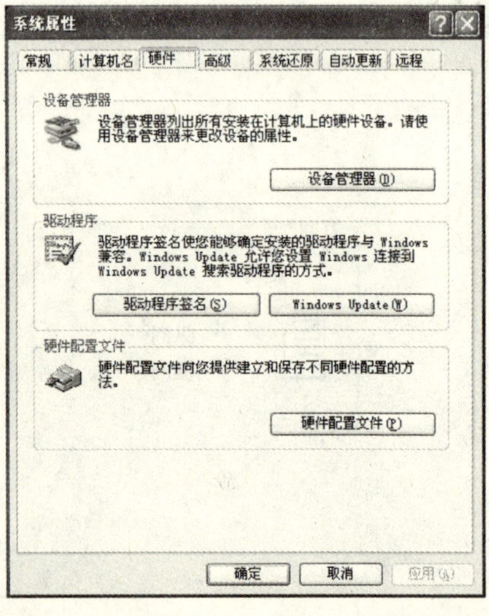

3 在单击“硬件”选项卡中，单击“设备管理器”按钮。

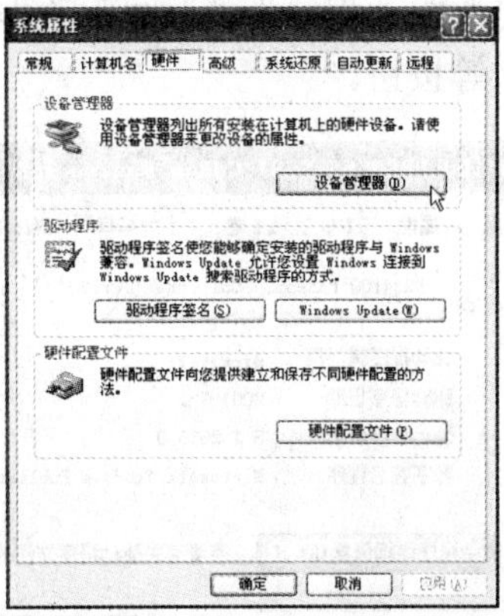

4 即可弹出“设备管理器”窗口。

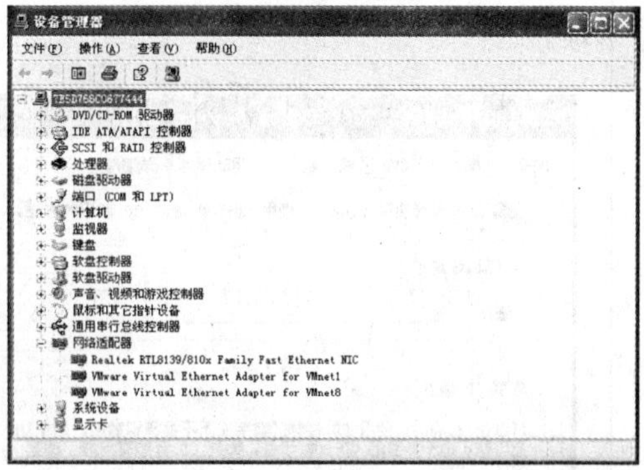

提示：

通过“设备管理器”窗口可以更新硬件设备的驱动程序、修改硬件设置和解答疑难问题。在更改硬件配置前应阅读相应的说明，错误地改变硬件配置将损坏系统。不正确地更改资源设置可能会禁用硬件，并使计算机出现故障或无法运行。只有那些对计算机硬件和硬件配置有专业知识的人才能更改资源设置。通常，不需要使用“设备管理器”更改资源设置，因为资源在硬件安装期间由系统自动分配。

下面以安装在本机中的虚拟光驱为例，进行介绍如何管理设备。

展开 DVD/CD-ROM 驱动器，右击“DR3410Q PRS955S SCSI CdRom Device”，在弹出的快捷菜单中单击“属性”命令。

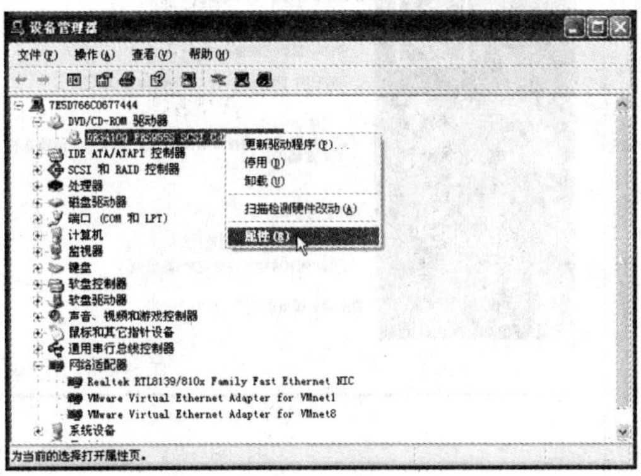

弹出其属性对话框。在该对话框中即可进入多个面板查看或修改其设置。

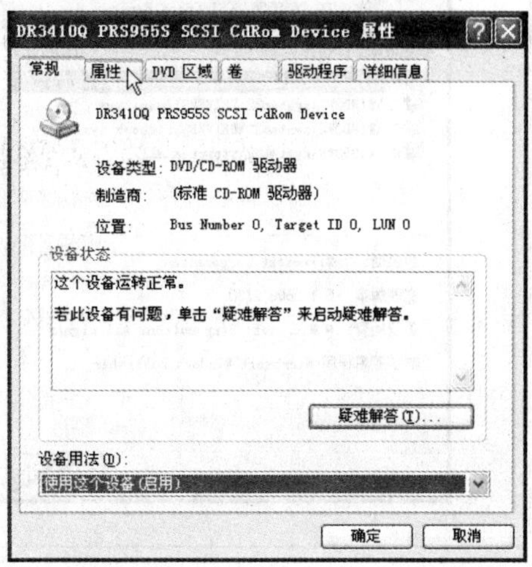

单击“属性”选项卡，在“属性”面板中即可调整“CD 唱机音量”和启用“为此 CD-ROM 设备启用数字 CD 音频”选项。

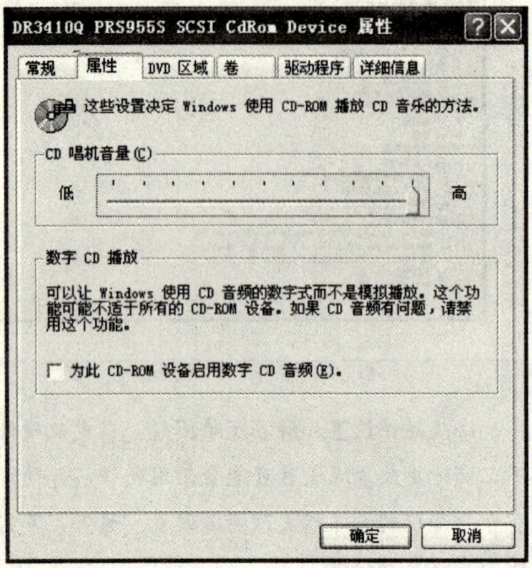

单击“驱动程序”选项卡，在“驱动程序”面板中即可查看“驱动程序详细信息”、“更改驱动程序”、“返回驱动程序”和“卸载”等按钮。

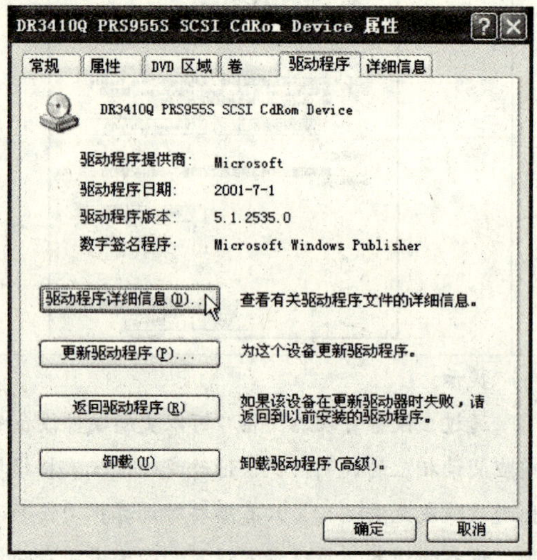

例如单击“驱动程序详细信息”按钮，弹出对话框，在该对话框中即可查看该驱动程序的详细信息。单击“确定”按钮。

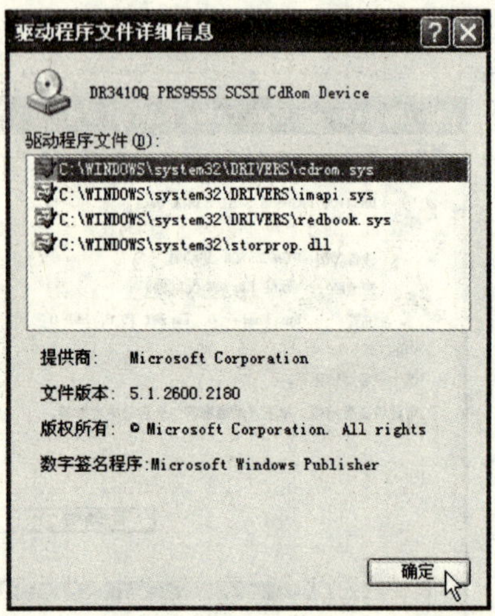

例如单击“更新驱动程序”按钮，即可弹出“硬件更新向导”对话框，单击“下一步”按钮。

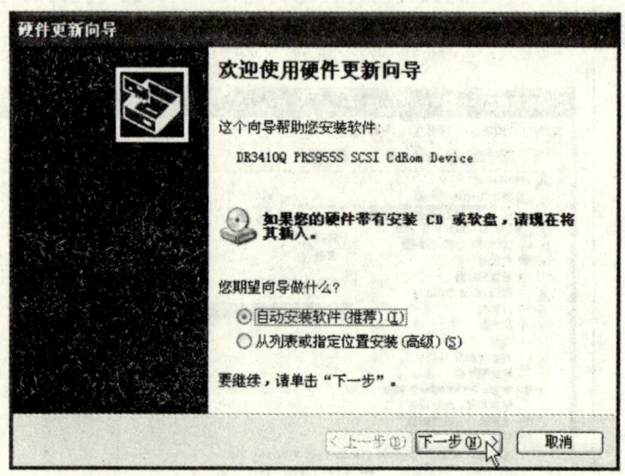

7 “硬件更新向导”即开始搜索系统中适合于该硬件的驱动程序。

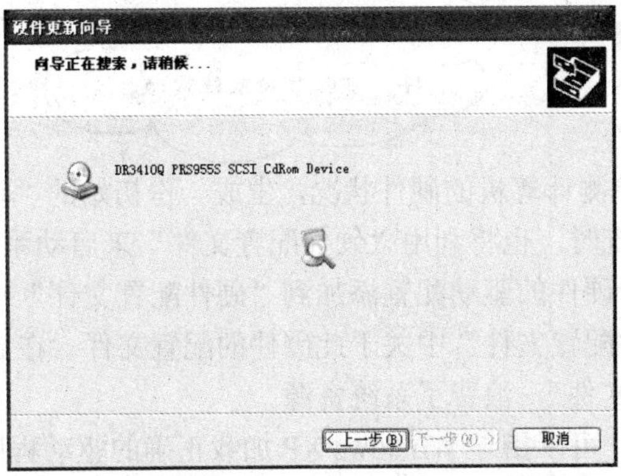

8 弹出对话框，显示“无法继续硬件更新向导”消息。单击“完成”按钮。

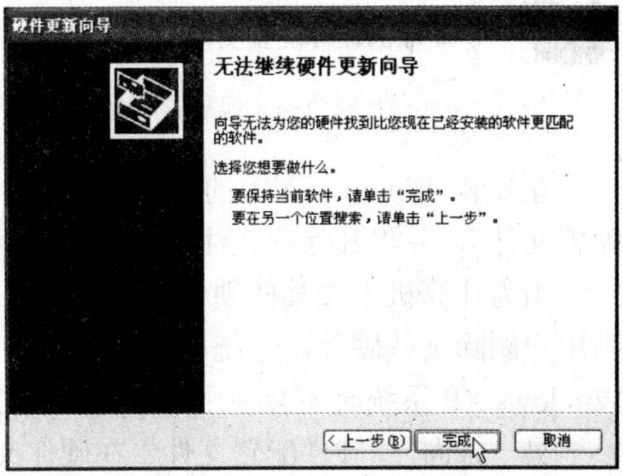

提示：

由于在本系统中并没有为“虚拟光驱”准备新的驱动程序，“硬件更新向导”搜索不到驱动程序，所以“无法继续硬件更新向导”。如果在系统中为某个硬件设备准备了新的驱动程序，“硬件更新向导”将搜索到驱动程序并自动完成更新。

9 返回到“驱动程序”面板，单击“卸载”按钮，弹出对话框，单击“确定”按钮。

10 系统即删除该硬件设备，返回到“设备管理器”中，即可看到“虚拟光驱”设备已被删除。

提示：如果确实不再使用某个硬件设备，在本机上删除设备后，还需要拆除实际的物理设备。

5.1.3 管理硬件配置文件

在安装 Windows XP 的同时，系统将自动检测计算机的硬件状况，生成一份初始的“硬件配置文件”，并将其保存在注册表中。在启动系统时，也将利用“硬件配置文件”来启动系统。

当为计算机添加某些硬件时，系统也会将新硬件的驱动配置添加到“硬件配置文件”中。当用户删除某些硬件，系统不能完全删除“硬件配置文件”中关于此硬件的配置文件。在启动 Windows XP 系统时还会使用原来的“硬件配置文件”，浪费了系统资源。

另一方面，“硬件配置文件”在硬件改变时，可以指导 Windows XP 加载正确的驱动程序，如果用户添加或修改了一些硬件设备，就很有可能导致系统无法正常启动或运行，这时就可以使用“硬件配置文件”来恢复以前的硬件配置。

因此，用户在每次安装或修改硬件设备时，都应该对“硬件配置文件”进行备份，这样可以非常方便地解决许多因硬件配置而引起的系统问题。备份的步骤如下。

1 右击“我的电脑”图标，弹出快捷菜单，执行“属性”命令。

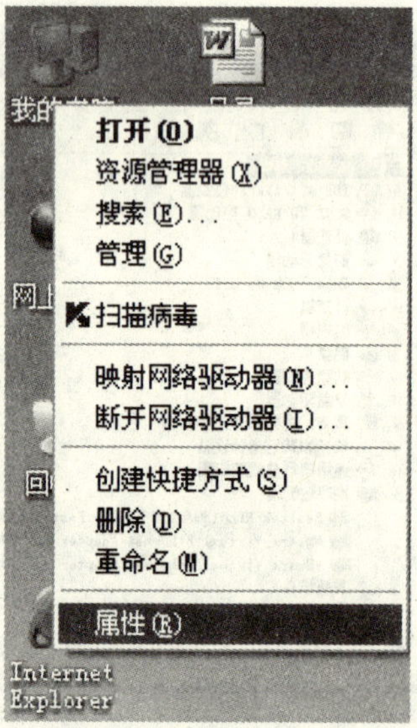

2 在弹出的“系统属性”对话框中，单击“硬件”选项卡，再单击“硬件配置文件”按钮。

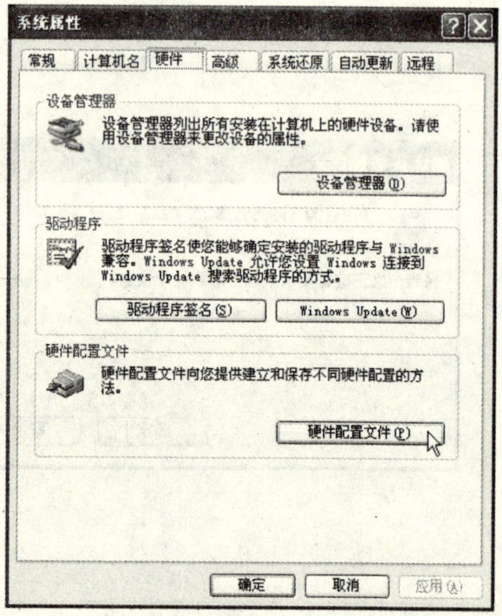

弹出“硬件配置文件”对话框。在“可用的硬件配置文件”中列出了当前计算机中可用的硬件配置文件清单（本计算机中当前只有一个配置文件）。

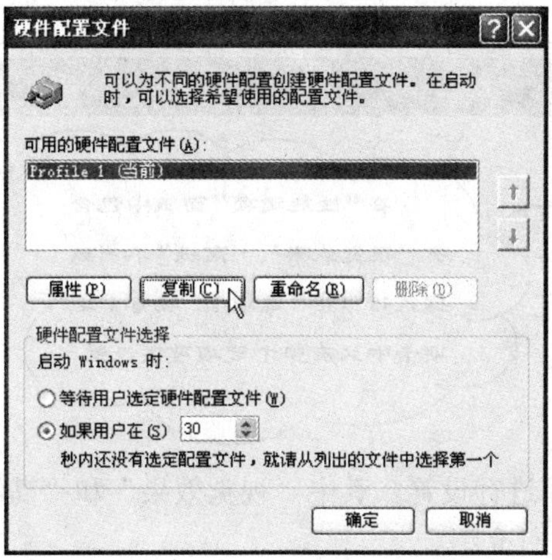

选择“硬件配置文件”单击“复制”按钮，弹出对话框，单击“确定”按钮。

即可完成“硬件配置文件”的备份操作。

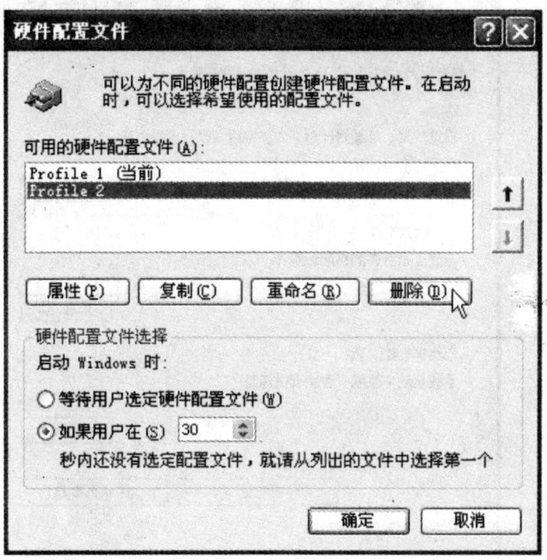

要删除某个“硬件配置文件”，先选择文件，再单击“删除”按钮，弹出对话框，单击“是”按钮即可。

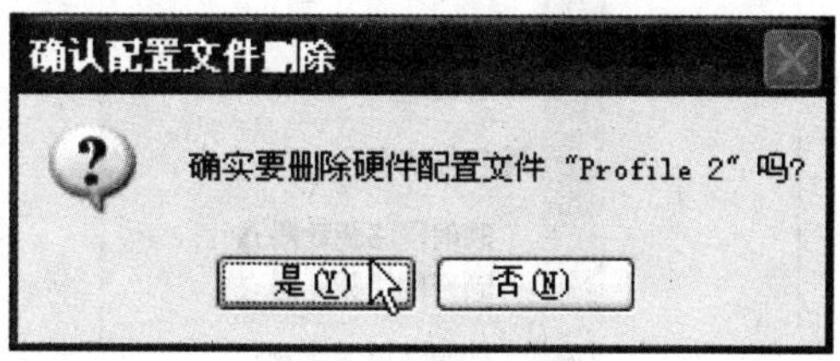

5.2 配置系统选项

在“系统属性”面板中有一个“高级”选项卡，进入“高级”面板中可以对“性能选项”、“用户配置文件”、“启动和故障恢复”等选项进行设置。优良的“系统选项”配置对操作系统的正常运行很重要，下面以“性能选项”和“启动和故障恢复”为例进行介绍。

5.2.1 “性能选项”配置

通过“性能选项”面板可以对系统的多个方面进行设置。其中“视觉效果”和“高级”选项卡中的设置是最为常见的设置。下面将分别进行介绍。

- **视觉效果**

1 右击“我的电脑”图标，弹出快捷菜单，执行“属性”命令。

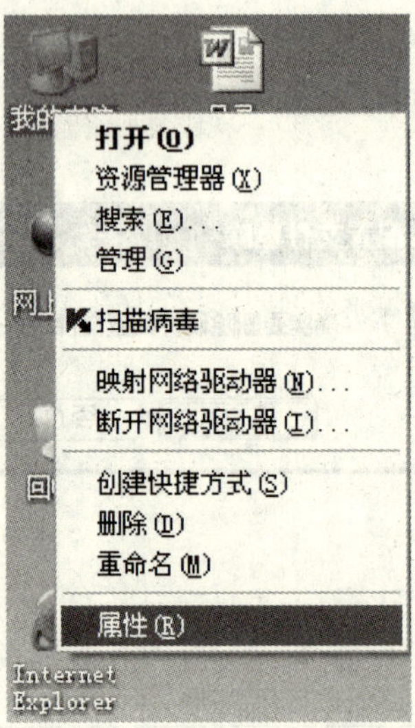

2 在弹出的“系统属性”对话框中，单击“高级”选项卡，进入“高级”面板，单击“设置”按钮。

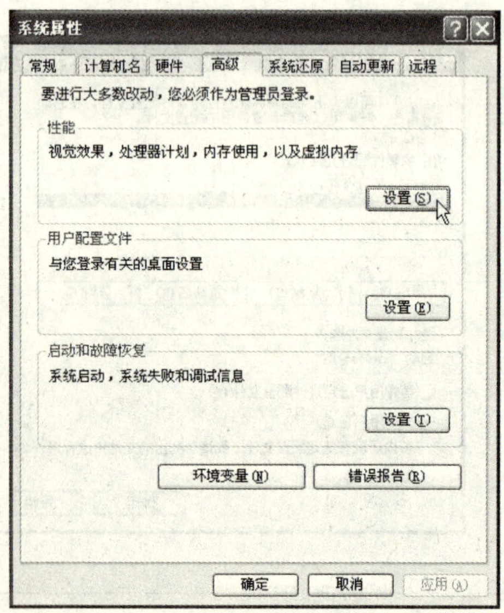

弹出“性能选项”对话框，默认显示“视觉效果”选项面板。在该面板中用户可选择需要的选项，或进行“自定义”设置。

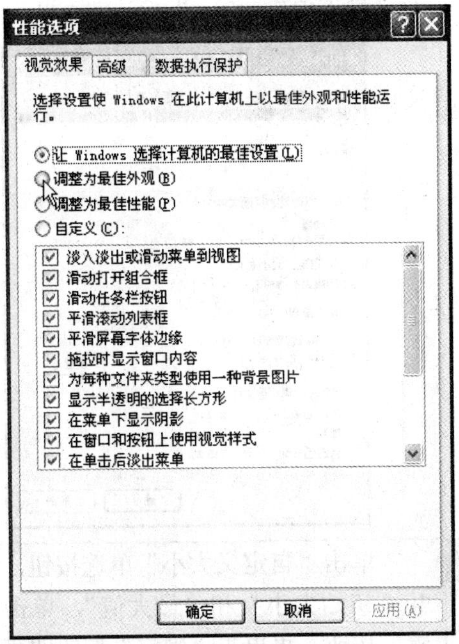

如进行“自定义”设置，单击“自定义”单选按钮，在下面的列表框中根据需要选择或取消选项。单击“应用”按钮，即可完成“自定义”视觉效果的设置。

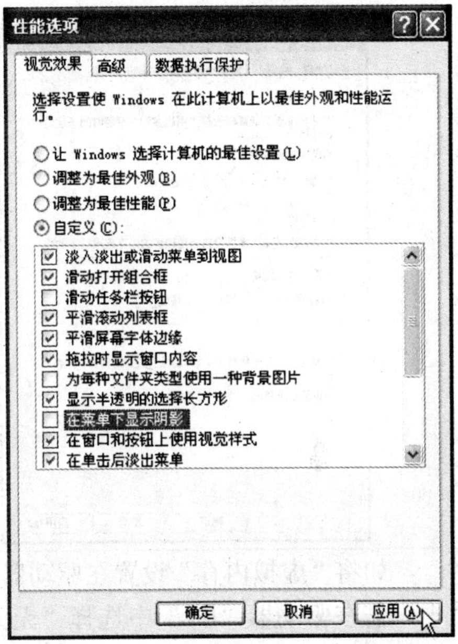

提示：

如果在你的计算机中没有安装太多的程序，即可选择“调整为最佳外观”单选项；如果在你的计算机中安装了很多并且较大的应用程序，最好选择“调整为最佳性能”单选项。

• 高 级

在“高级”选项面板中，着重对“虚拟内存”的设置进行说明。

一台计算机的物理内存是固定不变的，当运行较多或较大的程序时，仅仅依靠物理内存是不够的。内存的作用很大，计算机中所有程序的运行都需要经过内存来执行，如果执行的程序很大或很多，就会导致内存不足而无法执行。“虚拟内存”技术就是为了解决这个问题而产生的。

所谓“虚拟内存”，即拿出一部分磁盘空间来充当内存使用，当物理内存不足时，计算机就会自动调用硬盘来充当内存，从而解决内存不足的现象。

在 Windows XP 中，通常将“虚拟内存”设置在操作系统的安装目标磁盘中，为了提高“虚拟内存”的作用，可以将“虚拟内存”设置在剩余空间较大的磁盘中。通常将其最小值设置为物理内存的 1.5 倍，最大值设置为物理内存的 3 倍。

1 单击“性能选项”对话框中的“高级”按钮，在该面板中可根据需要选择“处理器计划”区域和“内存使用”区域中的各个选项。

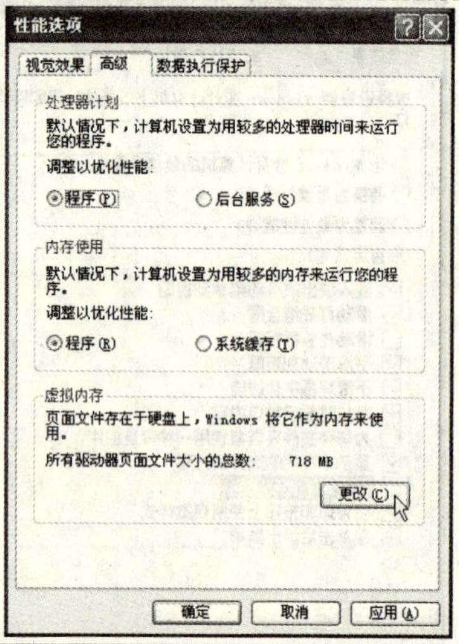

2 单击“虚拟内存”区域中的“更改”按钮，弹出“虚拟内存”对话框，如下图所示。在该对话框中即可重新选择“虚拟内存”所在磁盘位置及设置其“初始大小”及“最大值”。

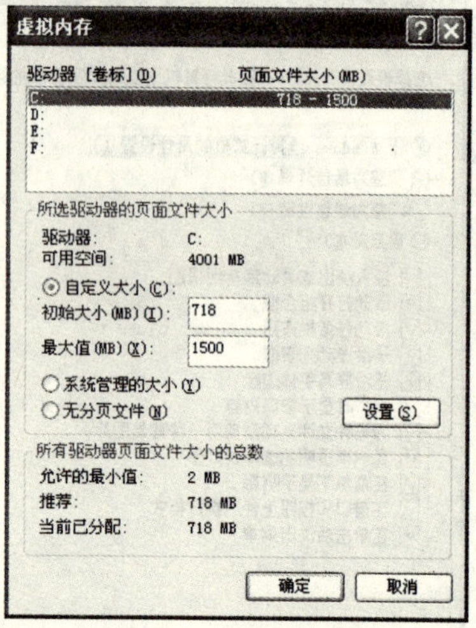

3 如将“虚拟内存”设置在驱动器“D:”中，需在驱动器“C:”中选择“无分页文件”，再单击驱动器“D:”。

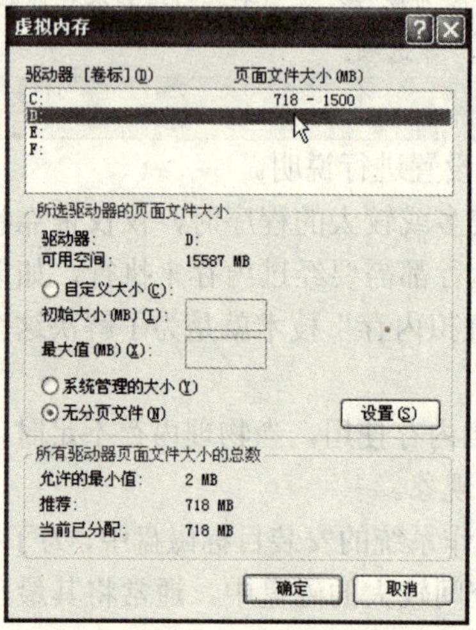

4 单击“自定义大小”单选按钮，设置其“初始大小”和“最大值”，单击“设置”按钮，再单击“确定”按钮即可完成“虚拟内存”的设置。

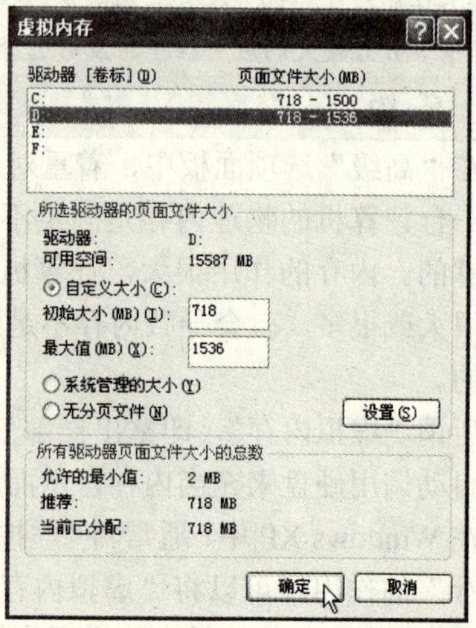

提示：

如果是使用程序很多或很大的用户，最好是单独建立一个空白分区，在该分区中不存放任何文件，专门用来设置“虚拟内存”。这样分区不会产生磁盘碎片，从而能够保证页面文件的数据读写不受磁盘碎片的干扰，并且也减少了系统读取磁盘的时间，提高了系统运行效率。

5.2.2 启动系统与故障恢复

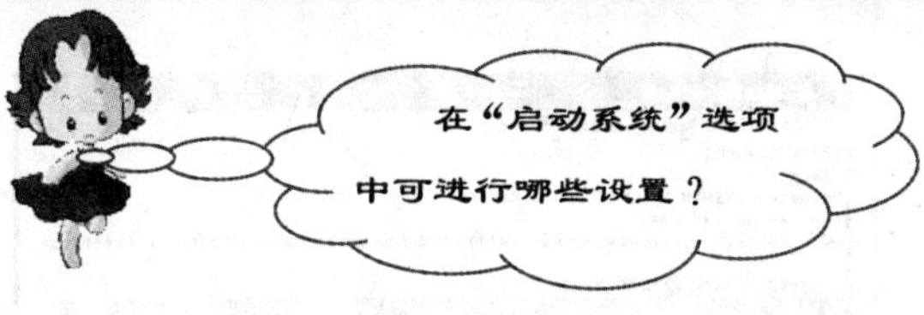

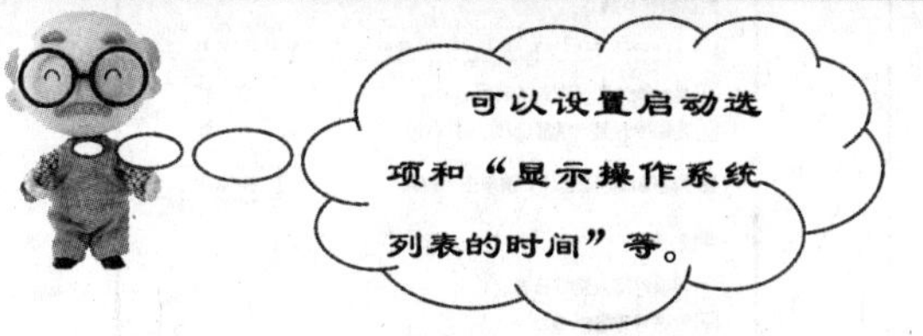

对“启动和故障恢复”选项的设置是很重要的。比如：如果在系统中安装了多个操作系统，而用户通常需要的操作系统不是默认的第一个启动项，并且“显示操作系统列表的时间”又极短，就很容易启动了用户不需要进入的操作系统，而要启动想进入的操作系统，就必须重启计算机。这样会对工作带来不必要的麻烦。

介绍“启动和故障恢复”选项的设置如下。

1 右击“我的电脑”图标，弹出快捷菜单，单击“属性”命令，弹出“系统属性”对话框，单击“高级”选项卡，进入“高级”面板，单击“启动和故障恢复”区域中的“设置”按钮。

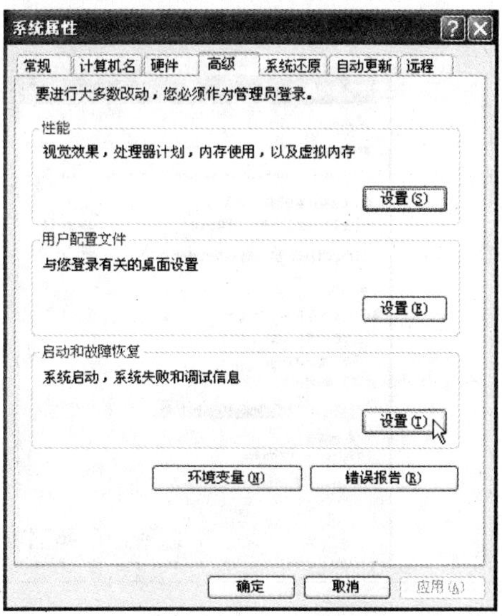

2 弹出“启动和故障恢复”对话框，单击“默认操作系统”下面的文本框，在弹出的列表中即可选择需要第一个启动的操作系统。

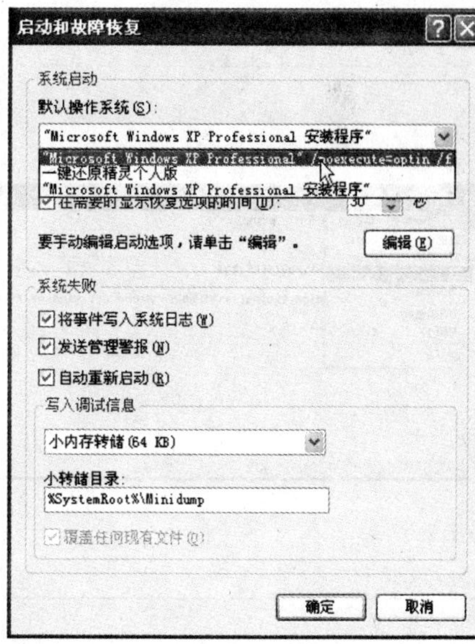

3 可以重新输入“显示操作系统列表的时间”和“在需要时显示恢复选项的时间”。还可以单击“编辑”按钮。

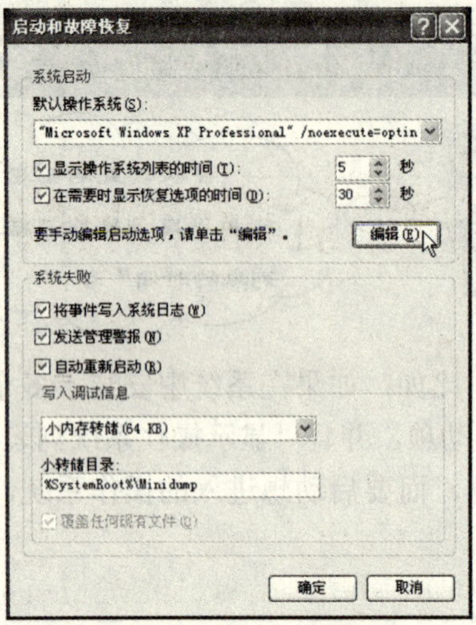

4 弹出“BOOT.INI-记事本”，选择文字，单击“Delete”键，即可删除。

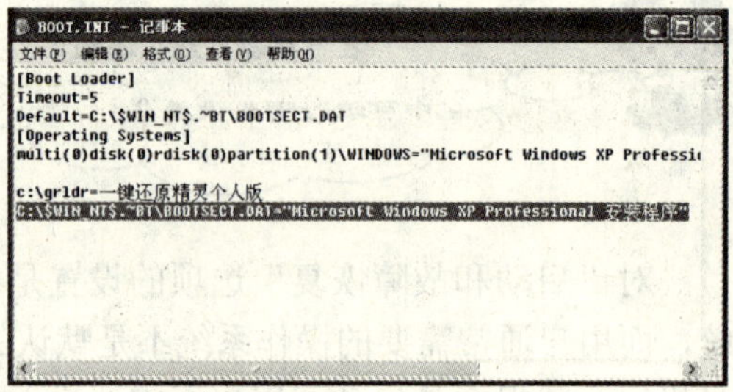

提示：如果对“记事本”不熟的用户，建议最好不要在其中进行修改。

5 执行“文件／保存”菜单命令。关闭记事本。

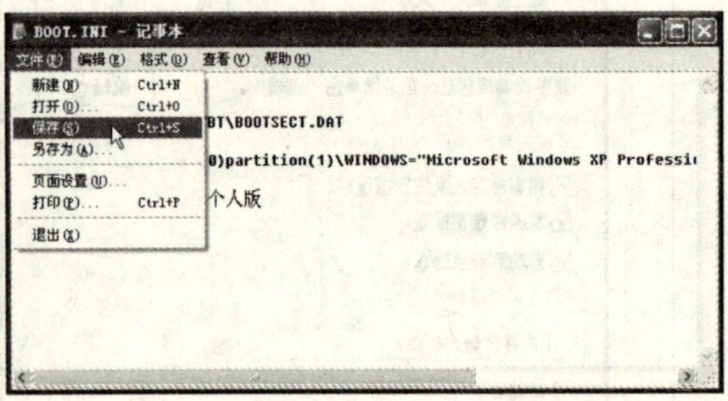

6 回到“启动和故障恢复”对话框，取消“系统失败”后的“自动重新启动”选项，单击“确定”按钮。返回到“系统属性”对话框，单击“确定”按钮，即可完成设置。

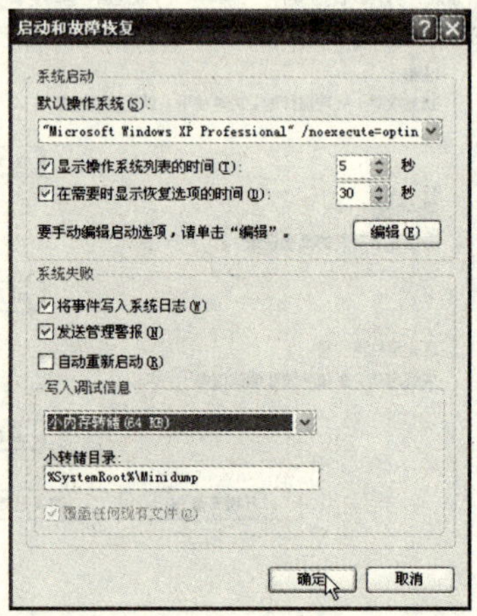

5.3 Windows 任务管理器

“Windows 任务管理器”为 Windows 提供了十分强大的管理功能。通过“Windows 任务管理器”能够及时地查看“计算机性能”、“运行的程序”和“进程”的详细信息，能够快速地启动、切换和结束程序，并且可以设置进程优先级等。如果连接到网络，还可以查看网络状态。

5.3.1 打开任务管理器

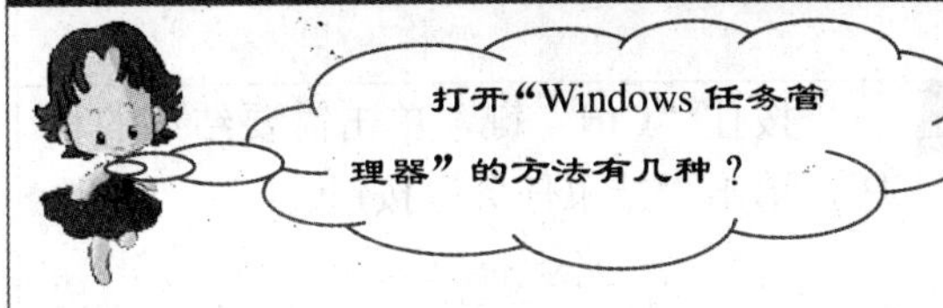

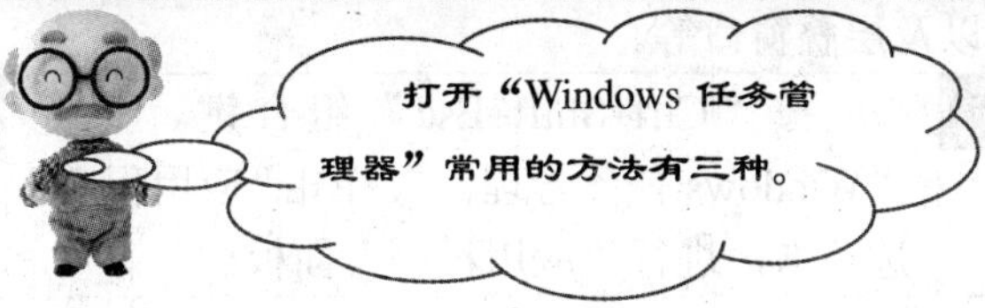

“Windows 任务管理器”既没有在桌面上创建快捷方式图标，也没有在“开始”菜单中创建命令，怎样来打开“Windows 任务管理器”呢？常用的方法有三种：按“Ctrl+Alt+Delete”组合键；按“Ctrl+Shift+Esc”组合键； 在“任务栏”的空白处单击鼠标右键，在弹出的菜单中单击“任务管理器”。下面介绍最后一种方法的操作步骤。

提示：

大多数用户习惯按“Ctrl+Alt+Delete”组合键来打开“Windows 任务管理器”窗口，如果不小心连续按了两次“Ctrl+Alt+Delete”组合键，将会导致计算机重启，这样很容易造成文件丢失。

在“任务栏”的空白处单击鼠标右键，在弹出的菜单中单击“任务管理器”命令。

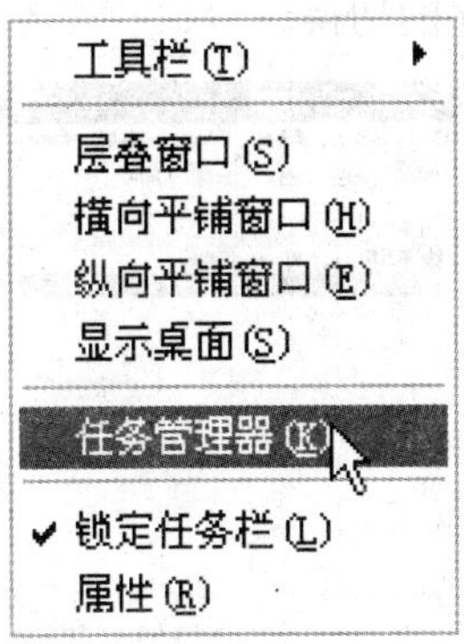

弹出“Windows 任务管理器”。

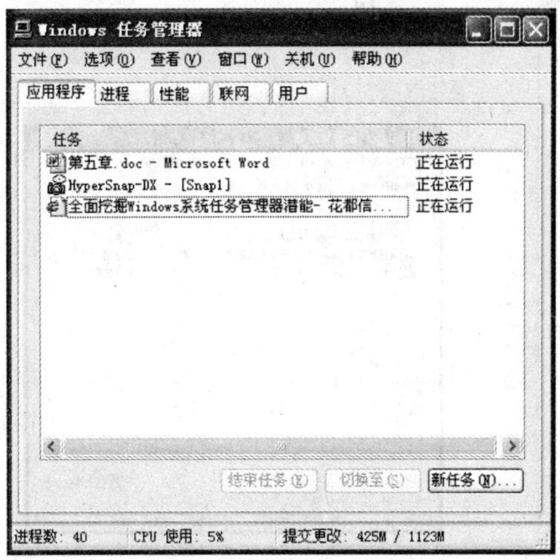

5.3.2 管理"应用程序"

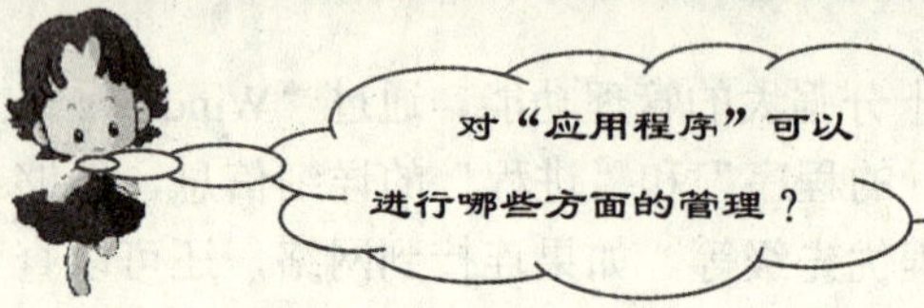

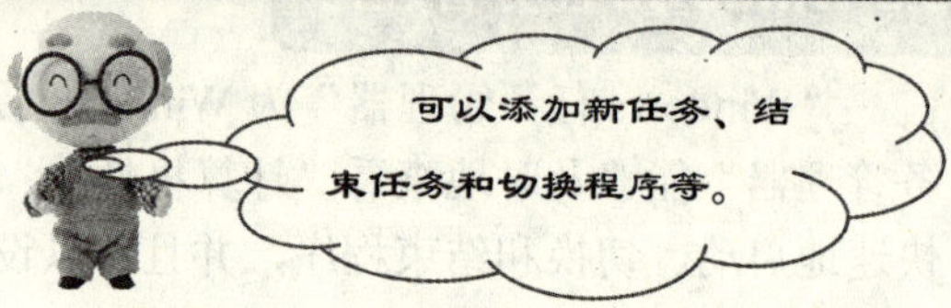

从上图中可看到，在"Windows 任务管理器"中包含有"应用程序"、"进程"、"性能"、"联网"和"用户"选项卡，单击这些选项卡，即可进入相应的面板中进行操作。

在该选项中显示系统正在运行的所有应用程序，可以添加新任务、结束任务、切换程序以及层叠窗口等。

1 按"Ctrl+Shift+Esc"组合键，打开"Windows 任务管理器"，单击"应用程序"选项卡，进行"应用程序"面板。

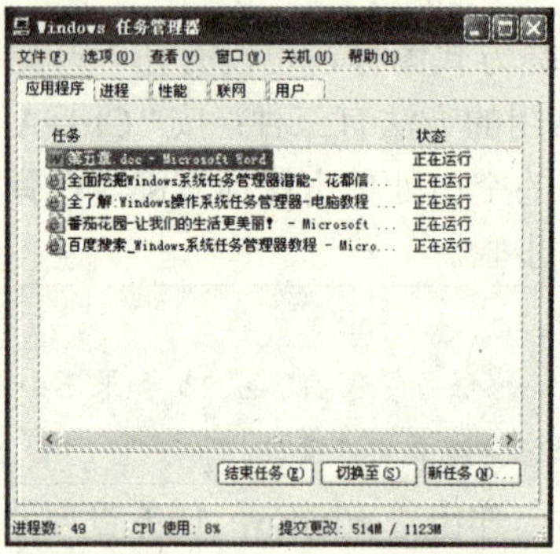

2 按住"Ctrl"键，单击需要结束的程序，单击"结束任务"按钮。

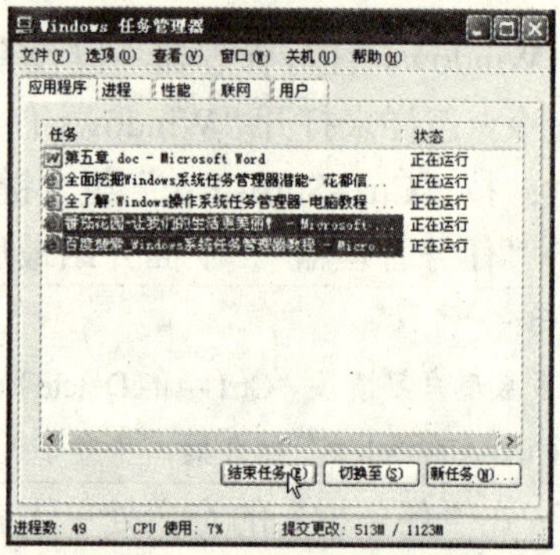

3 单击"Windows 任务管理器"即可结束选择的程序。

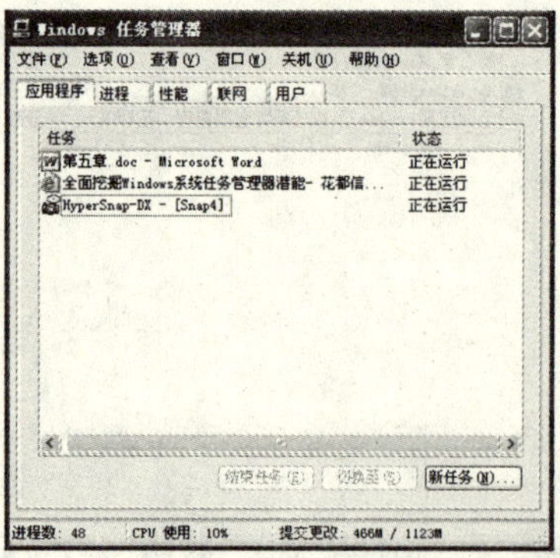

4 如要切换至"全面挖掘"程序，先选择此程序，单击"切换至"按钮，即可完成程序的切换。

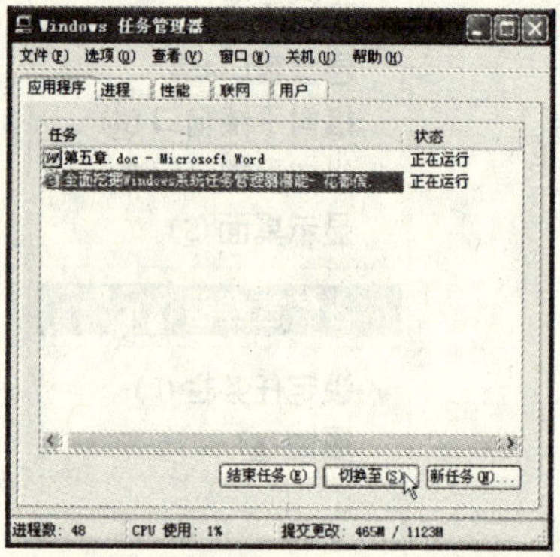

5 如需运行新的程序，可单击“新任务”按钮，弹出“创建新任务”对话框，单击“浏览”按钮。

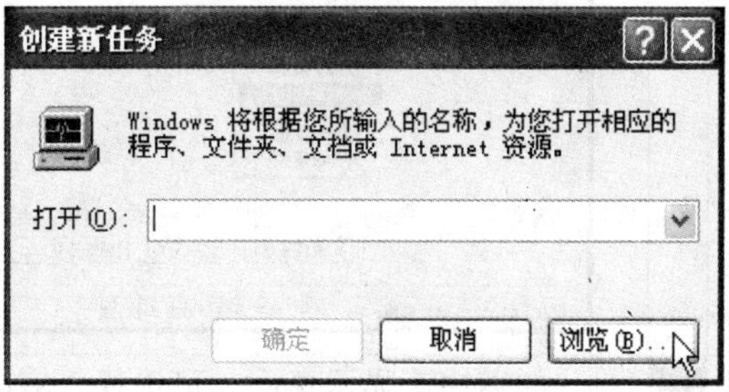

6 弹出“浏览”对话框，单击左边区域中的“桌面”按钮，在右边窗口中单击一个程序，如“Kmplayer”，单击“打开”按钮。

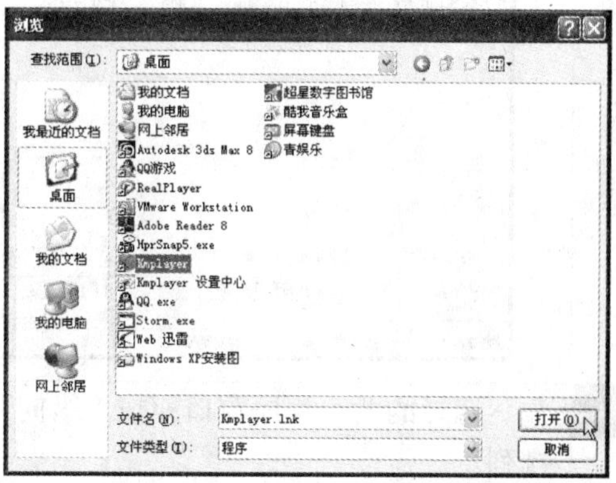

7 返回到“创建新任务”对话框，单击“确定”按钮。

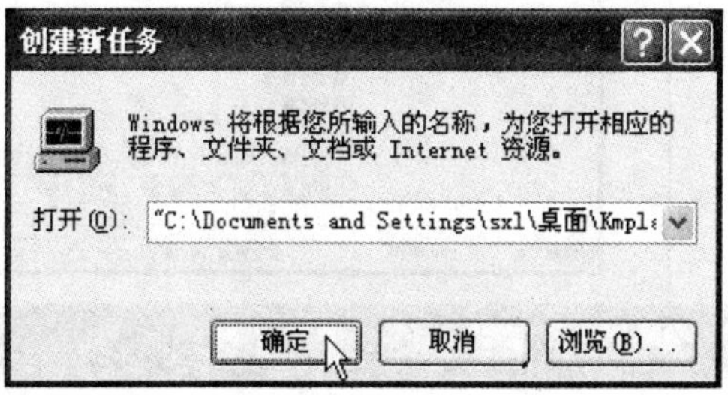

8 系统即可启动“Kmplayer”程序。

9 在“Windows 任务管理器”中即可以看到新添加的程序。

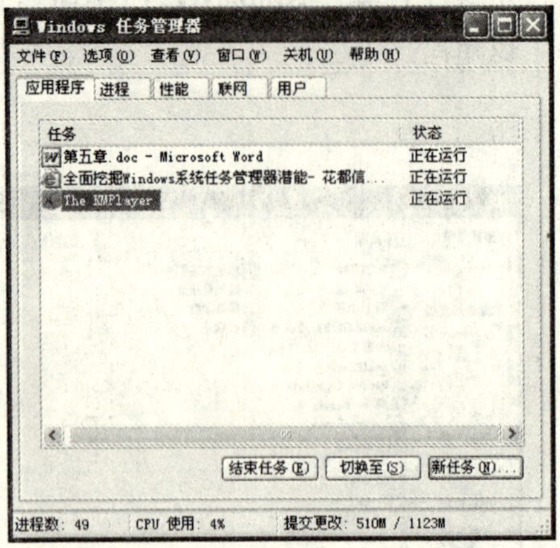

10 选择程序，单击右键，在弹出的菜单中单击“纵向平铺”命令。

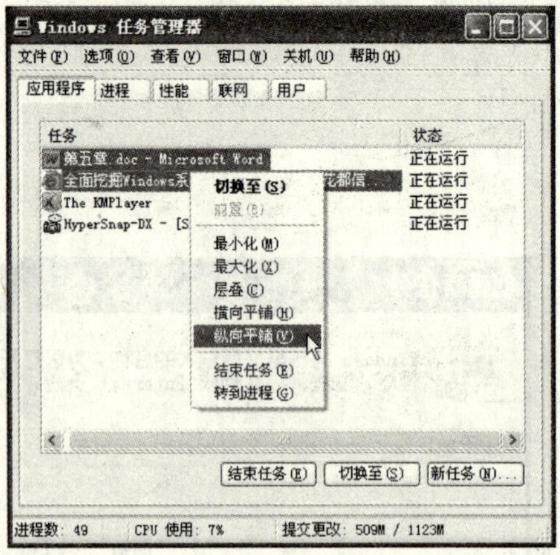

11 选择的两个程序窗口即按“纵向平铺”排列。

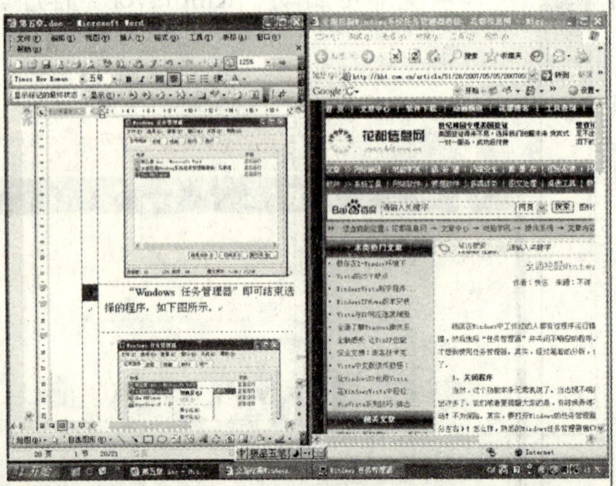

12 如需快速显示桌面，可选择“应用程序”中的所有程序，单击右键，在弹出的菜单中单击“最小化”命令。即可快速显示桌面。

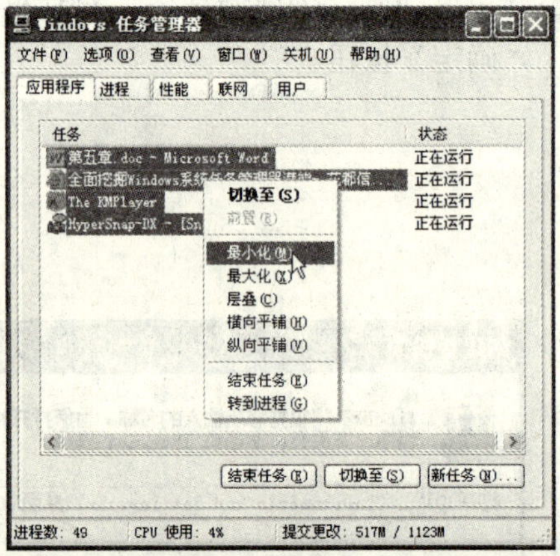

5.3.3 管理“进程”

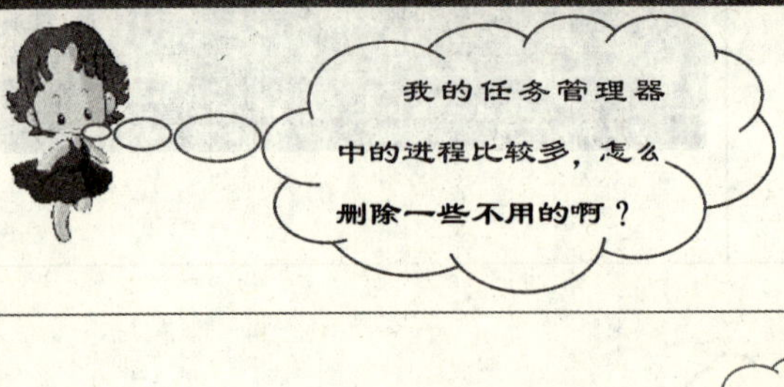

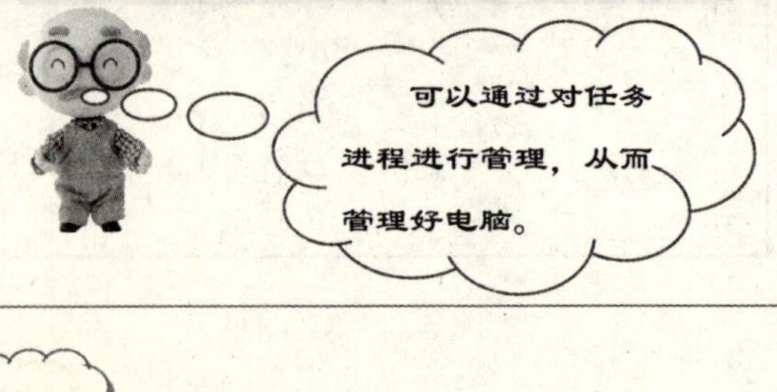

在“进程”选项卡中可以显示系统中正在运行的所有程序，包括应用程序、后台服务以及病毒程序和木马程序等。可以终止不需要运行的程序和设置进程优先级。

1 按“Ctrl+Shift+Esc”组合键，打开“Windows 任务管理器”窗口，单击“进程”选项卡，进入“进程”面板。

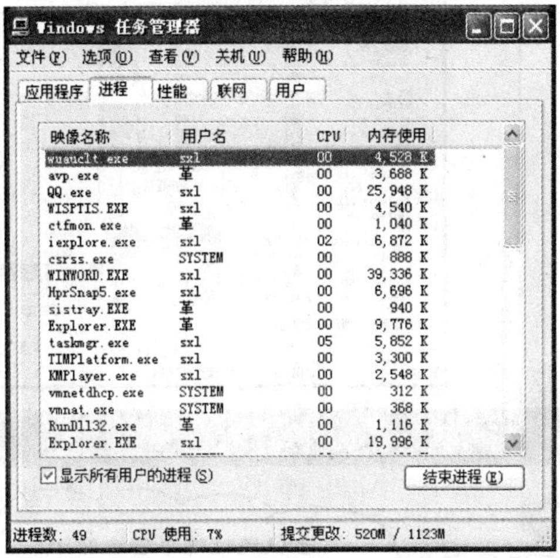

2 如需结束某个进程，可单击需要结束的进程，单击“结束进程”按钮。

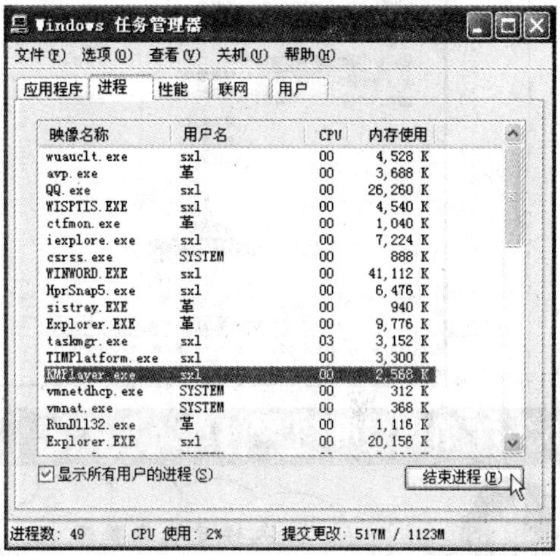

3 弹出“任务管理器警告”对话框，单击“是”按钮。

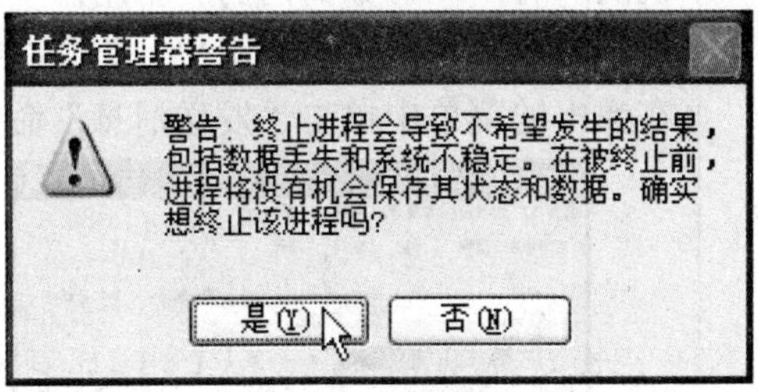

4 结束该进程，同时，在“进程”面板中不再显示该程序。

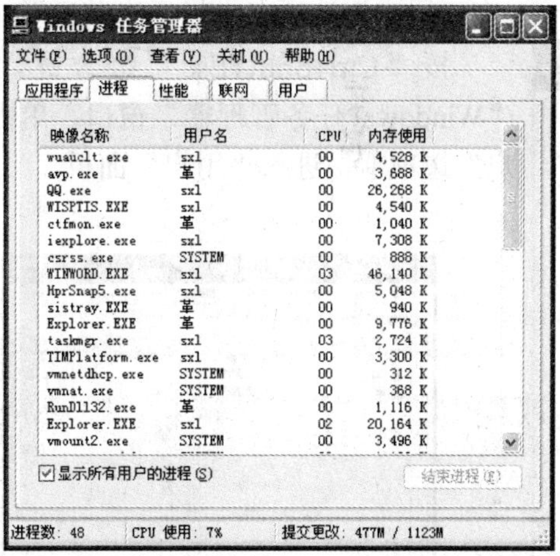

提示：终止进程时要注意。如果结束应用程序需将丢失未保存的数据；如果结束系统服务，系统的某些部分可能无法正常工作；如果结束系统运行必需的程序，系统将不能运行而死机。

5 单击“Windows 任务管理器”中的“应用程序”选项卡，选择需设置进程级别的程序，单击右键，在弹出的菜单中单击“转到进程”命令。

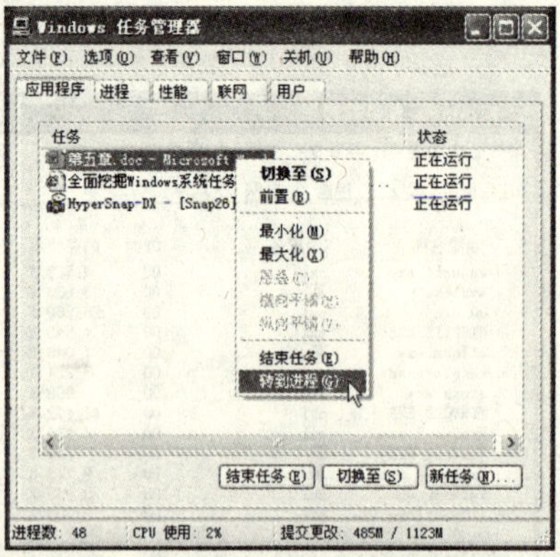

6 转到“进程”面板，在面板中该程序进程为选取状态，单击右键，在弹出的菜单中单击“设置优先级”命令，弹出子菜单，在子菜单中即可选择各个级别。

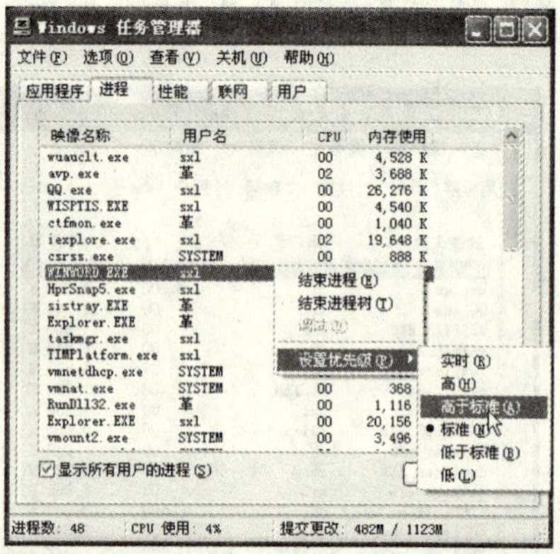

5.3.4 管理“用户”

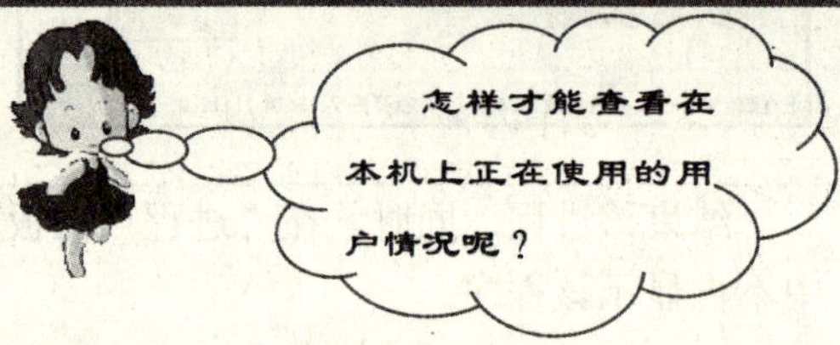

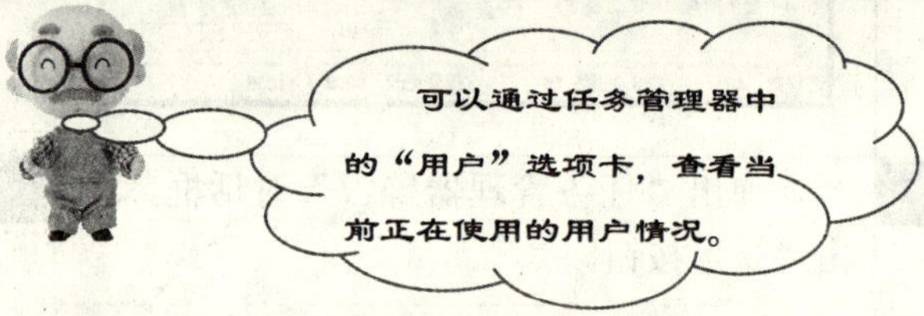

在“用户”选项卡中显示当前已登录计算机的所有用户，可以断开或注销某个用户。

1 按“Ctrl+Shift+Esc”组合键，打开“Windows 任务管理器”窗口，单击“用户”选项卡，进入“用户”面板。

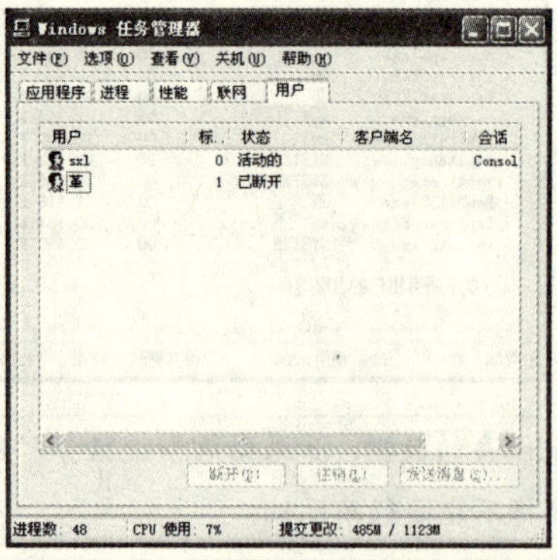

2 在该选项卡中显示了登录到此计算机的所有用户，如需向另一个用户“革”发送消息，可先选择该用户，单击右键，在弹出的菜单中单击“发送消息”命令。

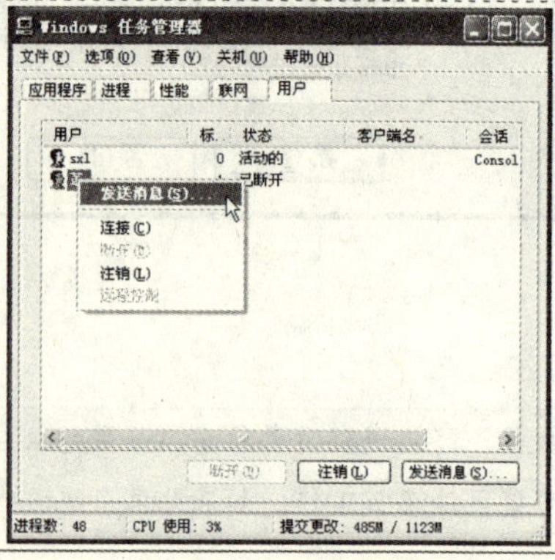

3 弹出“发送消息”对话框，在该对话框中输入“消息标题”和“消息”。单击“确定”按钮，即可完成该条消息的发送。

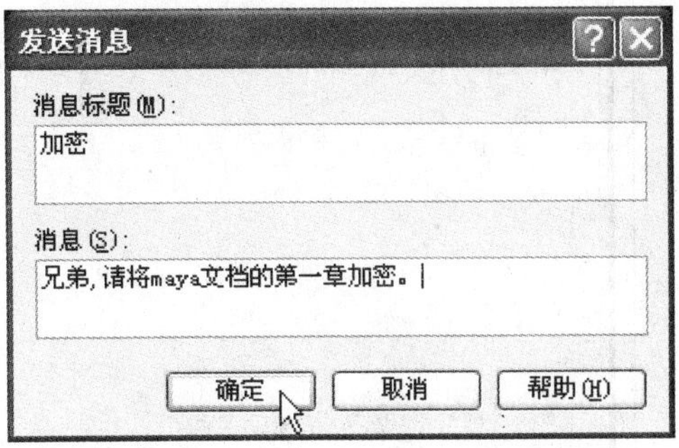

4 右击用户“革”，在弹出的快捷菜单中单击“连接”命令。

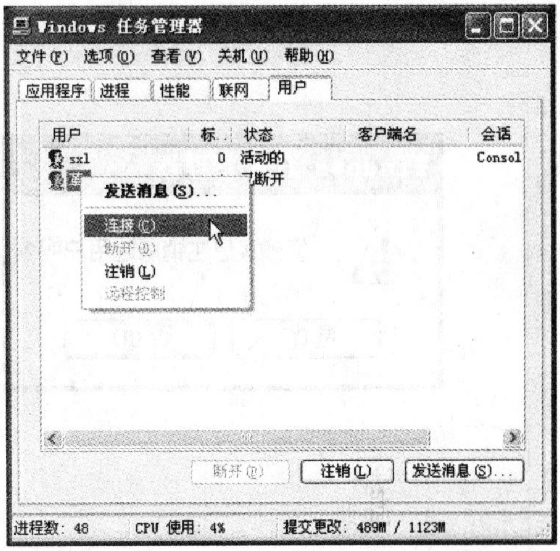

5 系统即可快速切换到用户“革”的桌面，并弹出如下图所示的对话框，单击“确定”按钮，即可接收该消息。

6 按 Windows 徽标键+“L”键切换到用户“sxl”中，选择用户“革”，单击“注销”按钮。

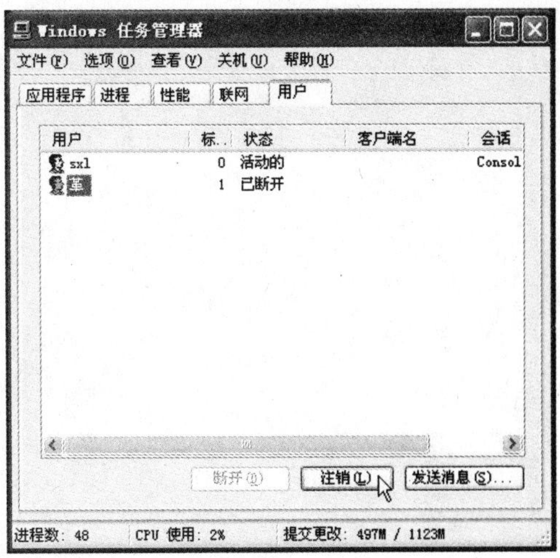

7 弹出提示对话框。

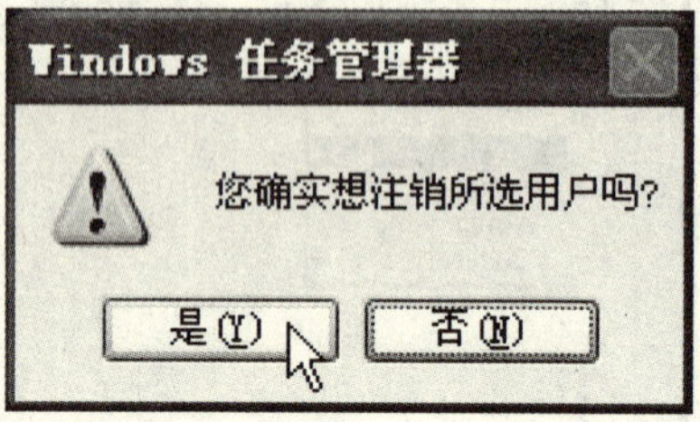

8 单击“是”按钮，即可注销用户“革”，在“Windows 任务管理器”中将不再显示用户“革”。

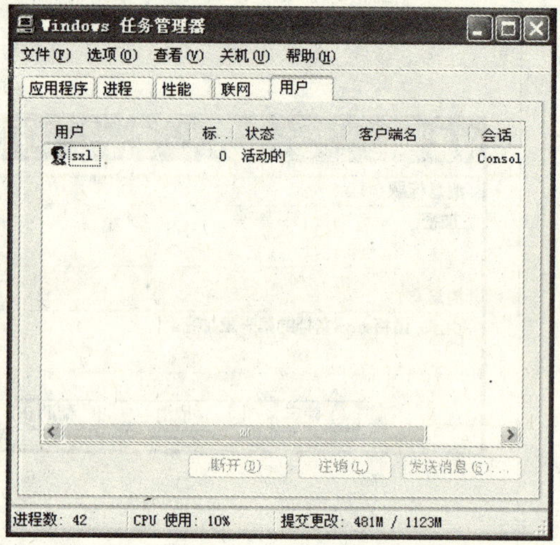

提示:

除了“Windows 任务管理器”还可以通过菜单栏中的各个菜单进行相关操作。如使用“查看”菜单可以“立即刷新”和“更新速度”等；使用“关机”菜单可以“待机”、“关机”、“重启动”“注销”和“切换”用户等。在此不再介绍。

电脑即学即用

教你学电脑

第 6 章　Windows XP 磁盘管理

本 章 要 点:

- ◆ 磁盘文件系统
- ◆ 管理磁盘

电脑博士，当在计算机中添加一个新的硬盘后，即可将文件移动到新的硬盘吗？

小丽，不可以。必须先格式化新硬盘，新硬盘才能使用。

6.1 磁盘文件系统

在前面介绍安装 Windows XP 操作系统时，提到过“磁盘文件系统”。所谓“磁盘文件系统”即是指一个磁盘是采用什么“文件系统”来格式化，在 Windows XP 中主要有 FAT、FAT32 和 NTFS 三种文件系统。

FAT：是标准的文件分配表，它只适用于早期的 Windows 版本和容量较小的磁盘，目前的硬盘容量大都在 4GB 以上，建议最好不要使用 FAT 格式化大容量的磁盘。

FAT32：是增强的文件分配表，它适用于大容量的磁盘，相对于 FAT 来说，采用 FAT32 格式化的磁盘更能节省磁盘空间和提高程序运行速度。

NTFS：NTFS 比 FAT 或 FAT32 的功能更强大，它除了具有 FAT32 所有的功能外，最为显著的特点即是可以对文件和文件夹进行加密操作，以保证重要文件的安全性。

6.1.1 转换文件系统

通常在安装 Windows XP 时，如果磁盘原来的文件系统是 FAT 或 FAT32 时，Windows XP 安装向导将会提示用 NTFS 文件系统格式化磁盘。在安装的过程中即可选择 NTFS 文件系统来格式化磁盘或磁盘分区。当安装完成后，也可以通过“Convert”命名转换某些磁盘的文件系统。其操作步骤如下。

1 打开“我的电脑”，右击“本地磁盘（F:）”，弹出快捷菜单，单击“属性”命令。

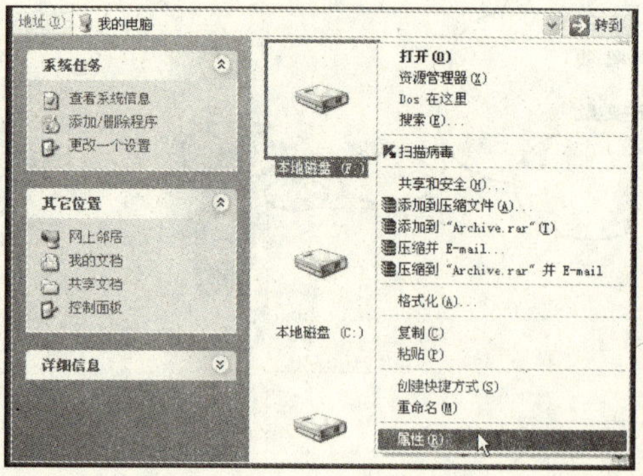

2 弹出“本地磁盘（F:） 属性”对话框，在该对话框中即可看到其文件系统为 FAT32。

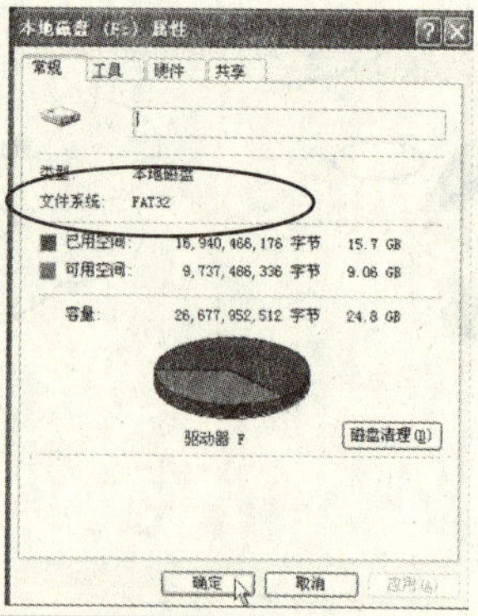

3 执行“开始 / 所有程序 / 附件 / 命令提示符”命令，打开“命令提示符”窗口。

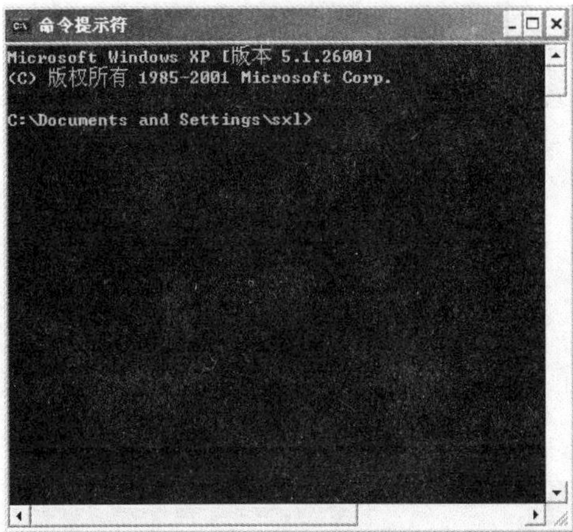

4 键入 convert F：/fs：ntfs。

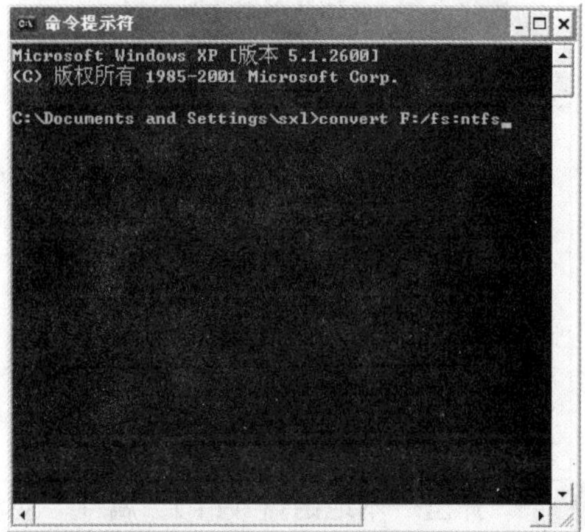

5 按“Enter”键，系统即开始执行此命令，首先检查“本地磁盘（F:）”的相关信息。

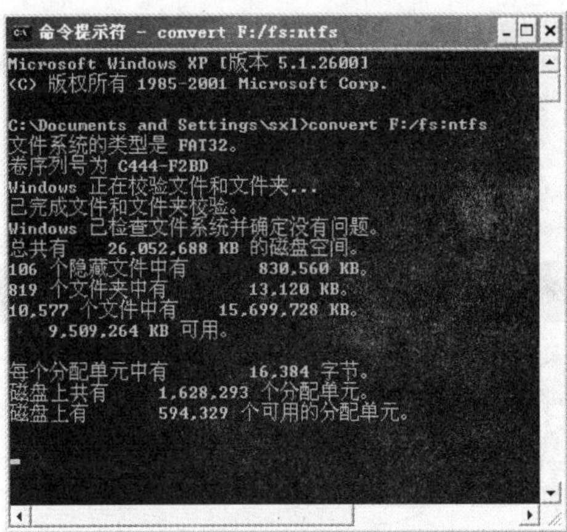

6 然后再决定文件系统转换所需的磁盘空间，最后开始转换文件系统。

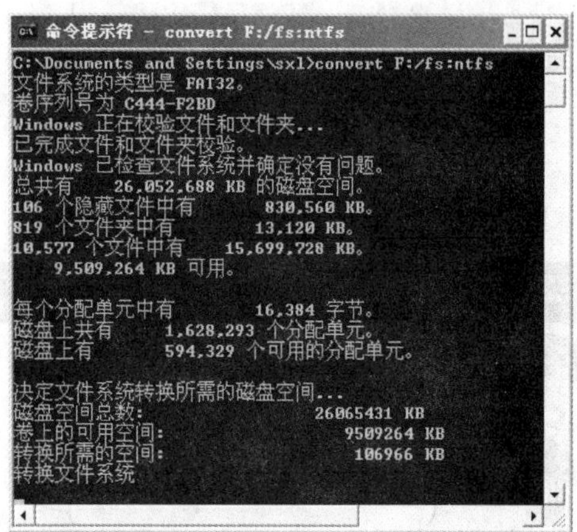

7 这时需要稍等一些时间，转换完成后即等待下一条命令的输入。此时，不需要再执行命令，可单击“关闭”按钮，关闭该窗口。

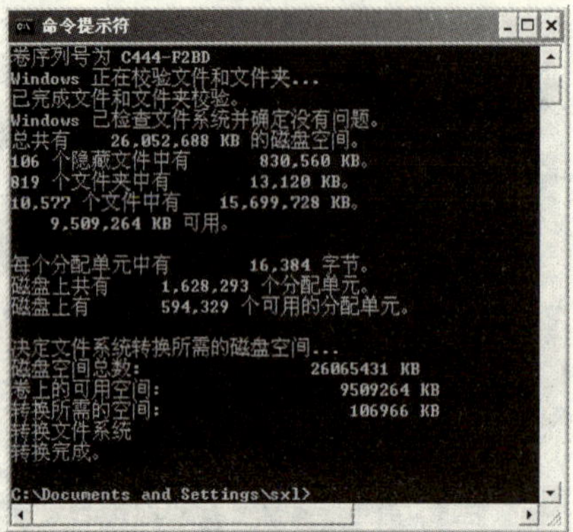

8 打开“我的电脑”，右击“本地磁盘(F:)”，弹出快捷菜单，单击“属性”命令。

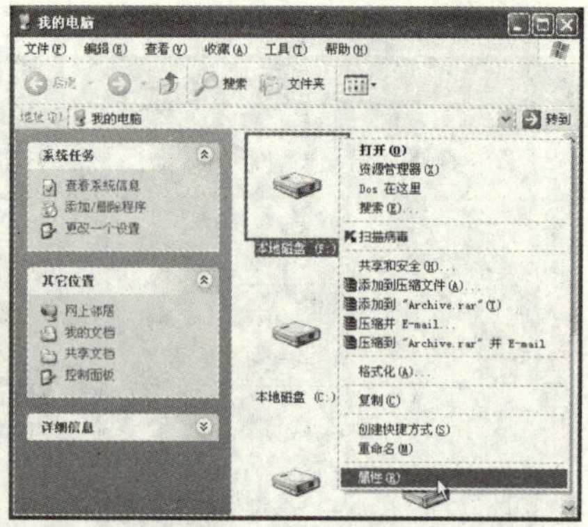

9 弹出“本地磁盘（F:） 属性”对话框，在该对话框中即可看到其文件系统为NTFS。

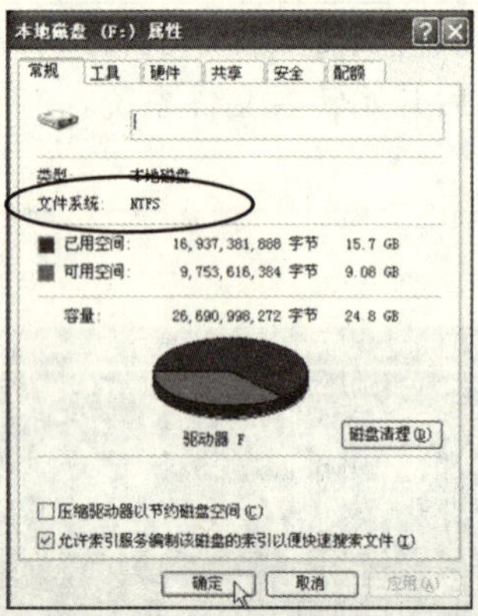

提示：

在转换文件系统前，为了防止意外，可先备份文件。

转换文件系统不能用于安装操作系统的磁盘分区。

转换文件系统不同于格式化磁盘，转换文件系统，原磁盘分区中的文件及文件夹不会发生变化。而格式化磁盘将删除磁盘中所有的文件及文件夹，也就是删除所有数据，为一个空磁盘。

6.1.2 备份磁盘

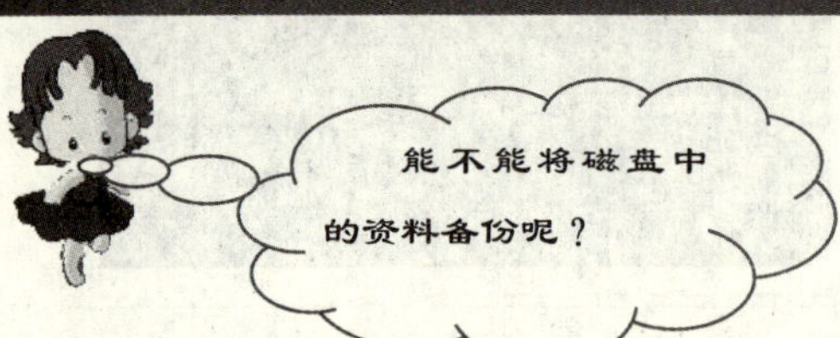

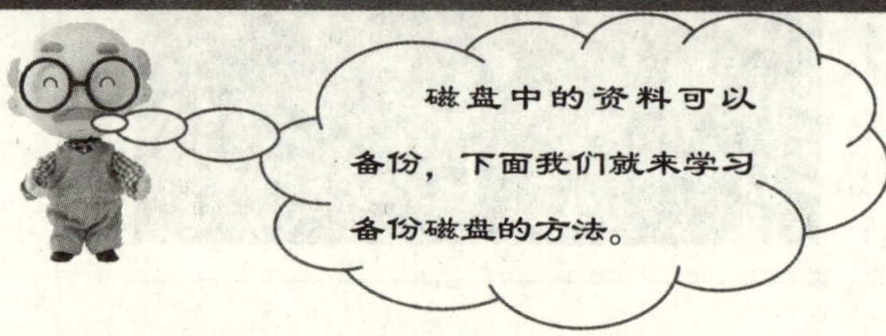

备份磁盘中的资料很重要，通过备份资料后，以后就可通过还原磁盘资料而使用备份资料。

1 执行“开始 / 所有程序 / 附件 / 系统工具 / 备份”菜单命令，弹出“备份或还原向导”对话框。

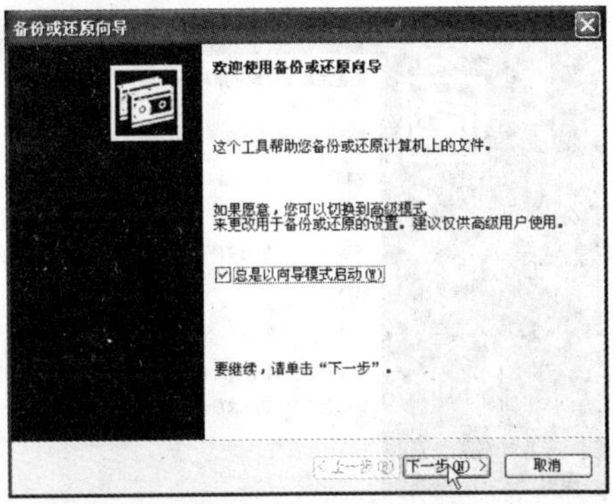

2 单击“下一步”按钮，弹出对话框，选择“备份文件和设置”选项，单击“下一步”按钮。

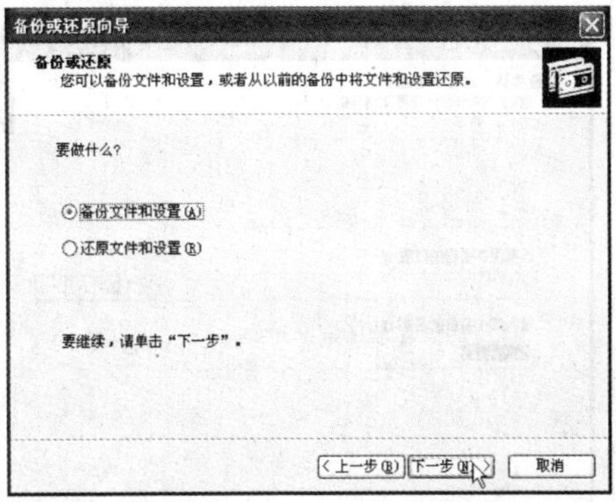

3 弹出对话框，选择“让我选择要备份的内容”选项，单击“下一步”按钮。

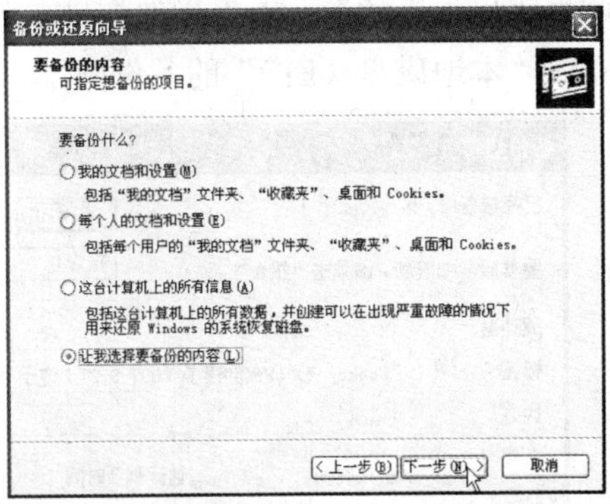

4 弹出对话框，在左边窗格中选择“本地磁盘（E:）”，单击“下一步”按钮。

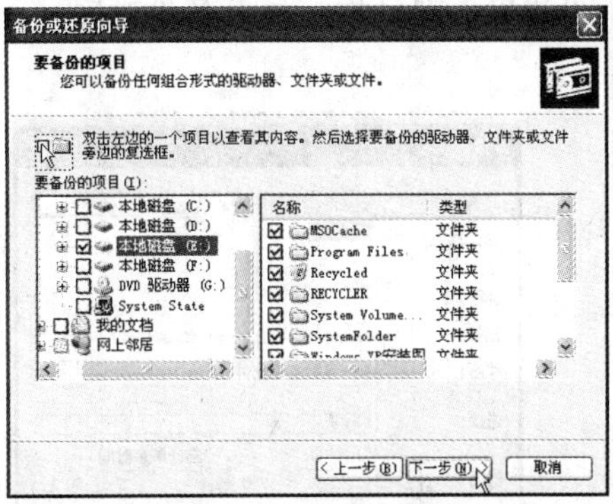

5 弹出对话框，单击“浏览”按钮。

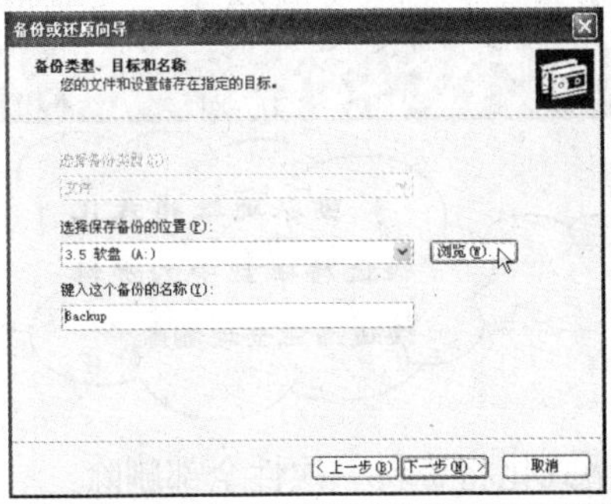

6 弹出“另存为”对话框，选择“本地磁盘（F:）”，单击“保存”按钮。

返回到“备份或还原向导”对话框，将该备份命名为“Backup（E）”，单击“下一步”按钮。

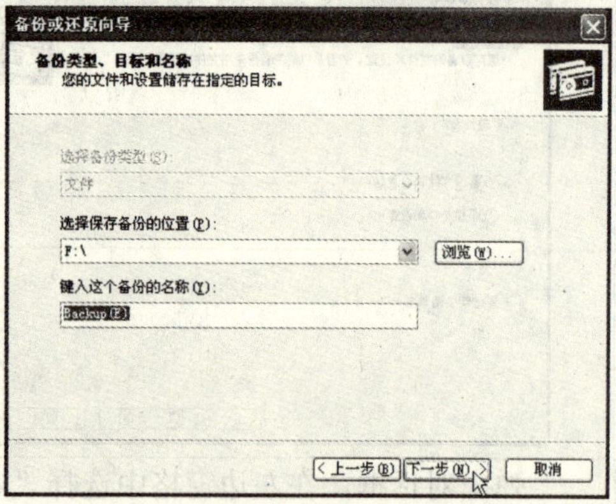

8 弹出对话框，单击“完 成”按钮。

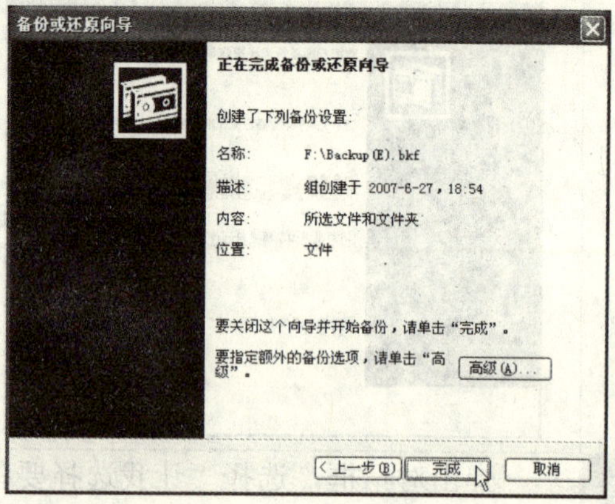

系统即开始备份操作，并弹出“备份进度”对话框，显示备份进度。

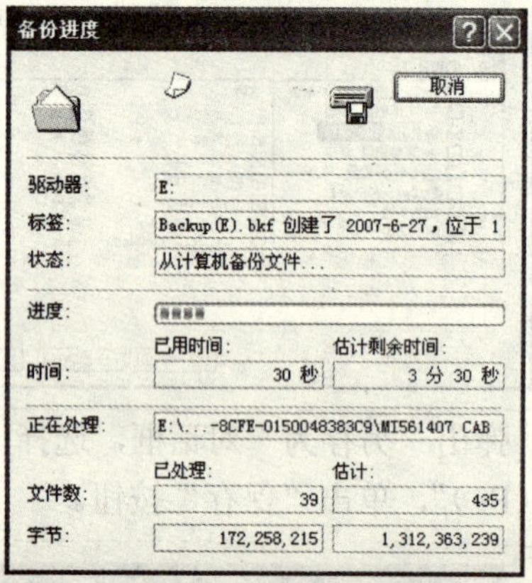

10 备份完成后，单击“关闭”按钮，也可单击“报告”按钮，查看详细信息。至此，完成“本地磁盘（E:）”的备份操作。

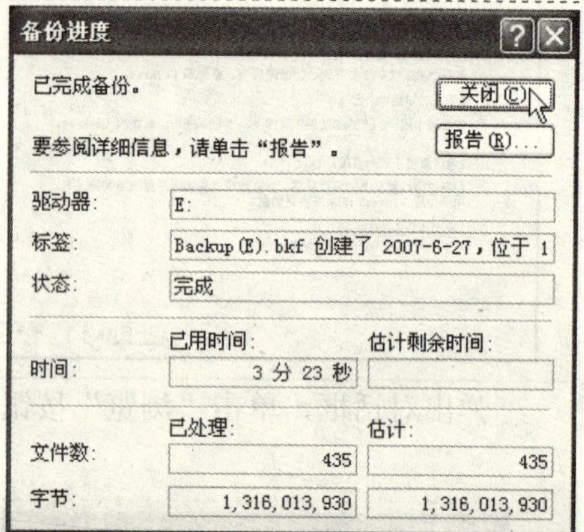

6.1.3 格式化磁盘

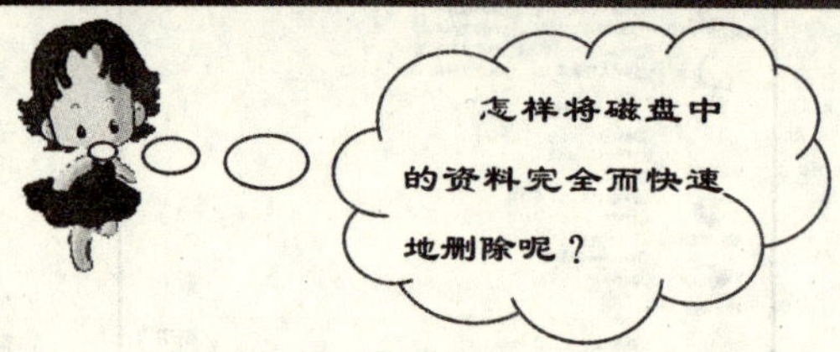

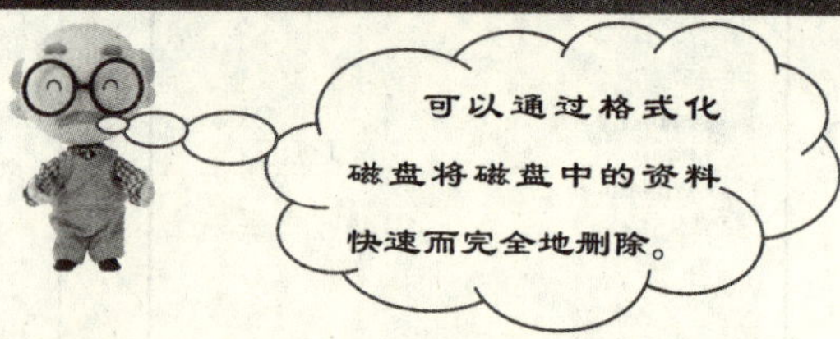

当磁盘中的资料都不需要使用时，可以通过磁盘格式化将资料一次性全部删除。

1 打开“我的电脑”，右击“本地磁盘（E:）”，在弹出的菜单中执行“格式化”命令。

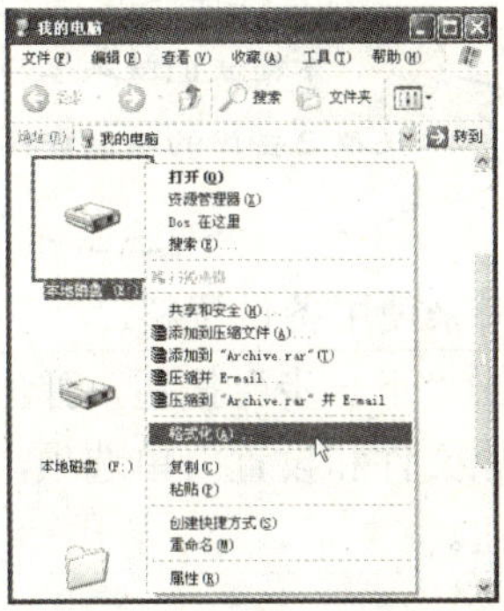

2 弹出“格式化 本地磁盘（E:）”对话框，选择 NTFS 文件系统，单击“开始”按钮。

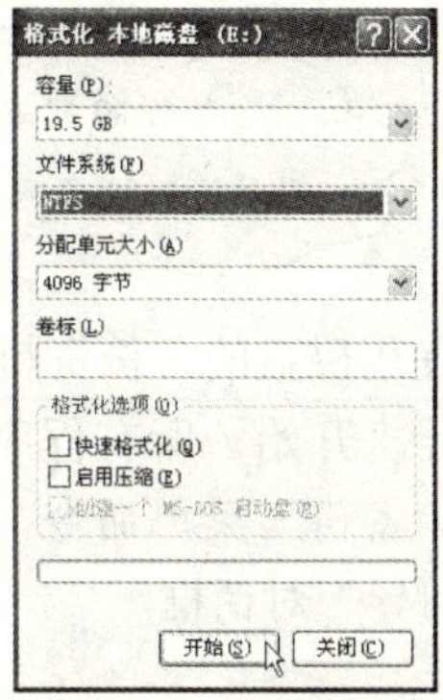

3 弹出对话框，单击“确定”按钮。

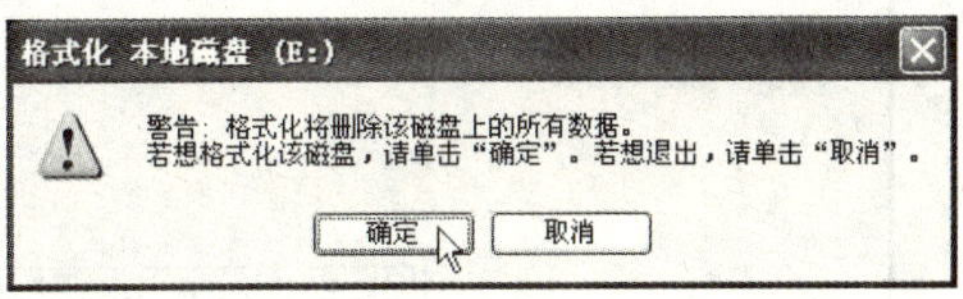

4 系统即开始格式化操作，并显示其进程。

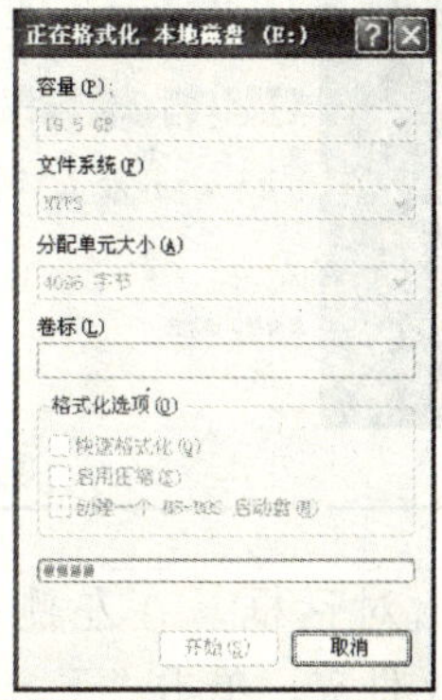

5 格式化完毕后，弹出对话框，单击“确定”按钮。

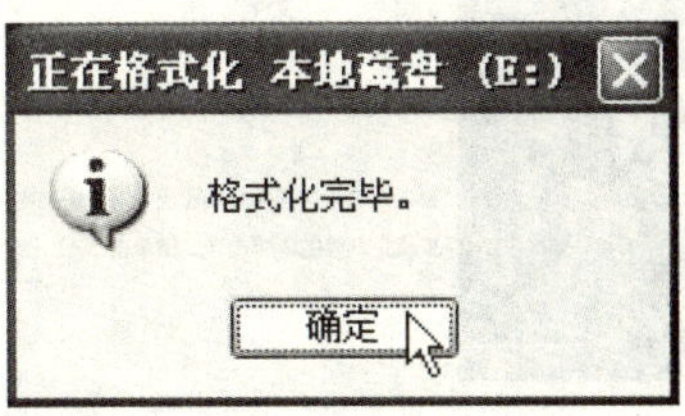

6 单击“关闭”按钮，关闭“格式化 本地磁盘（E:）”对话框。至此，“格式化 本地磁盘（E:）”操作完成。

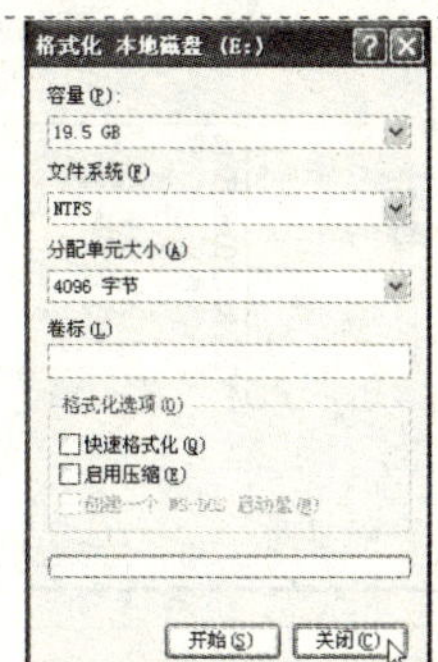

提示：

在格式化某个驱动器时，必须退出该驱动器上的所有程序、文件或文件夹，否则，将不能进行格式化操作。

6.1.4 还原磁盘资料

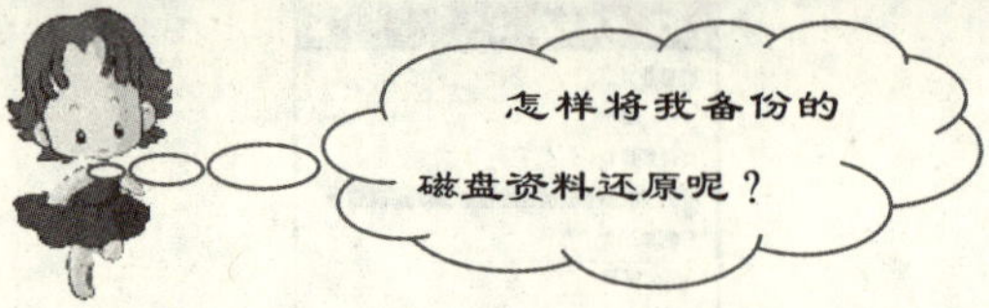

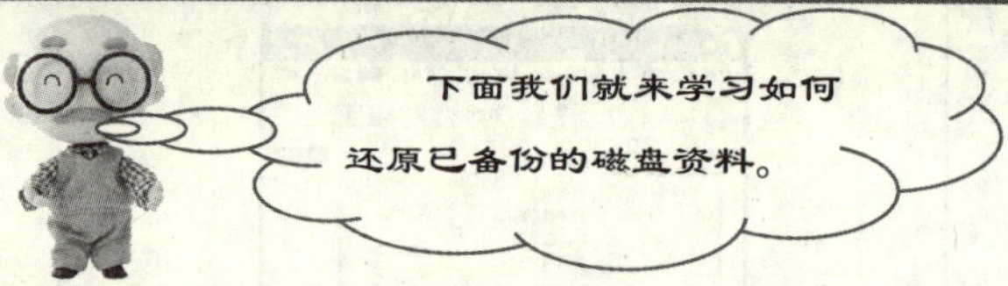

当需要使用磁盘的备份资料时，可以通过还原备份资料来使用备份资料。

1 执行“开始 / 所有程序 / 附件 / 系统工具 / 备份”菜单命令，弹出“备份或还原向导”对话框。

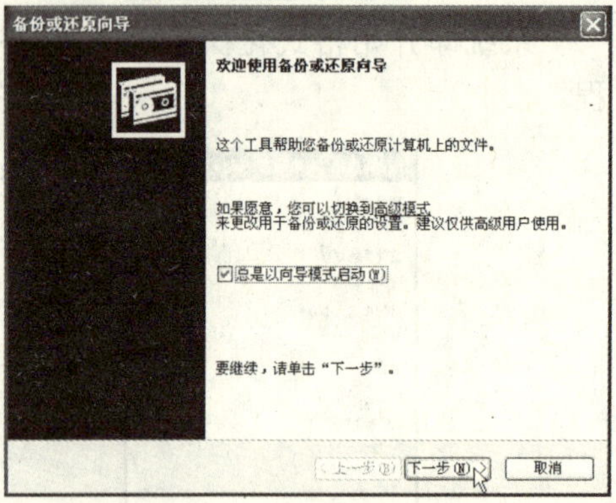

2 单击“下一步”按钮，弹出对话框，选择“还原文件和设置”单选项，单击“下一步”按钮。

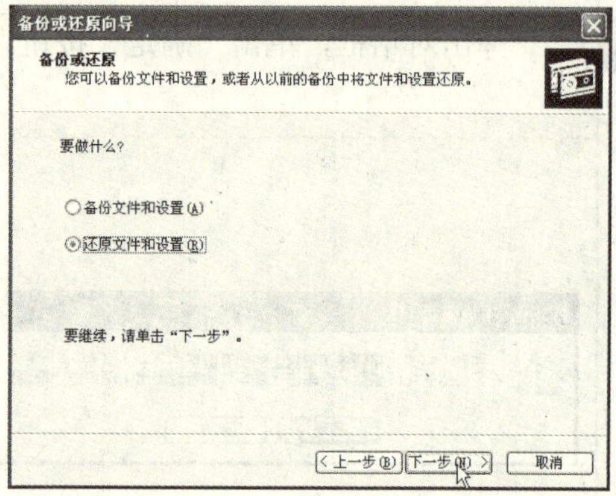

3 弹出对话框，在左侧窗格中选择“E:”文件夹，单击“下一步”按钮。

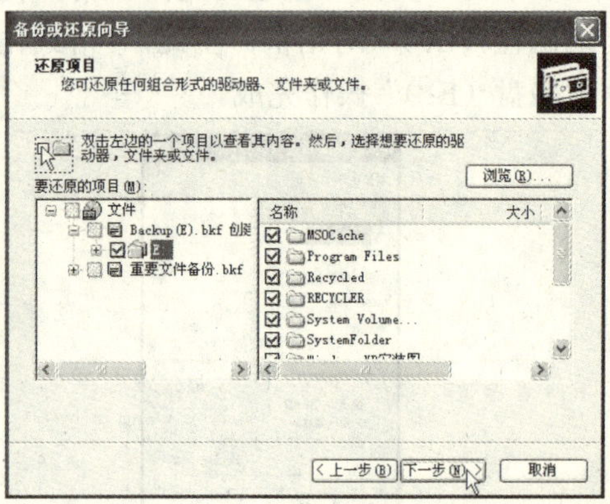

4 弹出对话框，单击“完成”按钮。

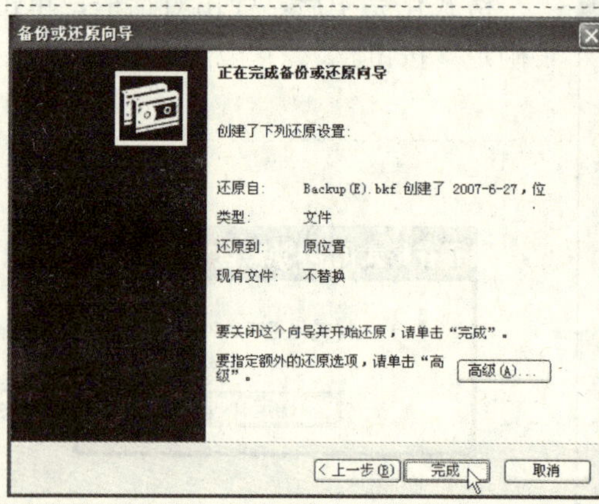

5 系统即开始“还原”操作，弹出“还原进度”对话框，显示“还原”进度。	6 “还原”完成后，显示“已完成还原”，单击“关闭”按钮，至此完成“还原”操作。
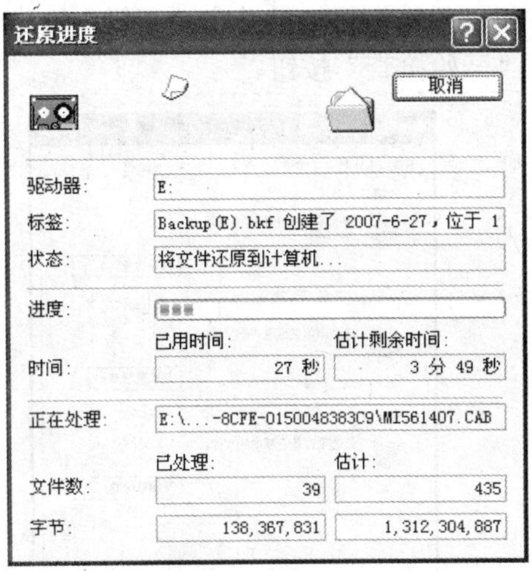	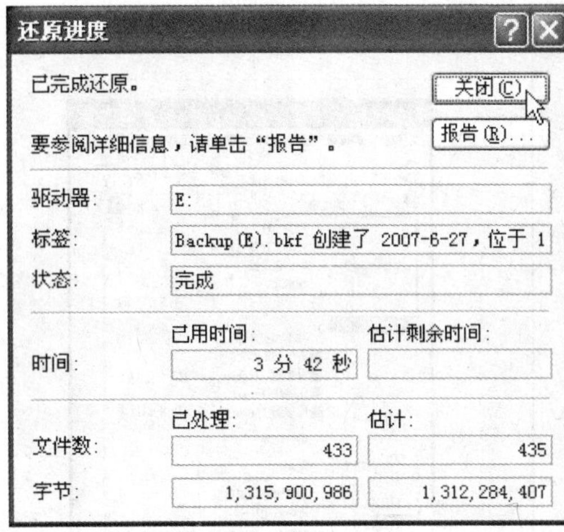

6.2 磁盘管理

当磁盘使用一段时间后，由于频繁的程序安装及卸载，移动、复制、删除文件等操作，会在磁盘中产生一些文件碎片，以及遗留一些并不需要的文件。再加上有时会实施一些不适当的操作（如强行退出程序和强行关机等），这些都会对磁盘产生或大或小的影响，甚至会损坏磁盘。因此对磁盘进行管理是十分必要的。

对磁盘的管理主要有“扫描和修复文件系统”、“磁盘碎片整理”和“磁盘清理”等操作。下面将分别对其介绍。

6.2.1 扫描和修复文件系统

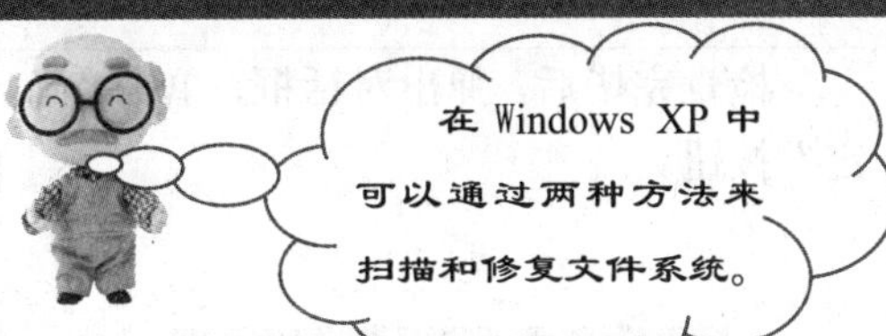

在 Windows XP 中可以通过两种方法来扫描和修复文件系统：通过 Windows XP 内置的系统工具来扫描磁盘及修复文件系统；通过 MS-DOS 中的 Chkdsk 命令来扫描和修复磁盘。介绍第一种方法的操作步骤如下。

1 打开“我的电脑”，在需要扫描和修复的盘符图标上单击右键，在弹出的菜单中单击“属性”命令。

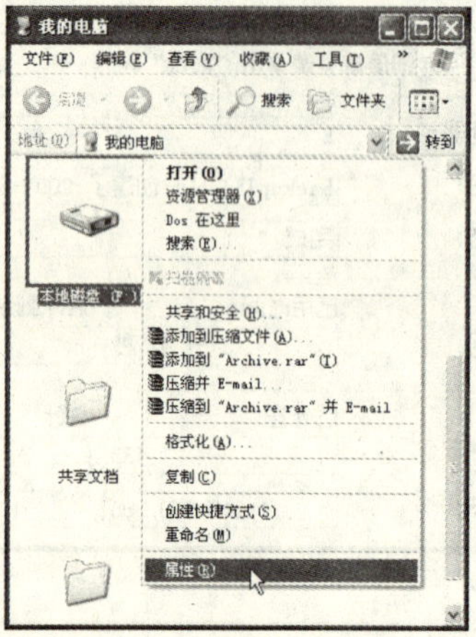

2 弹出“本地磁盘（F:）属性”对话框，单击“工具”选项卡，进入“工具”面板，在该面板中包含有“查错”、“碎片整理”和“备份”区域。单击“查错”区域中的“开始检查”按钮。

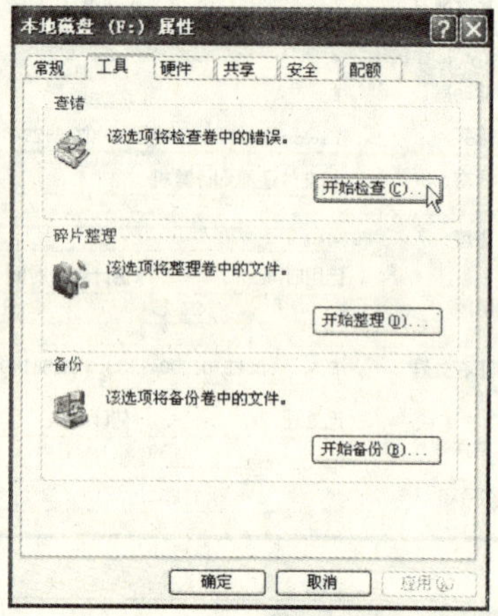

3 弹出如下图所示的对话框，根据需要选择其中一个选项，单击“开始”按钮。

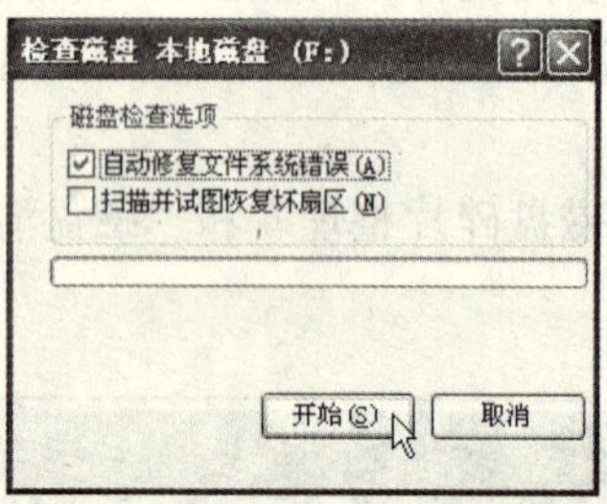

4 系统即开始检查磁盘，并显示其进程。

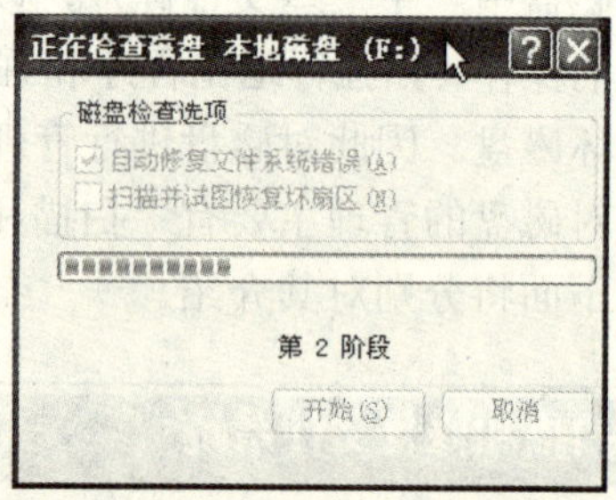

检查完毕后，弹出对话框，单击“确定”按钮。

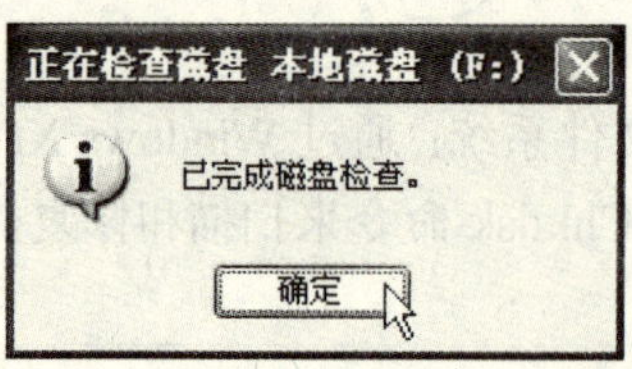

提示：

在进行磁盘检查时，必须关闭被检查驱动器上的所有程序、文件和文件夹，否则，系统将不执行“检查”命令，并弹出提示对话框。提示用户是否在下次启机时执行该命令。

6.2.2 磁盘碎片整理

对磁盘进行碎片整理，即是将碎片文件或文件夹的不同部分，从磁盘中的不同位置移动到磁盘中连续的位置。文件或文件夹即有一个连续的磁盘空间，节省了读写操作时间。除了在“磁盘属性”对话框中可进行“碎片整理”外，还可以通过“开始”菜单中的命令来执行。

1 执行“开始 / 所有程序 / 附件 / 系统工具 / 磁盘碎片整理程序”菜单命令，弹出“磁盘碎片整理程序”窗口。

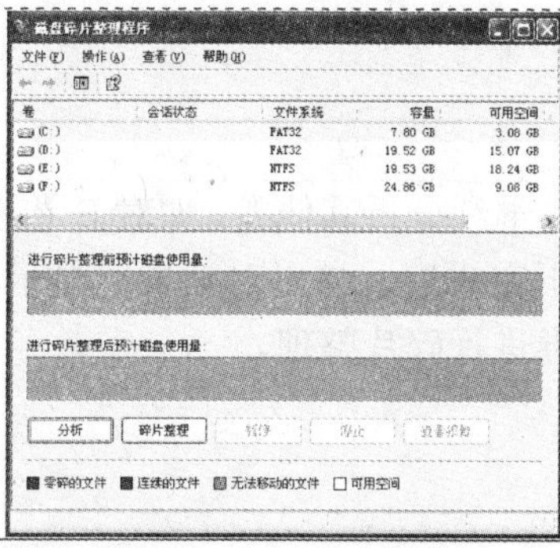

2 选择一个需要驱动器（如 C:），单击“分析”按钮。

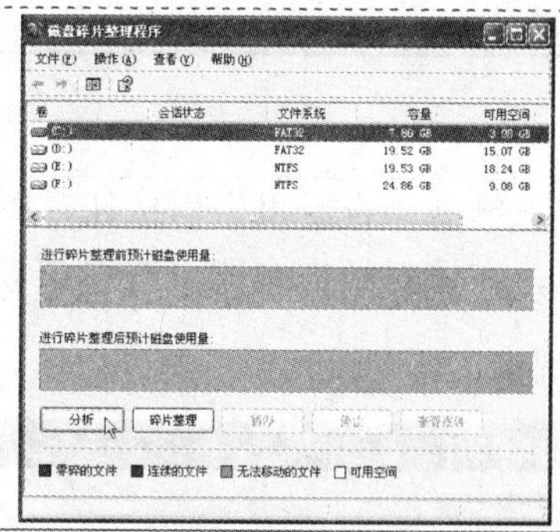

3 该程序开始分析需不需要对该驱动器进行碎片整理。

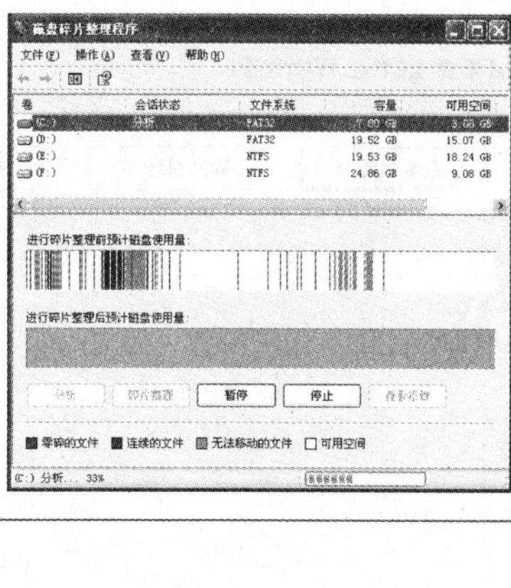

4 分析完成后，弹出如下图所示的对话框，显示需不需要对该卷进行碎片整理，单击“碎片整理”按钮。

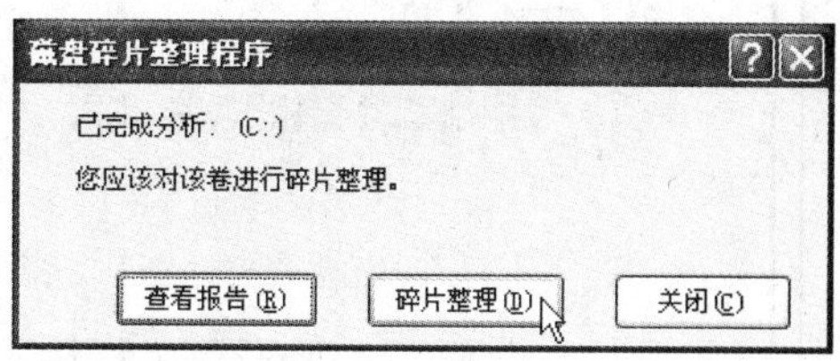

5 该程序开始对该卷进行碎片整理。此操作需要较长的时间，需耐心等待。

6 整理碎片完成后，弹出如下图的对话框，单击“关闭”按钮，关闭该对话框。

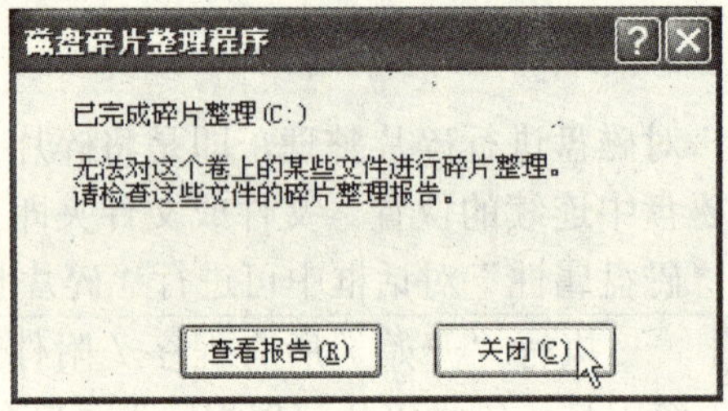

7 单击“查看报告”按钮，弹出对话框，在该对话框中即可查看该卷中的碎片。

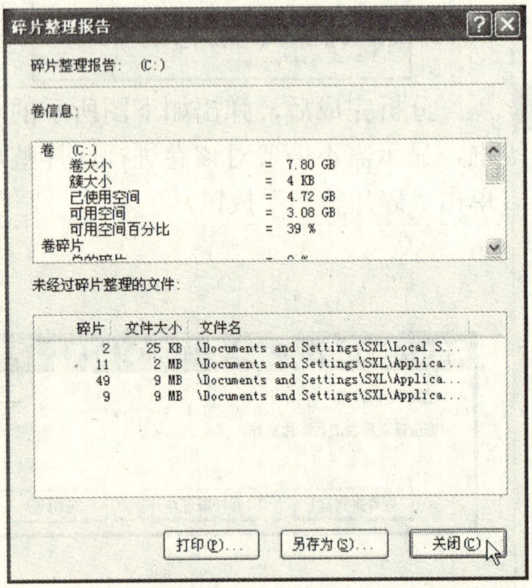

8 继续分析其他卷，如对 E 卷进行分析，分析完成后，弹出对话框，显示不需要对该卷进行碎片整理。

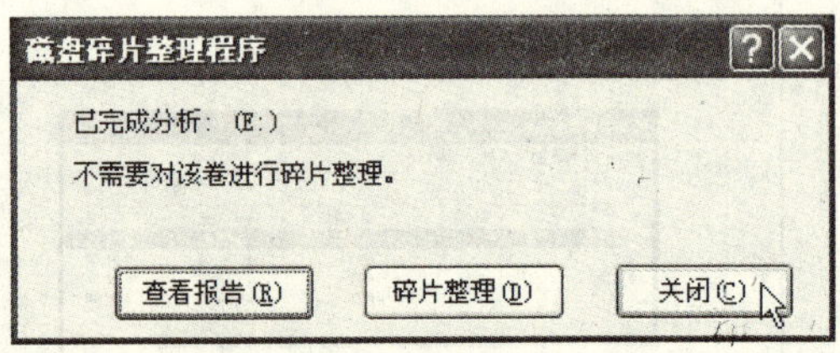

6.2.3 磁盘清理

1 执行“开始 / 所有程序 / 附件 / 系统工具 / 磁盘清理”菜单命令，弹出“选择驱动器”对话框，如选择驱动器（C:）。

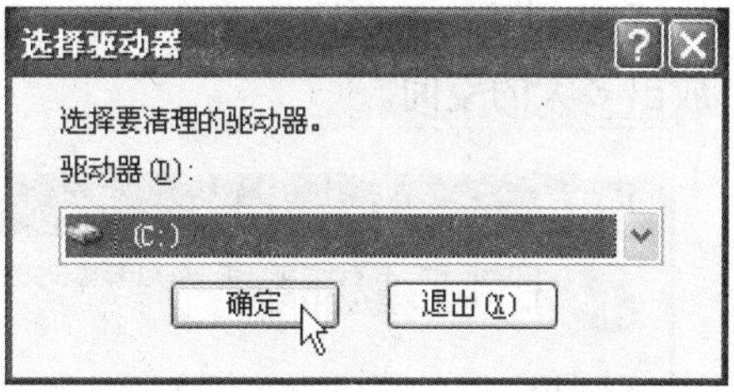

2 单击“确定”按钮，弹出“磁盘清理”对话框，系统正在计算可从该驱动器中释放出多少空间。

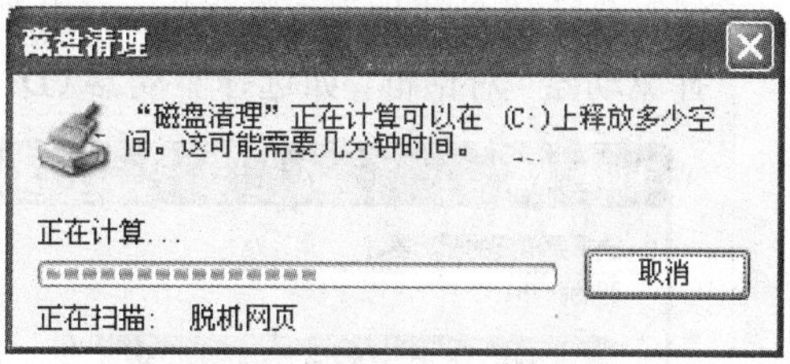

3 计算完毕后，弹出“磁盘清理”对话框，默认可释放空间的大小，在“要删除的文件”区域中选择需删除的文件，单击“确定”按钮。

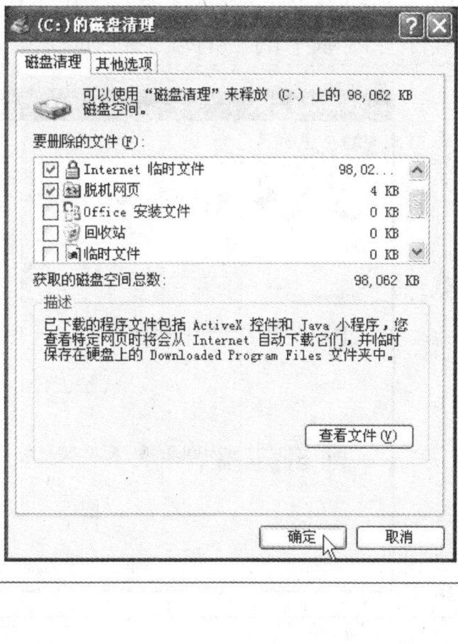

4 弹出对话框，单击“是”按钮。

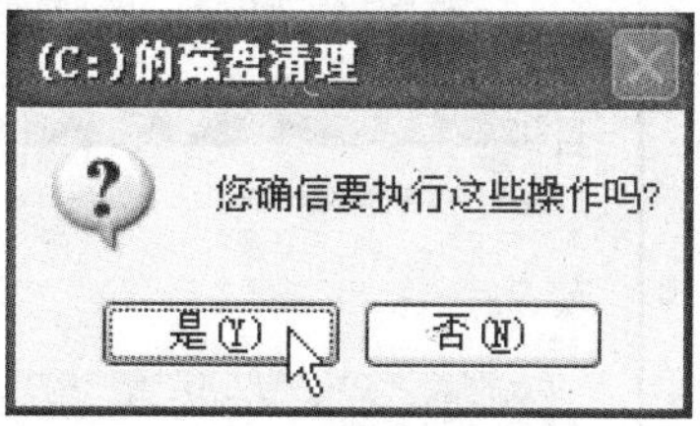

5 系统即开始清理机器上不需要的文件。

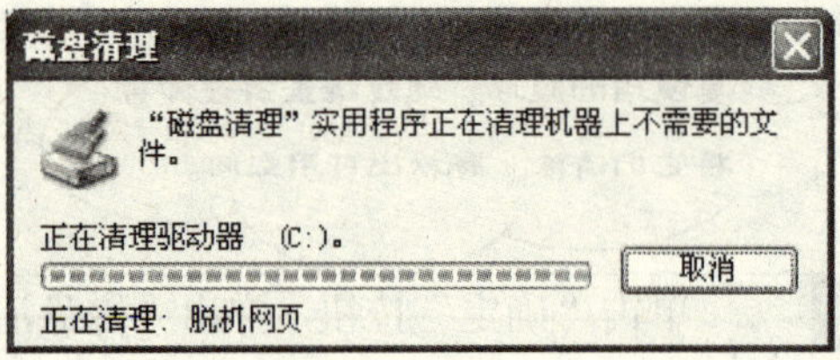

提示：

如果是经常上网的用户，会在磁盘中残留很多的Internet临时文件，这些临时文件在很大程度上会影响Internet搜索和打开网页的速度。因此，有必要定期清理这些临时文件。

由于本机上的大部分应用程序都是安装在驱动器（D:）上，下面将以清理驱动器（D:）中的应用程序进行介绍。

6 执行"开始/所有程序/附件/系统工具/磁盘清理"菜单命令，弹出"选择驱动器"对话框，如选择驱动器（D:）。

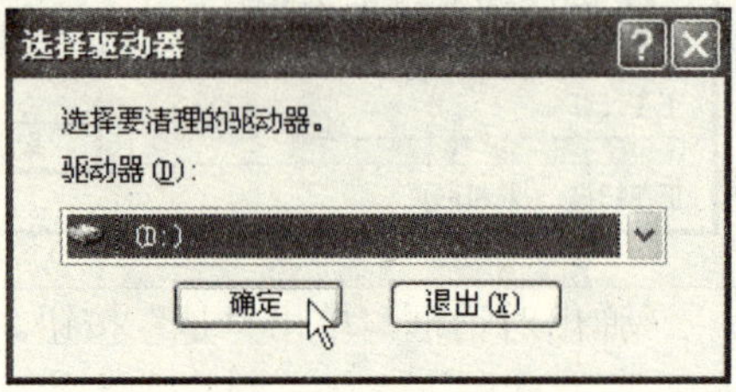

7 单击"确定"按钮，弹出"磁盘清理"对话框，系统正在计算可从该驱动器中释放出多大的空间。

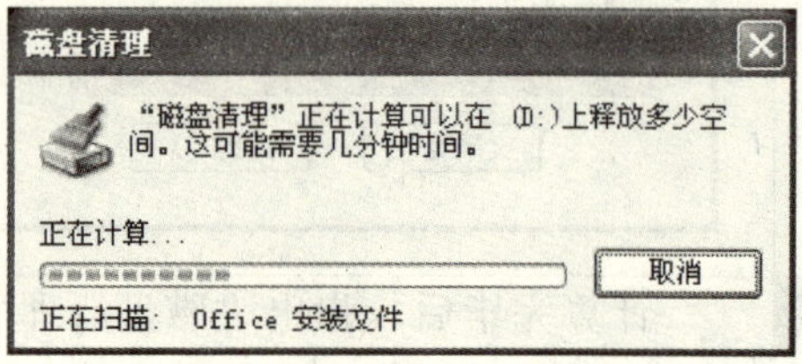

8 计算完毕后，弹出"磁盘清理"对话框，默认显示"磁盘清理"选项面板。从图中可看到不需要对该盘进行"磁盘清理"操作。单击"其他选项"选项卡。

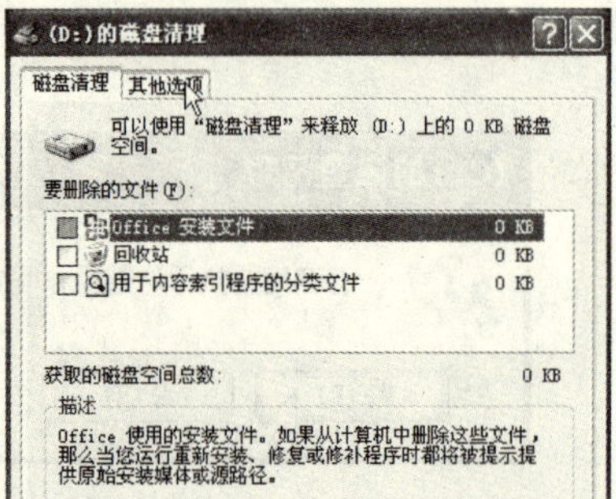

9 进入"其他选项"面板，在该面板中包含有"Windows组件"、"安装的程序"和"系统还原"区域。如单击"Windows组件"区域中的"清理"按钮。

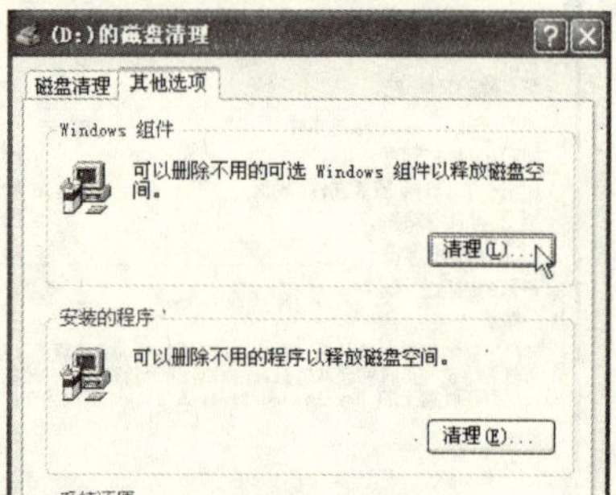

10 弹出“Windows 组件向导”对话框，在该对话框中即可根据需要选择需安装的组件。

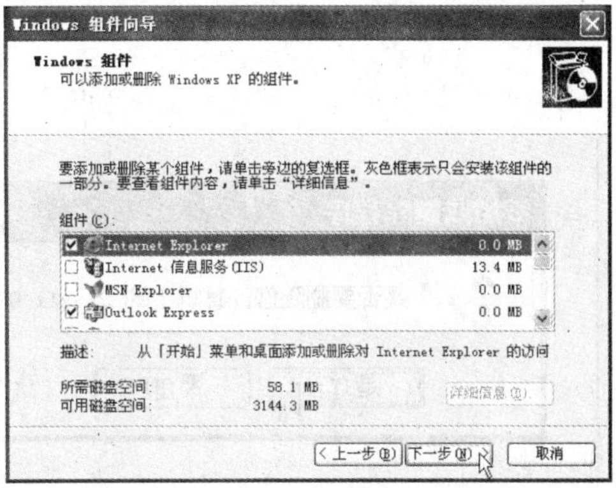

11 单击“下一步”按钮，系统即自动安装选择的 Windows 组件。

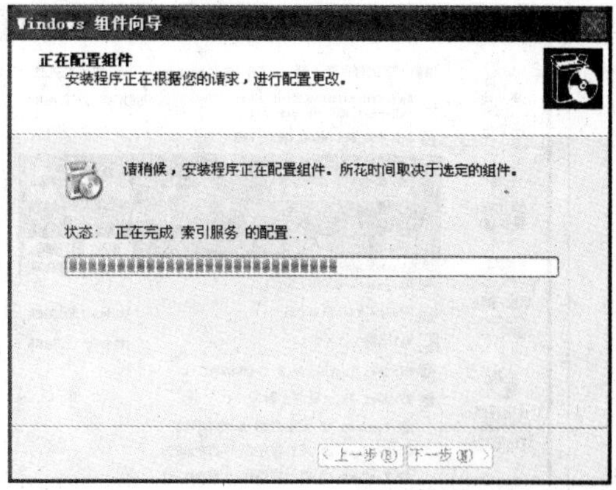

提示：

在系统中有可能安装了平时不需要，或很少用到的 Windows 组件，如 IIS、MSN 等。在第 5 个步骤中即可取消其选择。安装完成即清理了这些不需要的 Windows 组件。

12 安装完成后，弹出对话框，单击“完成”按钮，即可完成所选 Windows 组件的安装。

13 返回到“其他选项”面板，单击“安装的程序”区域中的“清理”按钮。

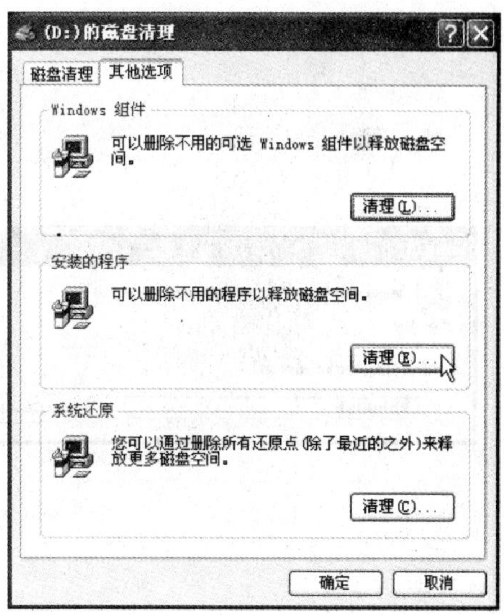

14 弹出“添加或删除程序”窗口，选择需删除的程序（如 SnagIt 8），单击“删除”按钮。

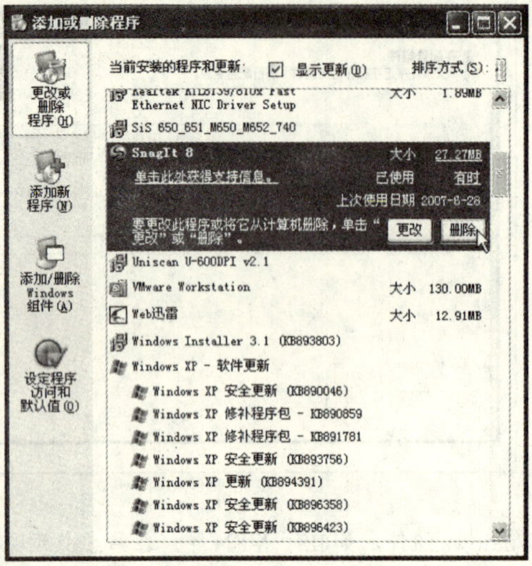

15 弹出对话框，单击“是”按钮。

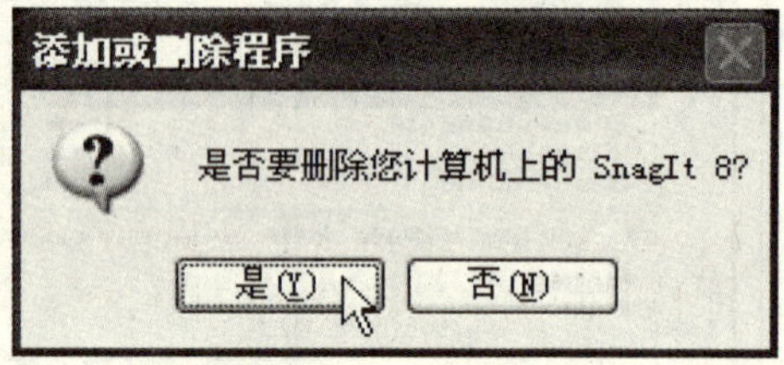

16 系统即开始删除此程序。

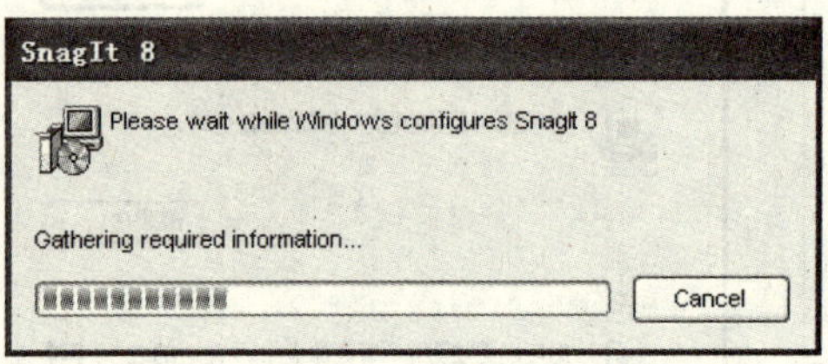

17 删除完毕后，返回到“添加或删除程序”面板，继续删除不需要的其他程序。删除完成后，返回到“磁盘清理”对话框，单击“确定”按钮，即完成对选定驱动器的清理。

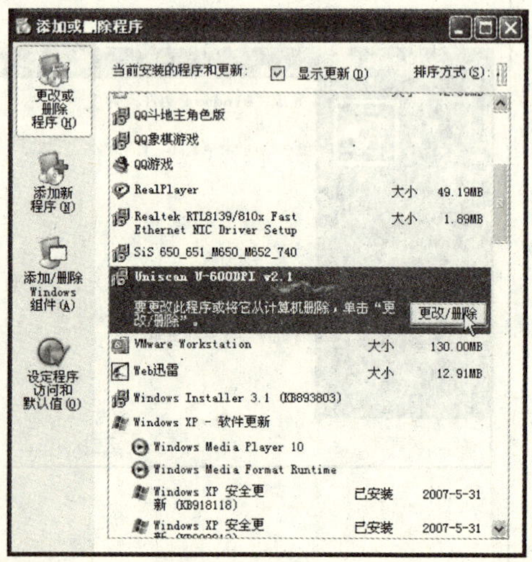

第 7 章 Windows XP 娱乐功能

本 章 要 点：

- ◆ Windows Media Player
- ◆ 录音机

电脑博士，Windows XP 中有哪些娱乐功能？

小丽，Windows XP 中的娱乐功能很多。如播放器 Windows Media Player、录音机、电影制作工具 Windows Movie Maker 等。

7.1 Windows Media Player

Windows Media Player 是 Windows XP 操作系统中内置的一款多媒体播放器。其功能十分强大，它不但可以播放很多格式的音频、视频文件，在线收听音乐、观看电影等，还可以翻录和刻录 CD。Windows XP 操作系统自带的是 Windows Media Player 8，但用户在安装 Windows XP 后，还可以将 Windows Media Player 8 升级为 Windows Media Player 10 或 Windows Media Player 11 等。

7.1.1 Windows Media Player 界面

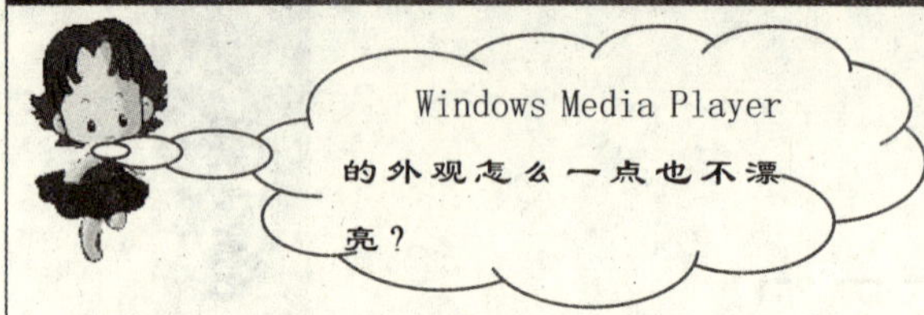

执行“开始 / 所有程序 / Windows Media Player”菜单命令，即可启动 Windows Media Player，其操作界面如下图所示。

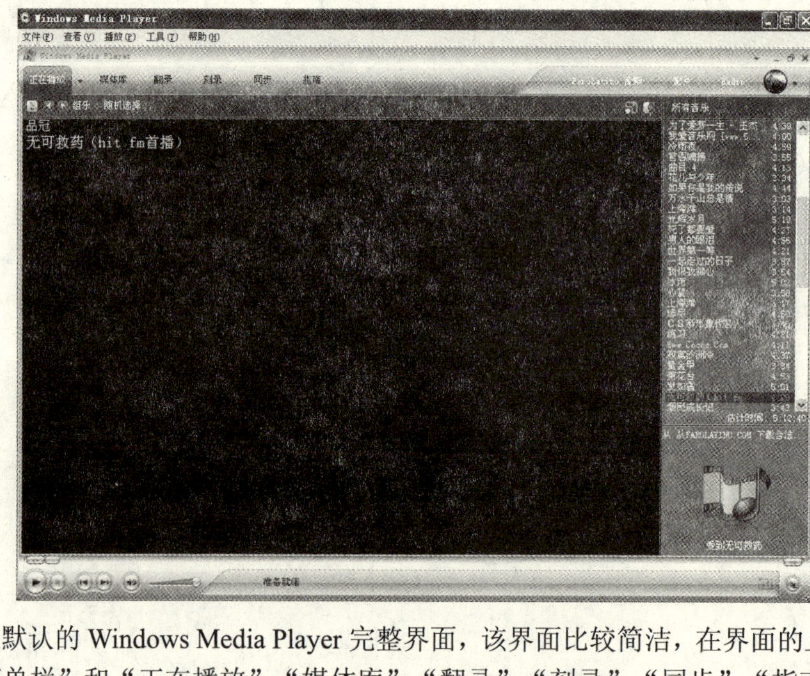

上图是默认的 Windows Media Player 完整界面，该界面比较简洁，在界面的上部分有“标题栏”、“菜单栏”和“正在播放”、“媒体库”、“翻录”、“刻录”、“同步”、“指南”选项卡，在界面的底部有常用播放器按钮，界面的大部分窗口是播放窗口。

• Windows Media Player 外观

Windows Media Player 的外观并不是一成不变的，可以通过“查看”菜单命令来选择外观，其操作方法如下。

1 执行“查看 / 外观模式”菜单命令，即可切换到外观模式。

2 单击“切换到完整模式” 按钮，即可切换到“完整模式”。

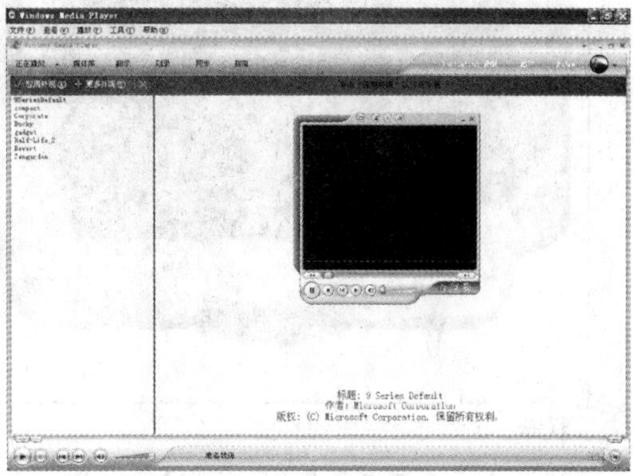

单击窗口右上角的“向下还原” 按钮，或双击“标题栏”。在此窗口中隐藏了“标题栏”和菜单栏。

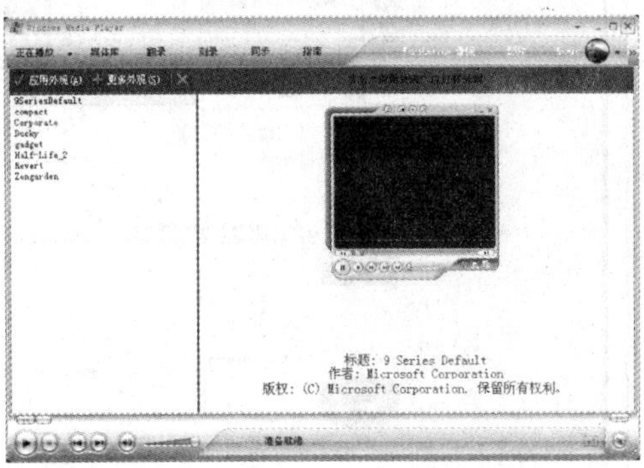

4 单击右侧窗格中的“compact”，再单击“应用外观”按钮。

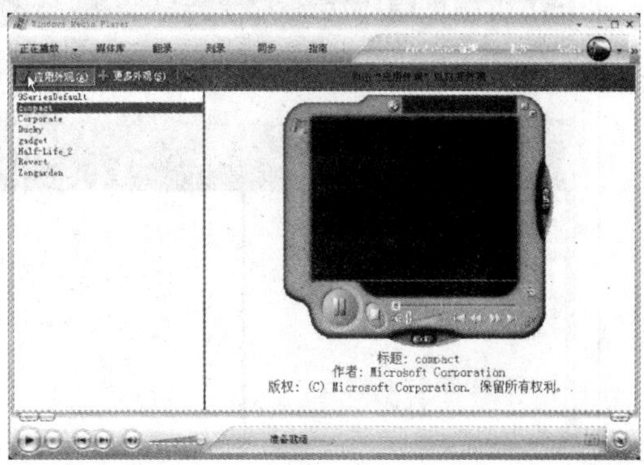

5 即可切换到“compact”外观。

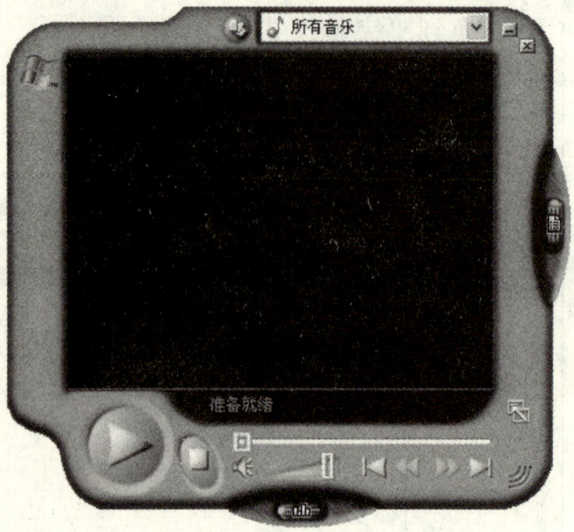

6 单击右侧窗格中的“Ducky”，再单击“应用外观”按钮，即可切换到“Ducky”外观。

提示：

“Ducky”外观并不是 Windows Media Player 自带的外观。需要单击“更多外观”按钮，即可打开“Skins for Windows Media Player”网页，在该网页中即可下载很多漂亮的外观。其操作步骤如下。

1 单击“更多外观”按钮。

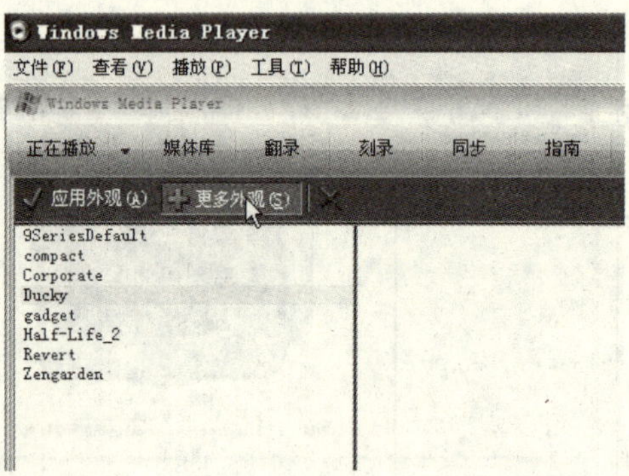

2 系统启动 IE 浏览器，并打开“Skins for Windows Media Player”网页，在该网页中放置了很多外观。

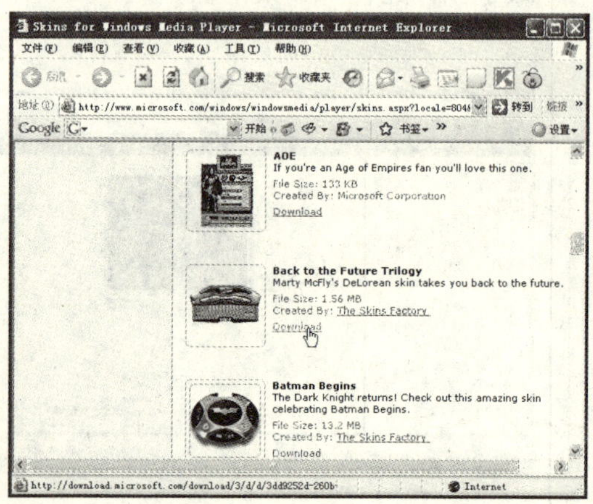

如果喜爱某个外观，可单击其右边的“Download”链接，弹出对话框，单击“是”按钮。

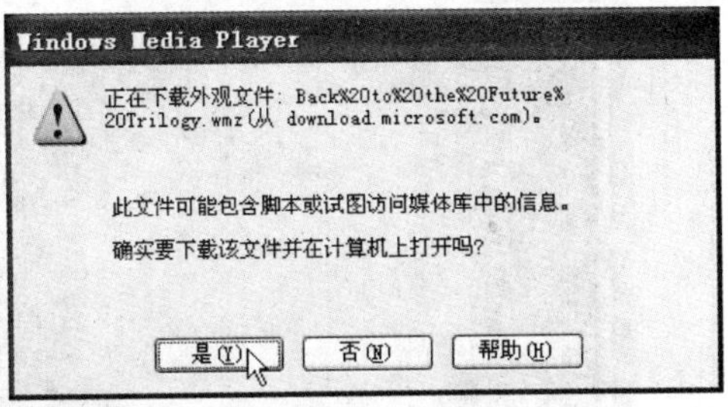

弹出对话框，显示“下载”进程。

下载完毕后，可单击“立即查看”按钮。

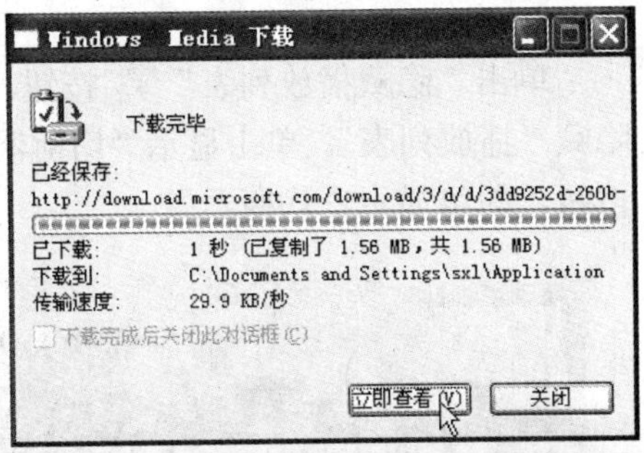

即可查看下载的外观。

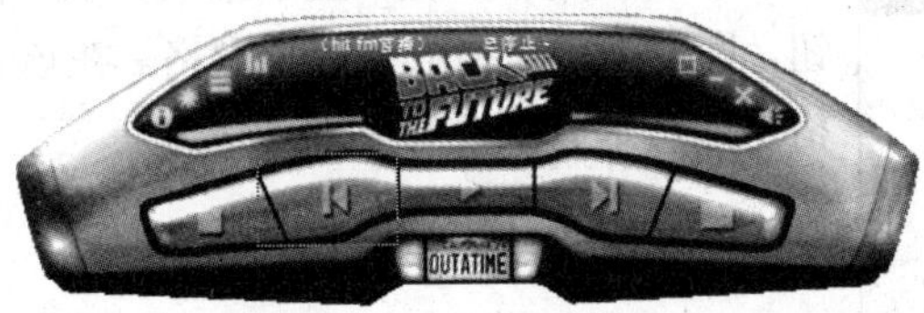

7.1.2 打开文件

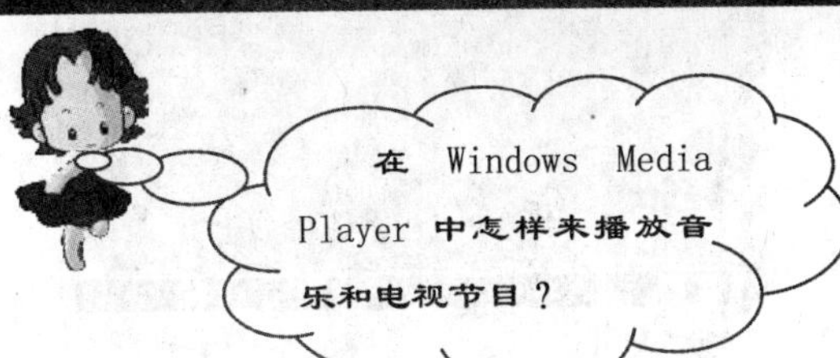

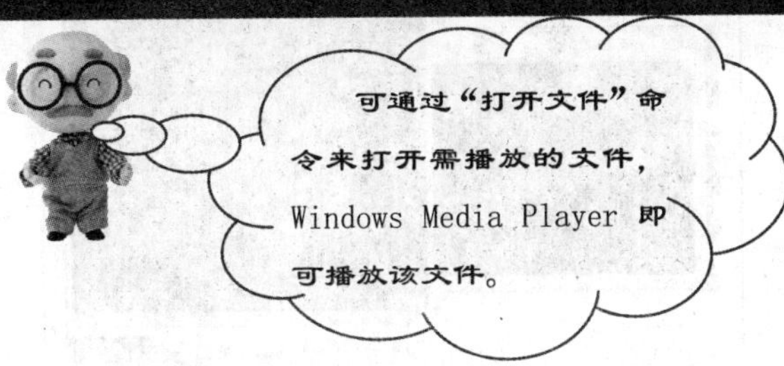

在 Windows Media Player 中可以通过很多方法来打开文件并播放。除了使用“打开文件”菜单命令外，也可以先打开“资源管理器”，直接将需要播放的文件拖动到 Windows Media Player 窗口中，Windows Media Player 即可以播放这些文件。如果尚未运行 Windows Media Player，可在“资源管理器”中选择需要播放的文件，单击右键，在右键菜单中选择“打开方式”为 Windows Media Player 即可。

1 单击“打开文件” 按钮，弹出“打开”对话框，在该对话框中即可选择一个或多个视频或音频文件。

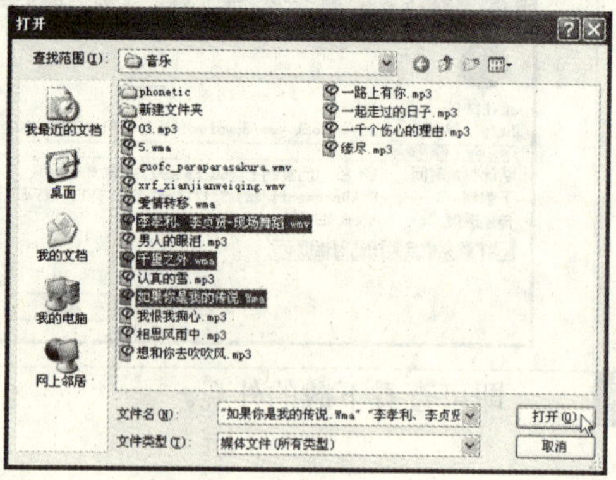

2 单击“打开”按钮，Windows Media Player 即开始播放这些文件。

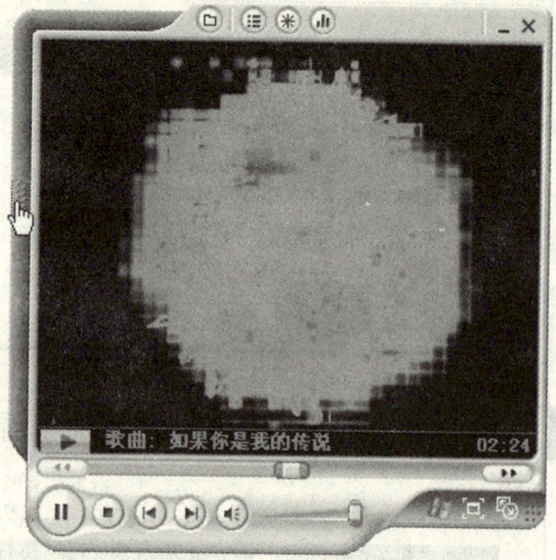

3 单击左边框上的“显示播放列表”按钮，即可弹出“播放列表”窗格。在该窗格中即可选择需立即播放的文件。

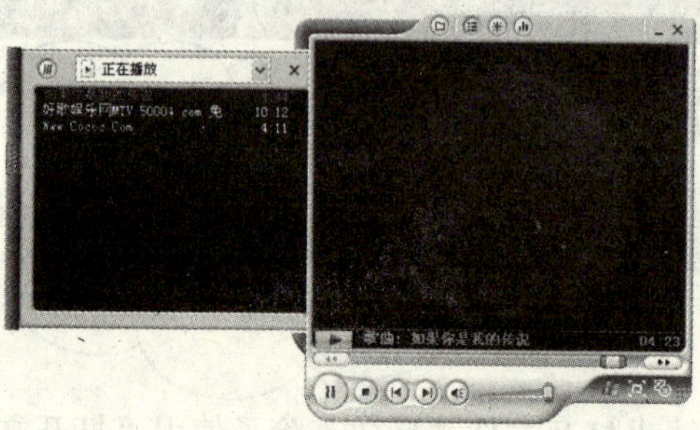

4 单击“隐藏播放列表” 按钮，即可隐藏“播放列表”。单击显示“均衡器” 按钮，即可显示“均衡器”。

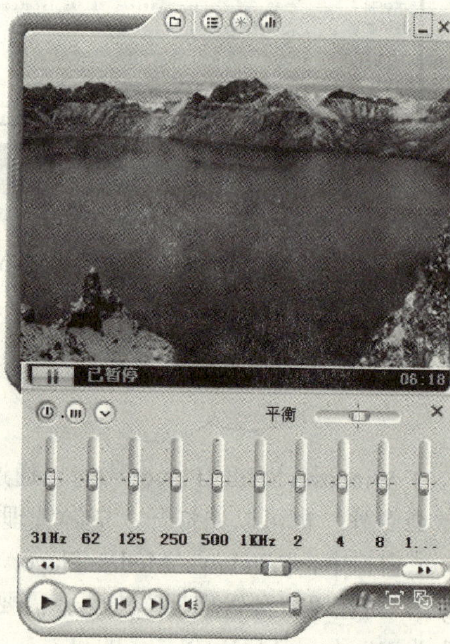

7.1.3 搜索文件

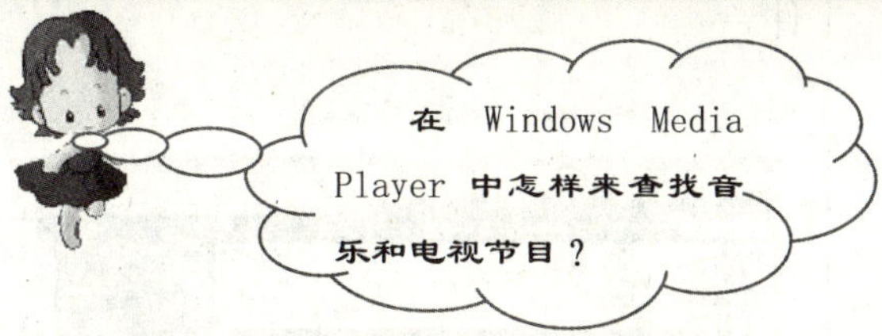

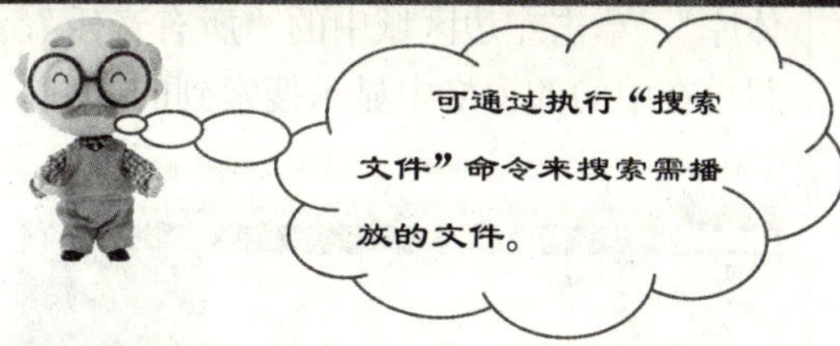

在 Windows Media Player 中可以通过执行“搜索”命令来准确查找一些不容易找到的文件。

1 启动 Windows Media Player，执行“工具 / 搜索媒体文件”菜单命令。弹出“通过搜索计算机添加到媒体库”对话框。

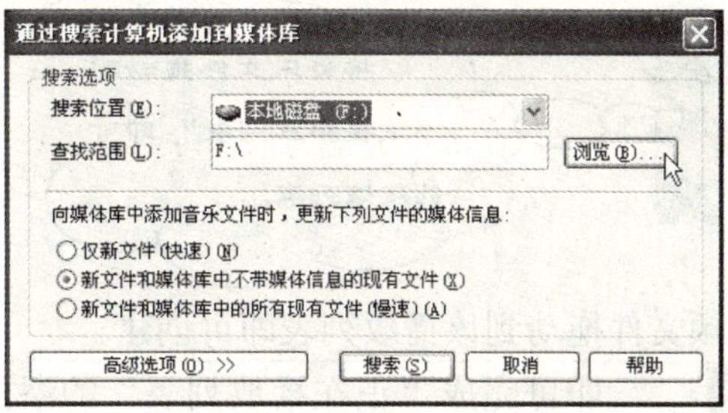

2 单击“浏览”按钮，弹出“浏览文件夹”对话框，选择要搜索的范围。

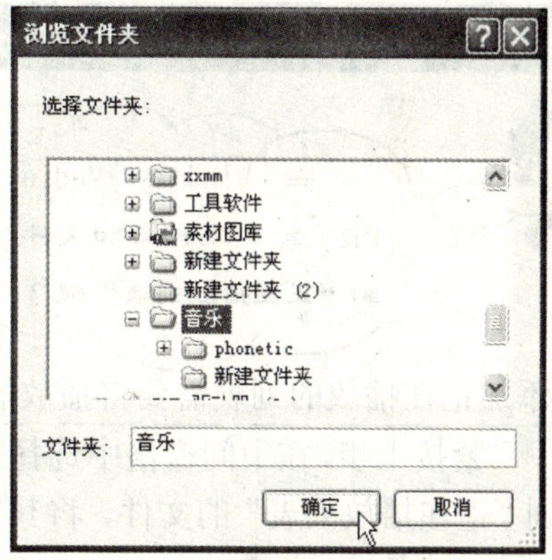

3 单击“确定”按钮，返回到“通过搜索计算机添加到媒体库”对话框，根据需要选择各选项，单击“搜索”按钮。

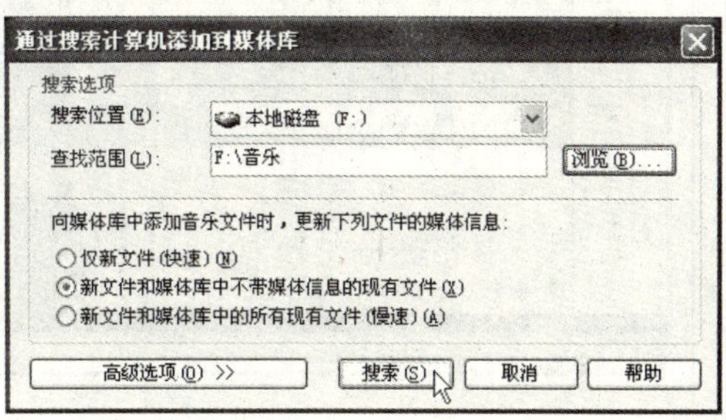

4 即开始搜索选定的“音乐”文件夹中的文件，搜索完成后，单击“关闭”按钮关闭对话框。

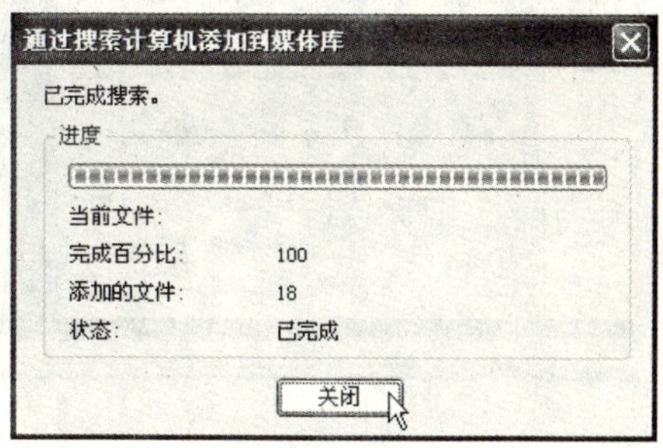

5 单击"媒体库"选项卡，切换到"媒体库"，单击左边区域中的"所有音乐"，即可在中间的窗格中显示搜索到的文件。

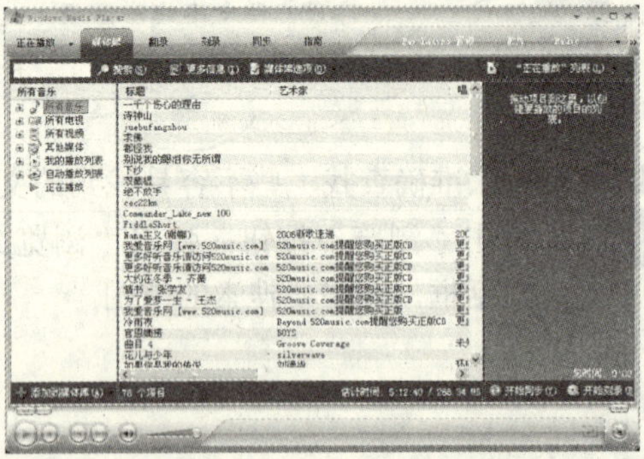

6 双击其中的一个文件，即可播放该文件。

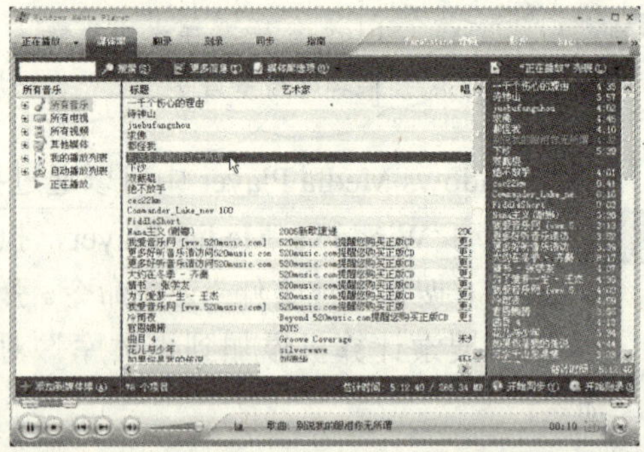

7.1.4 添加"正在播放列表"

添加正在播放的列表需要将播放的音乐、视频文件拖动到该播放列表即可创建。

1 紧接上步，在中间窗格中选择需添加到"正在播放列表"的文件，将其拖动到右边的窗格中。

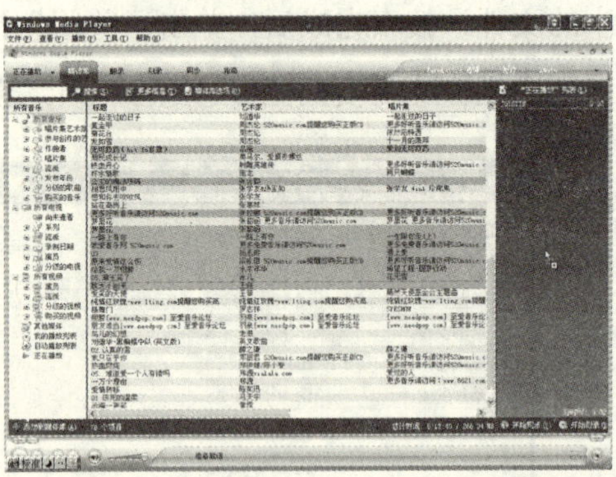

2 即可完成"正在播放列表"的添加，并开始播放文件。

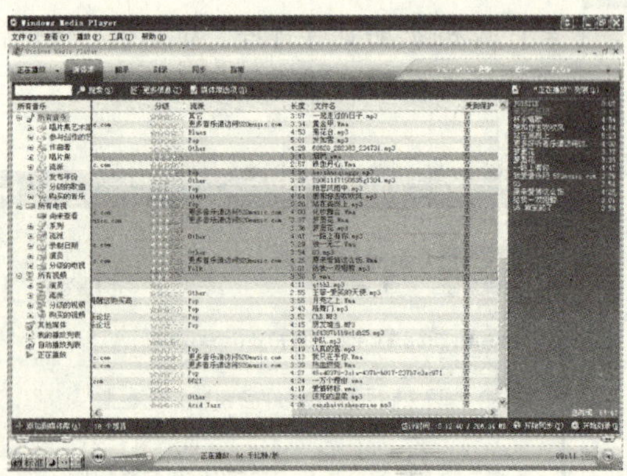

7.1.5 创建“我的播放列表”

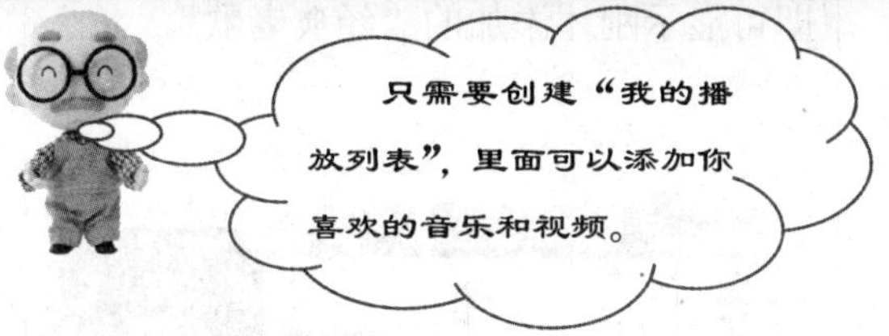

“我的播放列表”属于用户独立的播放列表，在使用时只需要将该列表打开即可倾听已添加好的音乐或收看视频。

1 在左边窗格中单击“我的媒体库”，再单击右键，选择“新建”命令，单击此命令。

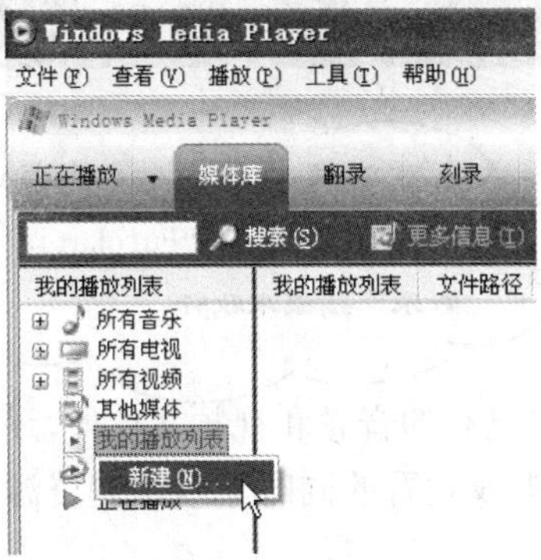

2 分别单击左边窗格中的“所有音乐”、“所有电视”和“所有视频”，在中间窗格中选择需添加的文件，将它们拖放到右边窗格中。

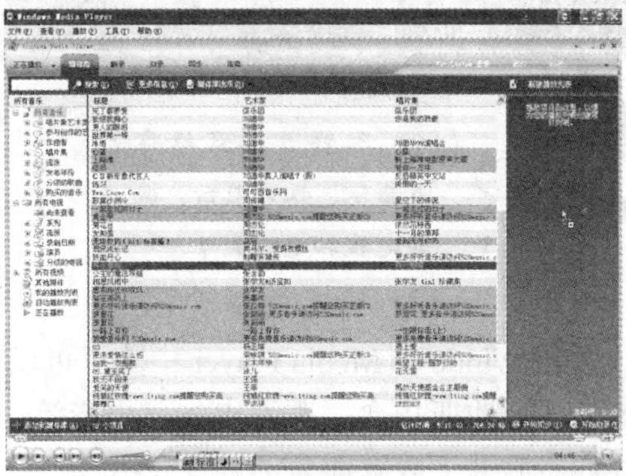

3 单击右边窗格中“新建播放列表”右边的下拉箭头，在弹出的菜单中单击“将播放列表另存为”命令。

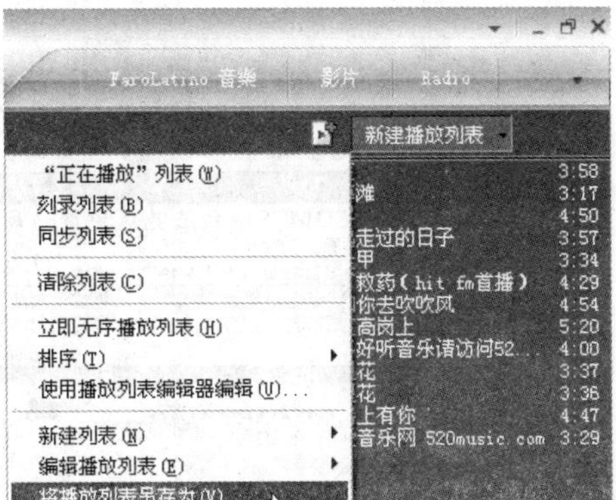

4 弹出“另存为”对话框，重命名为“经典老歌”，单击“保存”按钮。

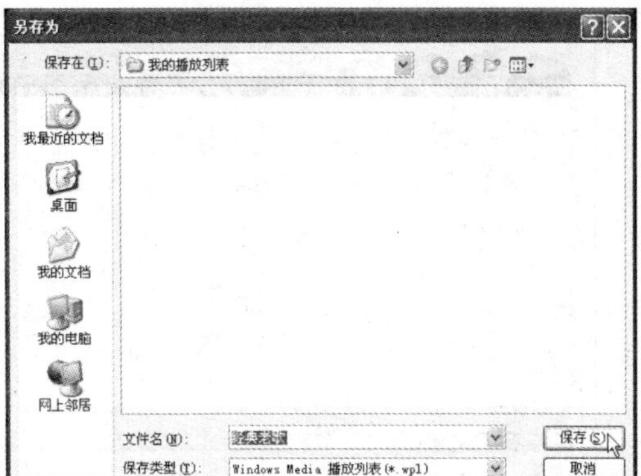

5 在左边窗格中展开“我的播放列表”，即可显示刚才添加的“经典老歌”。

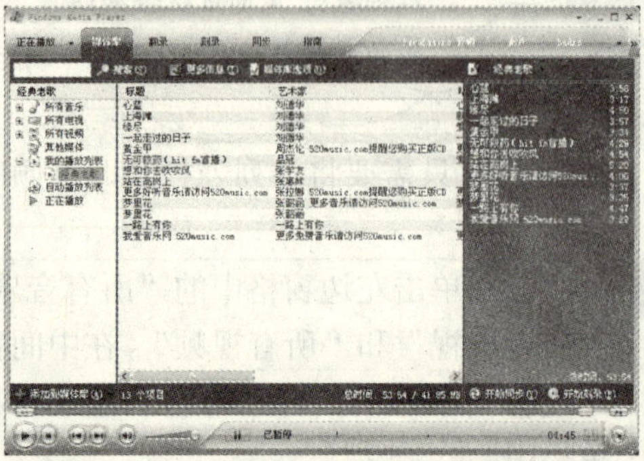

6 在右边窗格中选择一个曲目，单击右键，弹出快捷菜单，在该菜单中即可根据需要选择各个命令。

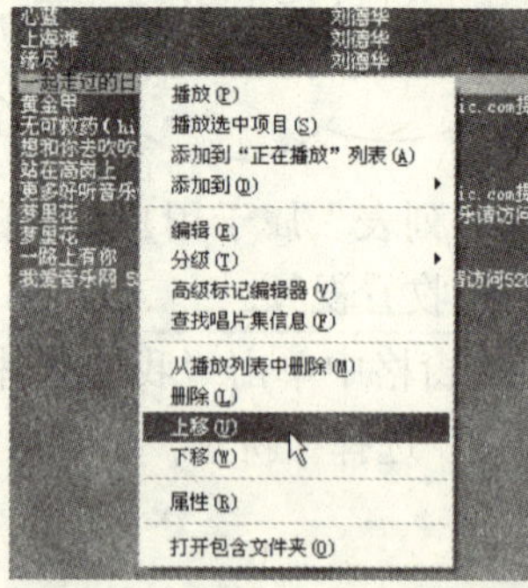

7.1.6 在线收听

在 Windows Media Player 中除了可以播放计算机中已有的音频和视频文件外，还可以在线听音乐、收听电台、观看电视、电影等，并能够在收听或观看的同时下载这些资源。下面以在线听歌并下载歌曲为例进行介绍。

1 双击 Windows Media Player 窗口中的“FaroLatino 音乐”按钮，即可弹出窗口，显示正在联系在线商店。

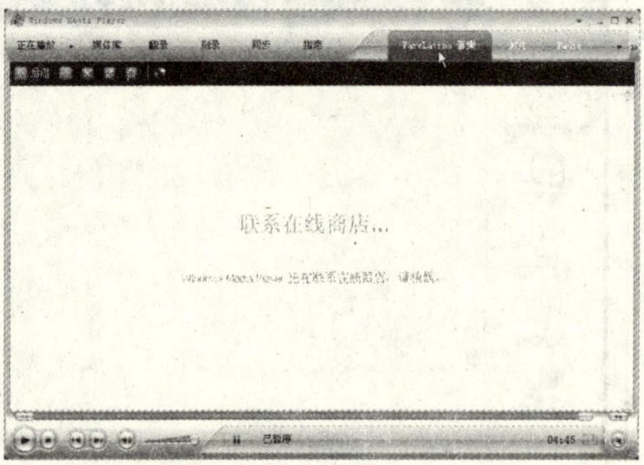

2 连接完成后，弹出网页，在该页面中即可收听和下载音乐。

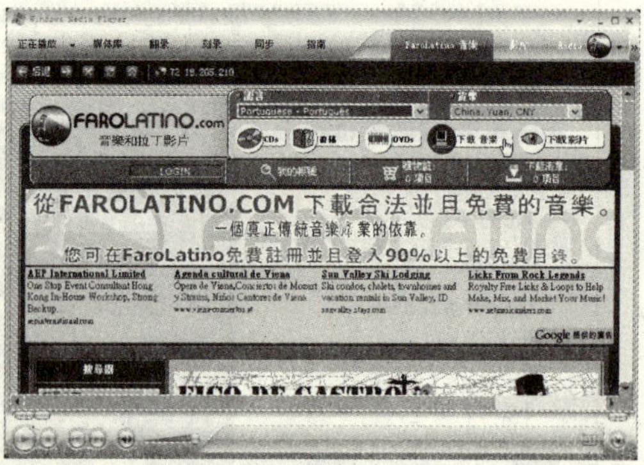

3 单击 Windows Media Player 窗口右上角的下拉按钮，弹出列表。

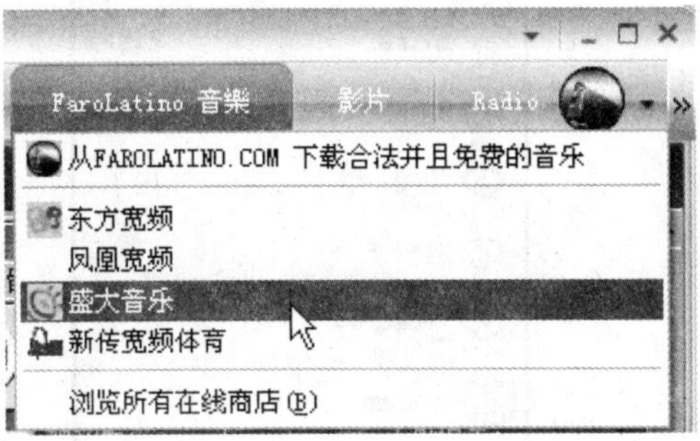

4 如单击“盛大音乐”，即可打开“盛大音乐”网页，单击“试听”按钮，即可试听音乐。

5 此时，系统会自动启动计算机中的下载工具（如 Web 迅雷）。

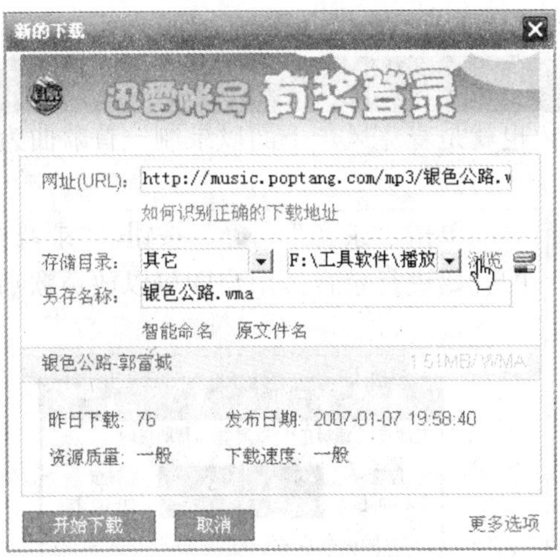

6 单击“浏览”按钮，弹出“浏览文件夹”对话框，在该对话框中可选择需存放的目的文件夹（如“音乐”），单击“确定”按钮。

7 返回到“Web 迅雷”下载工具，单击“开始下载”按钮，“Web 迅雷”即开始下载选择的资源。

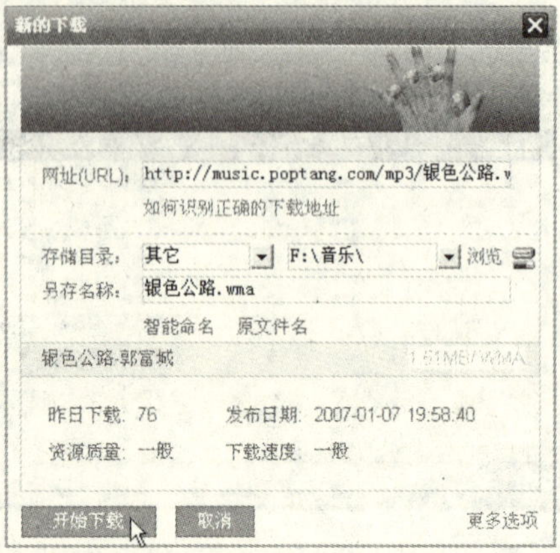

8 下载完毕后，在“音乐”文件夹中即可看到下载的歌曲“银色公路”。

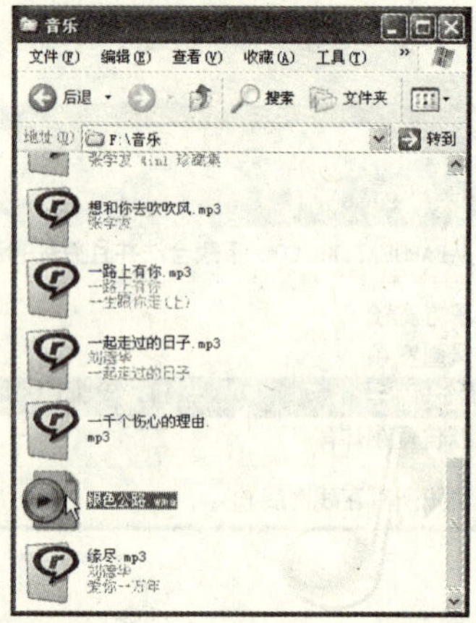

提示：Windows Media Player 除了上述功能外，还可以从 CD 中复制文件，也可以将计算机中的文件刻录到 CD 中，在此不作介绍。

7.2 录音机

录音机是 Windows XP 操作系统中内置的一款录音工具。用户可以通过该工具进行各种录音操作，如会议录音、录制歌曲等。

要进行录音操作，首先要准备音频输入设备，也就是麦克风。下面以录制一首歌曲为例，介绍录音的操作步骤如下。

1 执行“开始 / 所有程序 / 附件 / 娱乐 / 录音机”菜单命令，打开“录音机”操作界面。

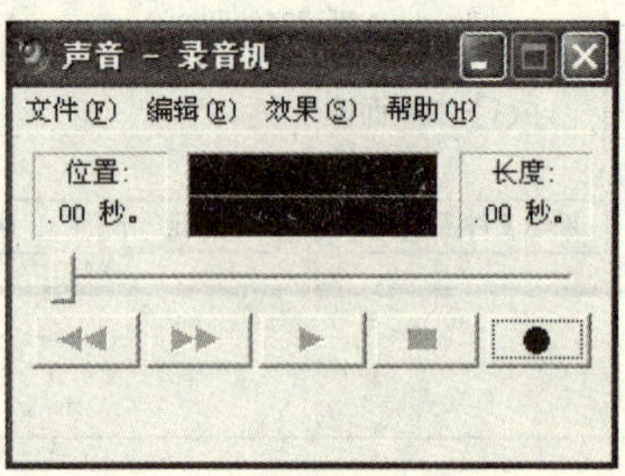

2 单击“录音” ● 按钮，“录音机”即开始进行录音，用户即可以放声歌唱。

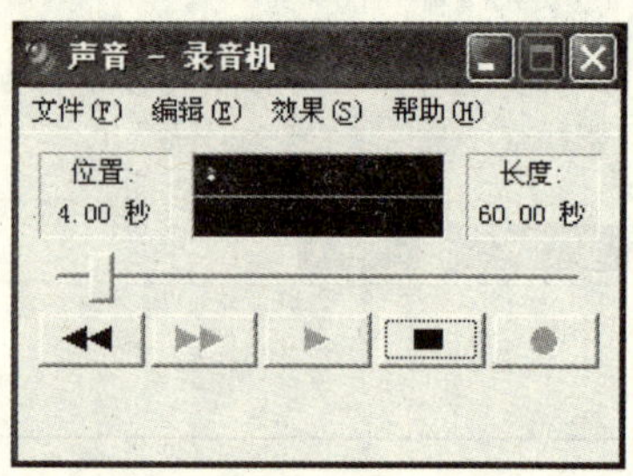

3 唱歌结束后，单击“暂停” ■ 按钮，可以结束录音，也可以单击“录音” ● 按钮，继续录音。

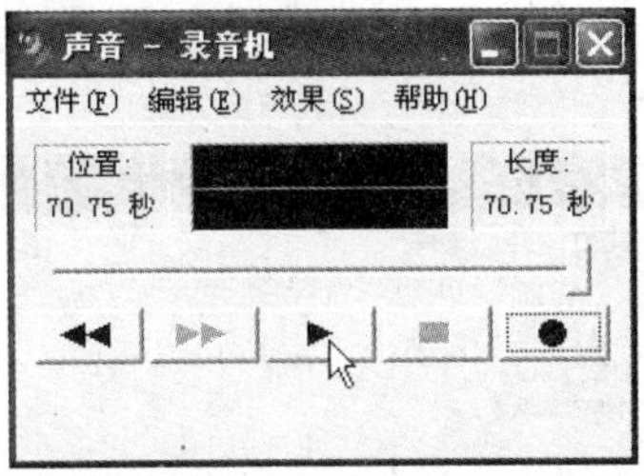

4 单击“播放” ▶ 按钮，即可以听到刚才录制的歌曲。

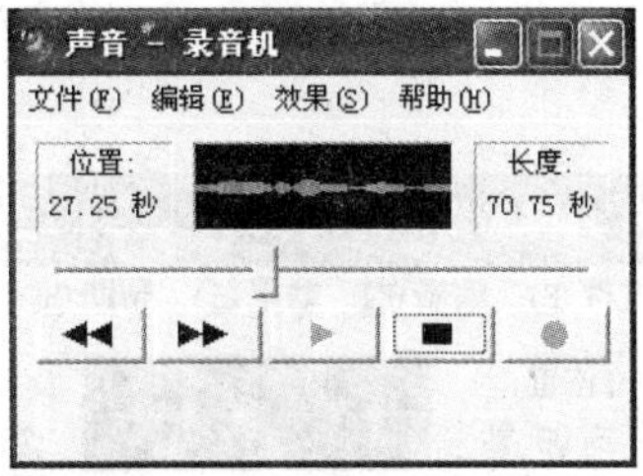

5 执行“文件 / 保存”菜单命令，弹出“另存为”对话框，将刚才录制的歌曲命名（如外婆的澎湖湾），单击“保存”按钮，即可将录制的歌曲保存。

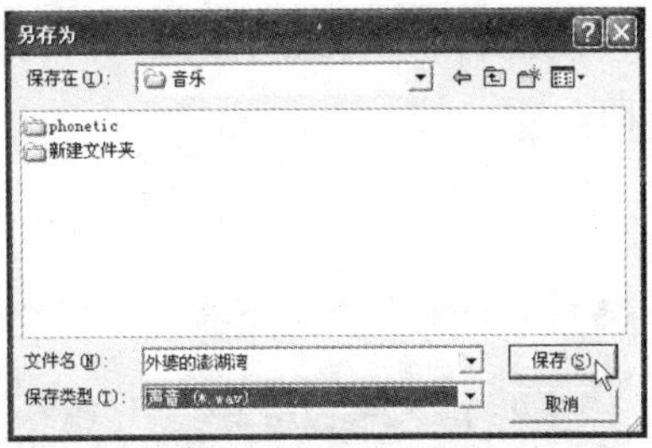

6 执行“文件 / 打开”命令，弹出“打开”对话框，在该对话框中选择刚才保存的文件“外婆的澎湖湾”，单击“打开”按钮。

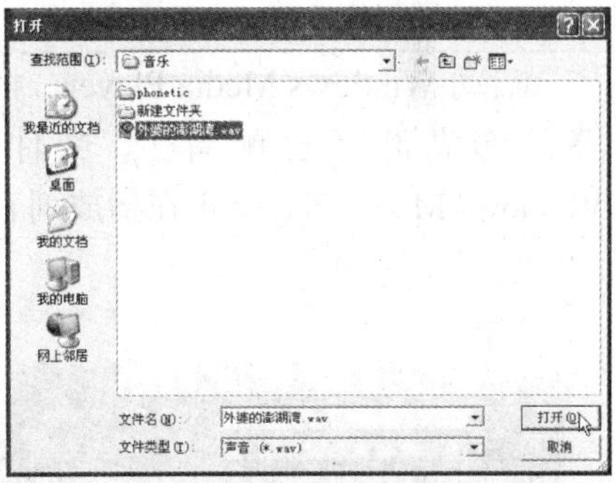

7 “录音机”即可播放该文件。

8 可以为该歌曲进行配音。执行“编辑 / 与文件混音”菜单命令，弹出“混入文件”对话框，选择“配音 01”文件，单击“打开”按钮。

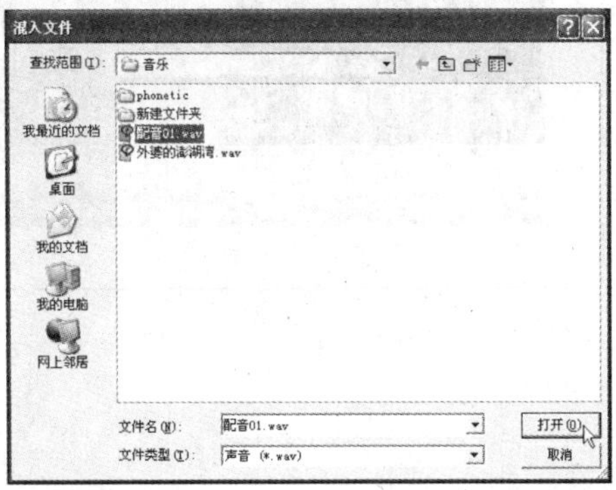

9 单击“播放” ▶ 按钮，即可以听到已配音的歌曲。

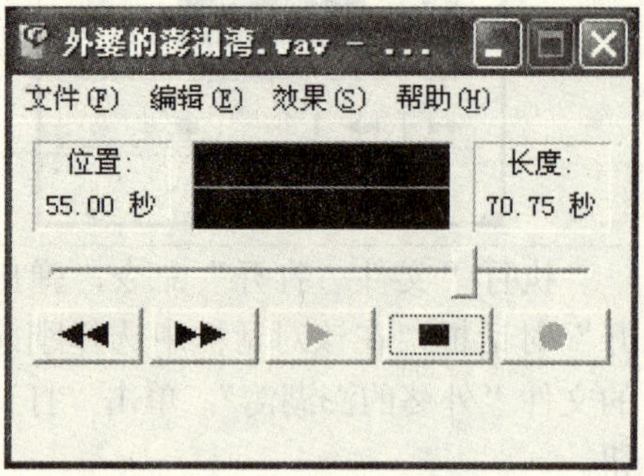

10 执行“文件 / 另存为”对话框，在弹出的“另存为”对话框中命名已配音的歌曲为“外婆的澎湖湾（已配音）”。单击“保存”按钮，即可完成录制歌曲的操作。

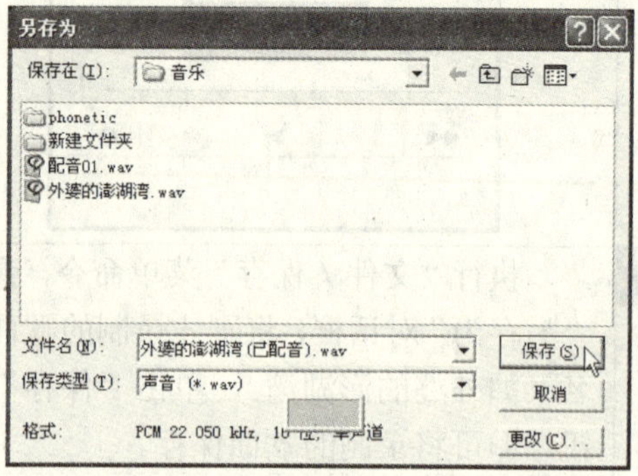

11 启动 Windows Media Player，将“外婆的澎湖湾（已配音）”文件拖到 Windows Media Player 正在播放列表中。

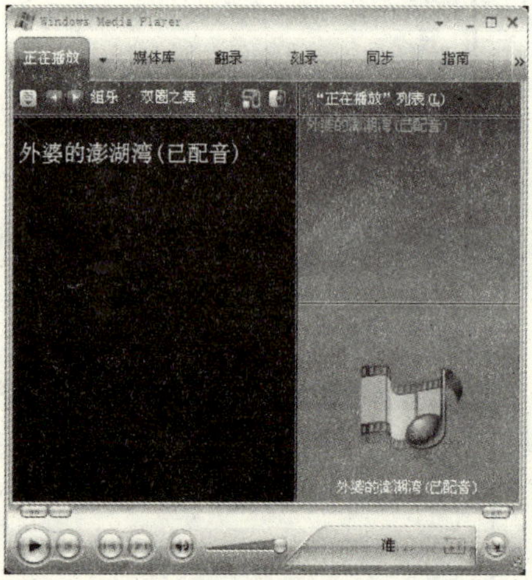

12 Windows Media Player 即开始播放此歌曲。

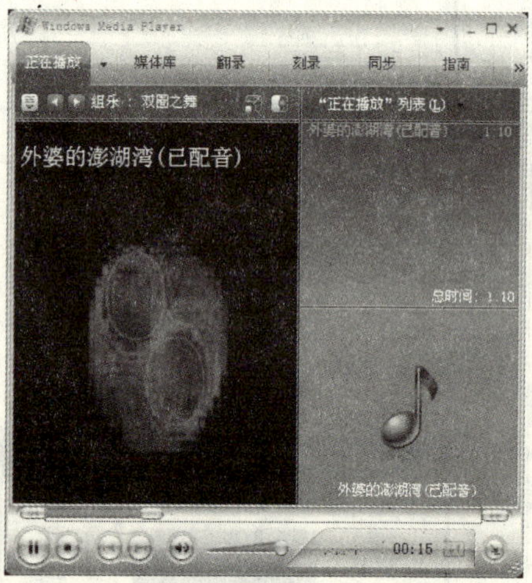

电脑即学即用

教你学电脑

第 8 章 Internet 网络指南

本 章 要 点：

- Internet 基础知识
- Internet Explorer 浏览器
- 电子邮件

电脑博士，可以使用电脑上网，那该怎么使用呢？

小丽，下面我们就来学习如何使用电脑上网，主要包括 Internet 基础知识和使用 Internet Explorer 浏览器浏览网页。

8.1 Internet 基础知识

Internet 的中文译名为“因特网”，它是全球范围内最大的计算机互联网络，它利用现有的全球电信网络和各种数据通信设备将世界各地的计算机连接起来，以统一的数据格式传递信息，使世界上任何可以通电话或有专线设备的地区都能进入 Internet。

8.1.1 Internet 提供的服务

随着现代科学技术的迅速发展，计算机网络技术已应用到了社会的各个领域，如电子商务、电子邮件、网页浏览等。

• 浏览网页

浏览网页前都需要输入网站地址，前面会有“WWW”英文缩写，其含义为“World Wide Web”，即“环球信息网”。

“WWW”通过超文本方式将 Internet 上不同地址的信息有机地组织在一起，并提供了一个界面，用户可方便地浏览信息，并且它还提供了传统的 Internet 服务，如 Telnet、FTP、Gopher、News、E-mail 等。它是一个多媒体的表现形式，包括文字、声音、动画、图片等，网友们可以直接获得自己想要得到的信息。

• 电子商务

电子商务是指利用电子网络进行的商务活动，它利用一种前所未有的网络方式将顾客、销售商、供货商和雇员联系在一起。如虚拟银行、网络购物和网络广告等，电子商务将成为 Internet 最重要和最广泛的应用。

• 电子邮件

电子邮件（E-mail）服务是 Internet 上使用最广泛和最受欢迎的服务，它是网络用户之间进行快速、简便、可靠且低成本联络的现代通信手段。

电子邮件使网络用户能够发送和接收文字、图像、语音等多种形式的信息。使用电子邮件的前提是拥有自己的电子信箱，即 E-mail 地址。

电子邮件的典型格式为：*******@163.com，其中“163.com”代表邮件服务器的域名，“*******”代表用户名，符号“@”读作“at”，意思是“在”。

• 网上娱乐

Internet 可以说是世界上最大的游乐场，其中的娱乐项目包括网上电影、网上音乐、网络游戏、网上聊天等。

• 信息帮助

当用户在实际生活遇到问题，或需要查找某些资料时，可以使用各大搜索引擎来寻求解决的方法，或登录其相关的专业 BBS 论坛，发帖寻找高手解决。

• 文件传送

Internet 也可以进行文件的传送，文件传输服务（FTP）解决了远程传输文件的问题，它可以将文件从一个地方传送到另一个地方。无论两台计算机相距多远，只要它们都连入 Internet 并且都支持 FTP 协议，则这两台计算机之间就可以进行文件的传送。

• 远程登录

远程登录是 Internet 提供的最基本的信息服务之一，Internet 用户的远程登录是在网络通信 Telnet 的支持下使自己的计算机暂时成为远程计算机仿真终端的过程。实际上就是通过 Internet 进入和使用远程的计算机系统，就像使用本地计算机一样。

8.1.2 域名与 IP 地址

一台计算机可以有多个域名(一般用于不同的目的)，但只能有一个 IP 地址。

• 域 名

域名就是登录网站的地址，而网站要想显示在网络中，就必须有一个专用的域名（即门牌号），这样用户就可以根据该域名直接访问网站。

域名使用的字符包括字母、数字和符号，而且必须以字母或数字开头和结尾。整个域名总长度不得超过 255 个字符。在实际使用中，每个域名的长度一般小于 8 个字符。

由于 Internet 起源于美国，所以美国通常不使用国家代码作为第一级域名，其他国家一般采用国家代码作为第一级域名。

Internet 地址中的第一级域名和第二级域名由网络信息中心（NIC）管理。中国域名代码是 cn。第三级以下的域名由各个子网的 NIC 或具有 NIC 功能的节点自己负责管理。

一台计算机可以有多个域名（一般用于不同的目的），但只能有一个 IP 地址。一台主机从一个地方移到另一个地方，当它属于不同的网络时，其 IP 地址必须更换，但是可以保留原来的域名。

域名采用层次结构，每一层构成一个子域名，子域名之间用圆点隔开，从左至右分别为计算机名、网络名、机构名、最高域名。

国内把二级域名分为两种：类别域名和行政区域名。

（1）类别域名：用来表示该网站的类型，即属于金融、教育或政府部分等机构，如下表所示。

类别域名表

域　名	含　义
com	用于工、商、金融等企业
org	用于非赢利性机构
net	用于网络机构
int	用于国际机构
edu	用于教育机构
gvo	用于政府部门

（2）行政区域：用于国内各个省、市、直辖市和自治区，如下表所示。

行政区域表

域　名	行政区	域　名	行政区
BJ	北京市	SH	上海市
TJ	天津市	CQ	重庆市
HE	河北省	SX	山西省
NM	内蒙古自治区	LN	辽宁省
JL	吉林省	HL	黑龙江省
JS	江苏省	ZJ	浙江省
AH	安徽省	FJ	福建省
JX	江西省	SD	山东省
HA	河南省	HB	湖北省
HN	湖南省	GD	广东省
GX	广西壮族自治区	HI	海南省
SC	四川省	GZ	贵州省
YN	云南省	XZ	西藏自治区

SN	陕西省	GS	甘肃省
QH	青海省	NX	宁夏回族自治区
XJ	新疆维吾尔族自治区	TW	台湾
HK	香港	MO	澳门

· IP 地址

在 Internet 上连接的所有计算机，从大型机到微型计算机都是以独立的身份出现的，为了实现各计算机之间的通信，每台计算机都必须有一个唯一的网络地址。就好像每一个住宅都有唯一的门牌号一样，才不至于在传输数据时发现接收的人出错。

Internet 的网络地址是指连入 Internet 网络的计算机地址编号。在 Internet 网络中，一台计算机的网络地址是唯一的。

由于 Internet 是由几千万台计算机互相连接而成。而用户要确认网络上的每一台计算机，其依据就是能唯一标识该计算机的网络地址，这个地址就叫做 IP（Internet Protocol 的缩写）地址，即用 Internet 协议语言表示的地址。

目前，在 Internet 里 IP 地址是一个 32 位的二进制地址，为了便于记忆，将它们分为 4 组，每组 8 位，即一个字节，由点分开。用小数点分开的每个字节的数值范围是 0~255，如 129.110.0.1，这种书写方法叫做点数表示法。

IP 地址可确认网络中的任何一个网络和计算机，而要识别其他网络或计算机，则是根据这些 IP 地址的分类来确定的。一般将 IP 地址按节点计算所在的网络规模的大小分为 A，B，C 三类，默认的网络掩码是根据 IP 地址中的第一个字段确定的。

A 类地址的表示范围为：0.0.0.0~126,255,255,255，默认网络掩码为：255.0.0.0。

B 类地址的表示范围为：127.0.0.0~191.255.255.255，默认网络掩码为：255.255.0.0。

C 类地址的表示范围为：192.0.0.0~223.255.255.255，默认网络掩码为：255.255.255.0。

连接到 Internet 上的每台计算机，不论其 IP 地址属于哪类都与网络中的其他计算机处于平等地位，因为 IP 地址是区别计算机的唯一标识，所以，以上 IP 地址的分类只适用于网络分类。

在 Internet 中，一台计算机只能有一个 IP 地址，并且两台或多台计算机不能共用一个 IP 地址。如果有两台计算机拥有相同的 IP 地址，则会引起异常现象，无论哪台计算机都将无法正常工作。

8.1.3 常见的上网方式

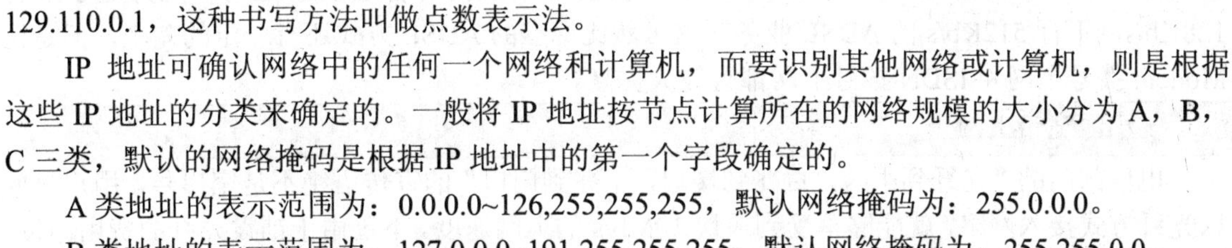

随着使用电脑用户的增加，各种各样的需求也随之出现，单一的网线连接，且连接速度已不能满足需求，下面简单介绍几种常用的上网方式。

- **Modem 拨号上网**

现在电话的普及率非常高，用户可以通过 Modem 拨号上网。这是因为这种方式最简单，甚至不必到电信部门办理任何手续，只要给计算机安装一个 Modem 设备，就可以使用公用的账号拨号上网了。

除了使用公用的账号上网，还可以到电信部门申请，上网账号包括拨号的电话号码、账户名（申请时自己填写，而且必须是唯一的，不能重名）及上网密码（申请后应及时更改以免被盗用）。此种账号一般是免费申请的，有包月制、计时制等收费方式，各个城市的收费标准不同，大家在申请的时候可以咨询电信部门。

- **ADSL 上网**

宽带上网目前已经进入千家万户，ADSL 方式也是宽带上网中的一种。由于其安装简单，费用不高，速度提高很大，已经逐渐被大家接受了。申请 ADSL 以后，只安装一台 ADSL 设备，就可以一边上网一边打电话了。

ADSL 方式是一种下行速率远大于上行速率的非对称结构的上网方式，理论上可以达到上行速率 2Mb/s、下行速率 512Kb/s~8Mb/s。目前电信部门对普通的家庭用户只开通了上行 128Kb/s，下行 512Kb/s 的 ADSL 业务。这虽然比标准的 ADSL 方式还有一定的差距，但是比 Modem 拨号上网和 ISDN 拨号上网都有较大提高。

- **小区宽带上网**

电信部门的“光纤到小区，百兆到楼口，十兆到门口”的宣传语绝不是空口号，用户只要以光纤方式接入网络，就能够享受到最快 10Mb/s 的上网速度。不过由于铺设光纤的费用昂贵，而且需要重新挖开地面来接入光纤，所以要求达到一定的数量才能施工，普及率也最小。

这种上网方式不用拨号，只要在计算机内安装一块网卡，再将铺设到家的网线连接上，就可以实现 24 小时在线了。这种上网方式也不产生电话费，每月只要交纳定额的上网费用就可以了。

- **无线上网**

除了前面介绍的利用有线方法连接 Internet 以外，还可以使用无线上网的方法。只要所处的地点，无限电波覆盖，且能传送到无线入口处，无论这些无线接入口是一个或多个，只需要一张兼容的无线网卡，就能轻松地通过这些无线接入口将笔记本电脑接入到 Internet 上。

8.2 Internet Explorer 浏览器

Internet Explorer（简称 IE）浏览器是 Windows XP 系统自带的浏览器，用于浏览网页、打开网站等。

8.2.1 启动 IE 浏览器

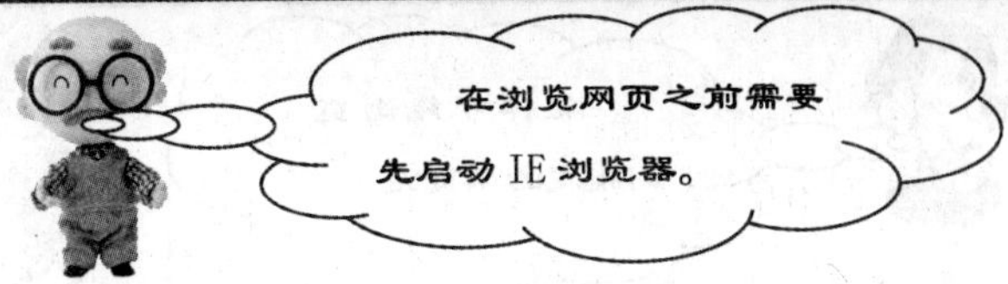

IE 浏览器是一个标准的 Windows 窗口，包括菜单栏、工具栏、地址栏和浏览窗口。菜单栏中显示使用浏览器的各种命令；工具栏中显示常用命令的快捷按钮；地址栏中显示的是某个网站的网址；浏览窗口中显示的是某个网站的某个网页。

需要浏览网页，必须先启动 IE 浏览器，下面介绍几种启动 IE 浏览器的方法。

双击桌面上的 IE 图标“”。

单击状态栏上快速启动区中的 IE 图标“”。

单击“开始”按钮，在打开的“开始”的菜单中选择“Internet”选项。

使用以上任意一种方法后，系统就会打开 IE 浏览器窗口。

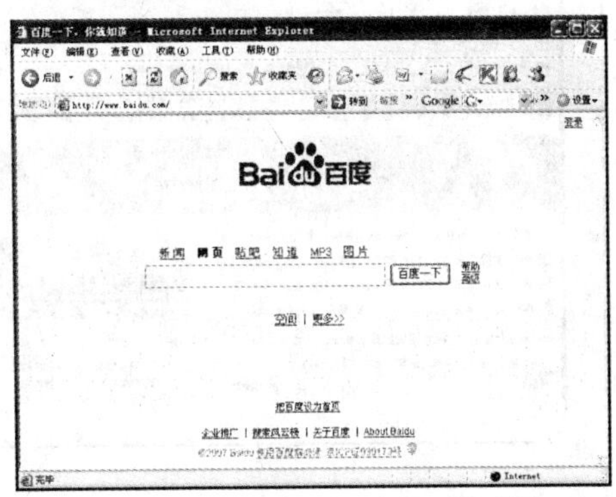

8.2.2 使用 IE 浏览器浏览网页

使用 IE 浏览器浏览网页只需要在打开的 IE 窗口中的地址栏上输入想打开网站的网址，然后按“Enter”键即可打开该网页。

1 双击桌面上的 IE 图标“ ”，启动 IE 浏览器，如下图所示。

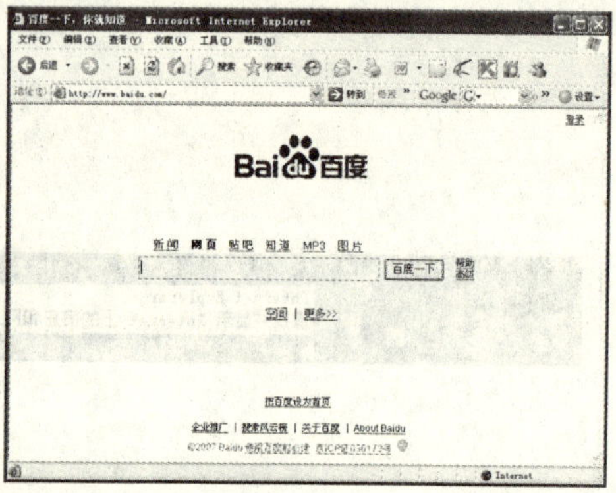

2 在浏览器的地址栏上输入网址“www. qq. com”。

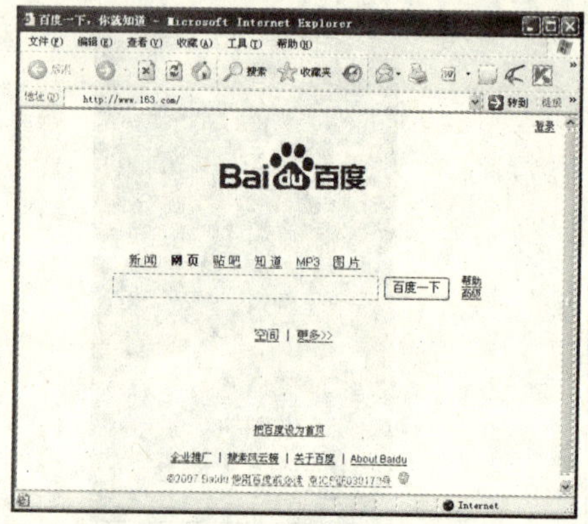

3 按“Enter”键，系统将连接到输入的网址，并打开该网站。

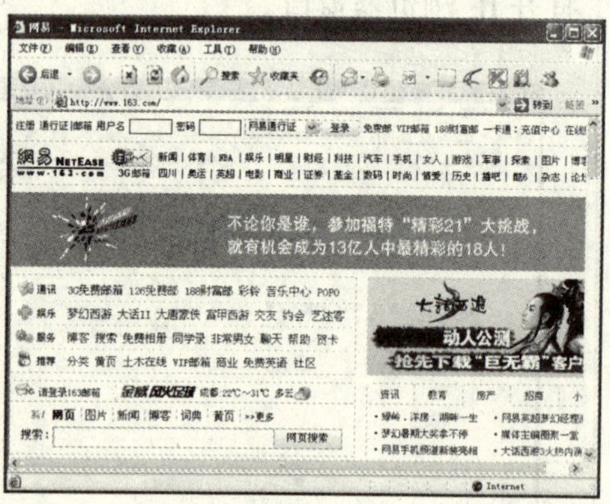

提示：

就如应用软件一样，浏览器也有多种选择，这里只是介绍系统自带的浏览器，且使用该浏览器的用户最多。

8.3 电子邮件

Internet 带来了一种全新的通信方式——E-mail，这种通信方式速度快、多样化、无地域限制，是传统的书信往来无法比拟的。只要在网上申请一个电子邮箱地址，便可以将信件、音乐、图片等信息以电子邮件的形式发往世界各地。

8.3.1 申请免费电子邮箱

如果用户不是经常性使用电子邮箱进行邮件发送，可以使用各大网站提供的免费电子邮箱进行发送电子邮件操作。

下面介绍如何申请“网易”网站的免费电子邮箱。

双击桌面上的 IE 浏览器图标“”，启动 IE 浏览器，并在浏览器窗口的地址栏中输入 www.163.com。

按“Enter”键链接到网易网站，打开其网页。

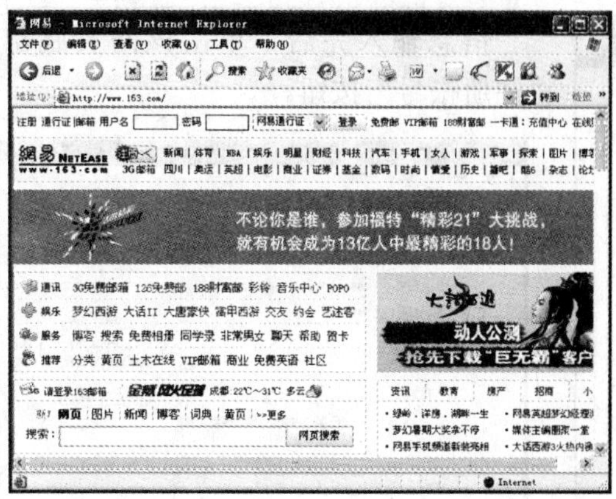

在该网页中单击“3G 免费邮箱”超链接。

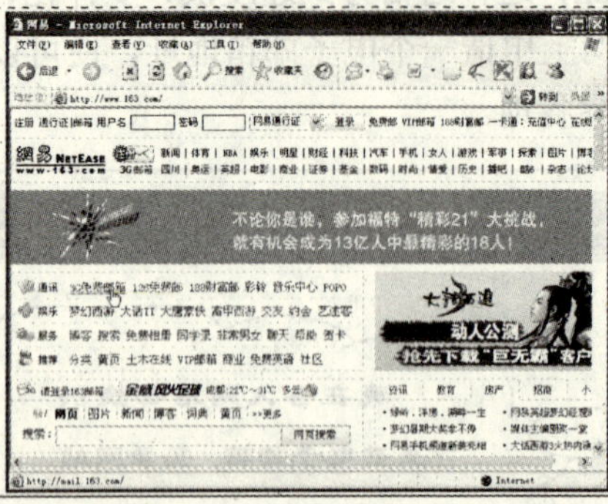

在新的浏览器窗口中，显示“163 免费邮”网页。在该窗口中单击“注册 3G 免费邮箱”按钮。

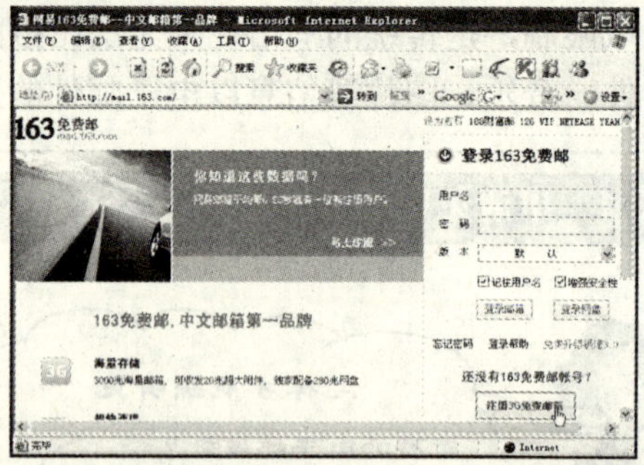

在新的浏览器窗口中，在“通行证用户名”文本框中输入用户名。

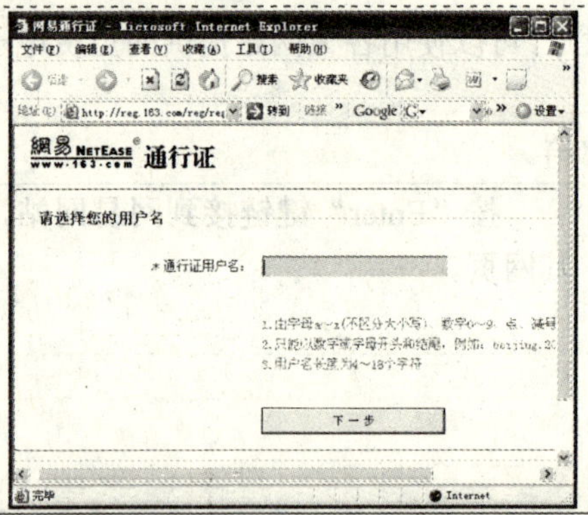

输入完后，单击“下一步”按钮，在接下来的网页中输入该邮箱的相关信息。

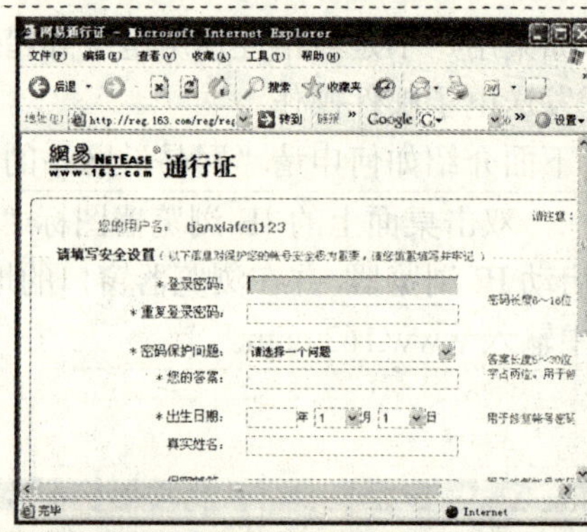

信息输入完后，单击该网页底部的“注册帐号”按钮。

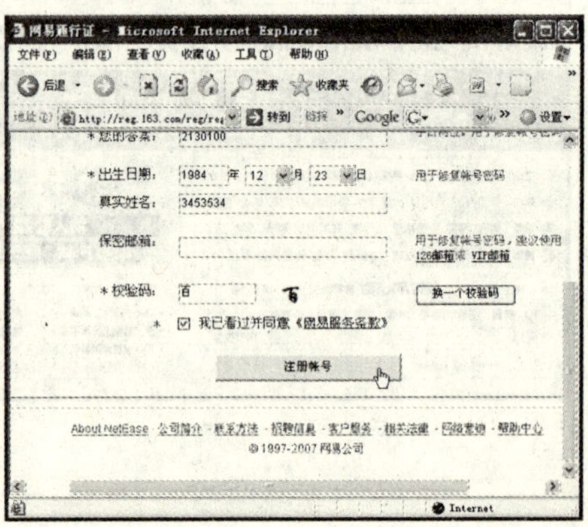

如果输入正确信息的，打开申请成功网页，表明前面的信息都已经被网站认可。

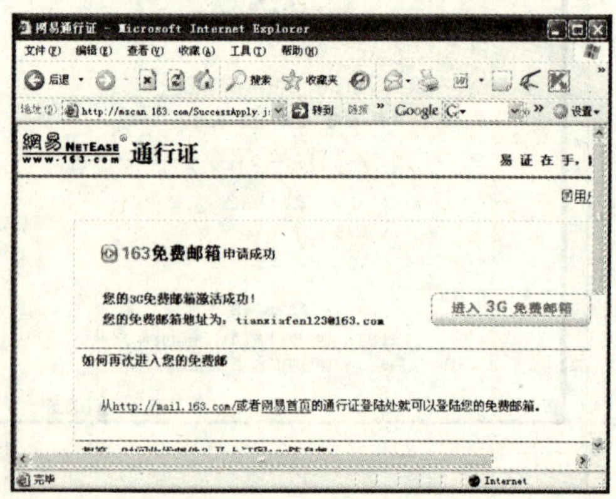

9 单击该页面中的“进入 3G 免费邮箱”按钮，则进入刚申请成功的邮箱。

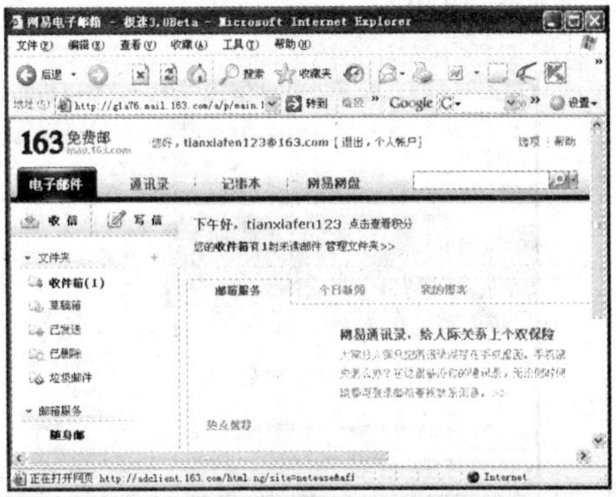

提示：

除了网易网站提供了免费邮箱外，腾讯、搜狐、雅虎等大型网站均提供了该服务。

8.3.2 收发邮件

用户收发邮件必须在相应的网站上，先登录属于自己的邮箱，然后再进行邮件收发操作。

• 接收邮件

一般情况下，邮箱收到新邮件都会显示在邮箱主界面中。

1 双击桌面上的 IE 浏览器图标“”，启动 IE 浏览器，并在浏览器窗口的地址栏中输入 www.163.com。

按“Enter”键链接到网易网站，打开其网页。

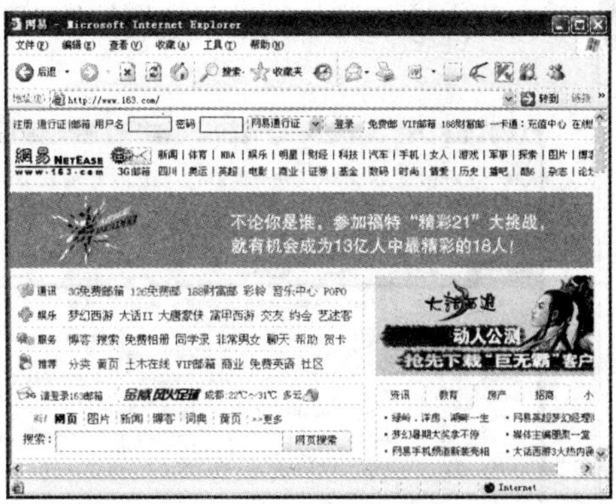

在该网页中单击“3G免费邮箱”超链接。

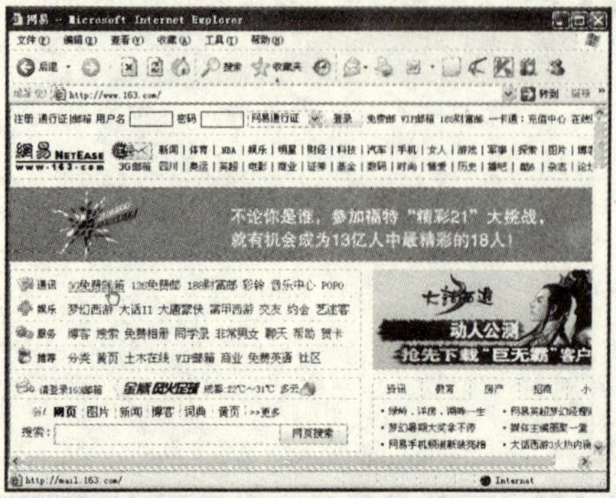

在新的浏览器窗口中，显示“163免费邮”网站。在文本框中分别输入自己的邮箱账号和密码。

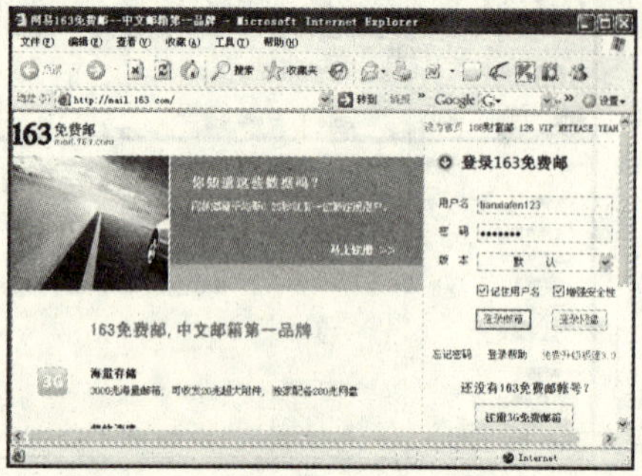

单击“登录邮箱”按钮后，则进入该邮箱的主网页。

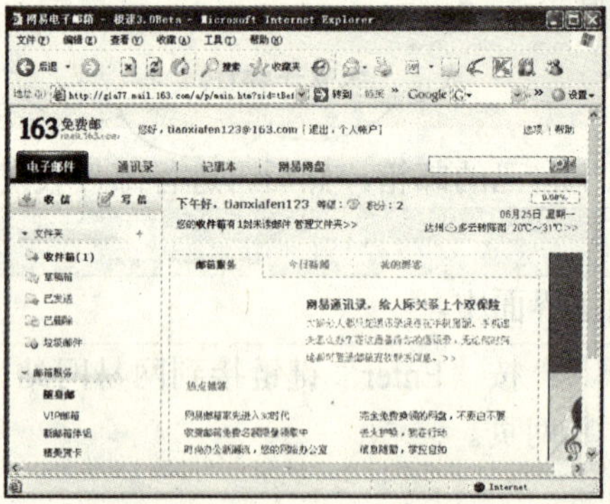

在该页面左侧的“收件箱（1）”超链接中有“（1）”，表示有一封新的电子邮件收到且未被用户阅读。

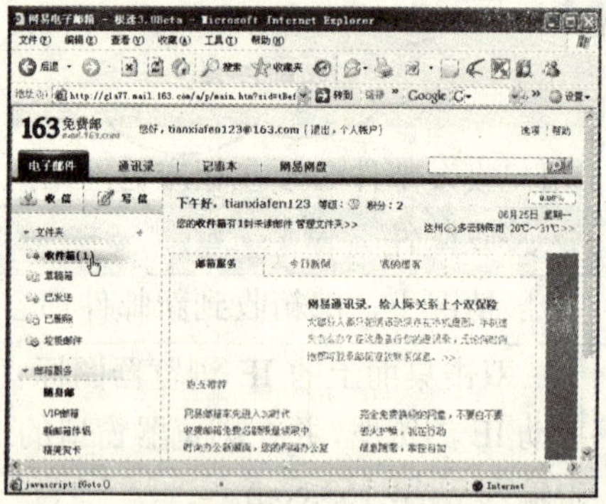

单击该超链接，进入“收件箱”页面。

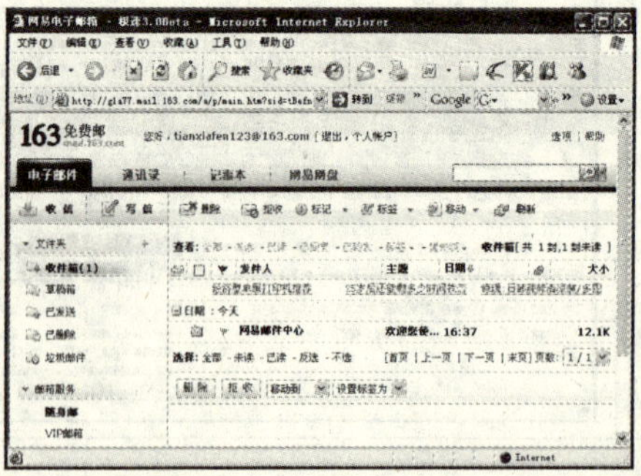

单击邮件的“主题”超链接，打开一个新窗口，显示邮件内容等信息。

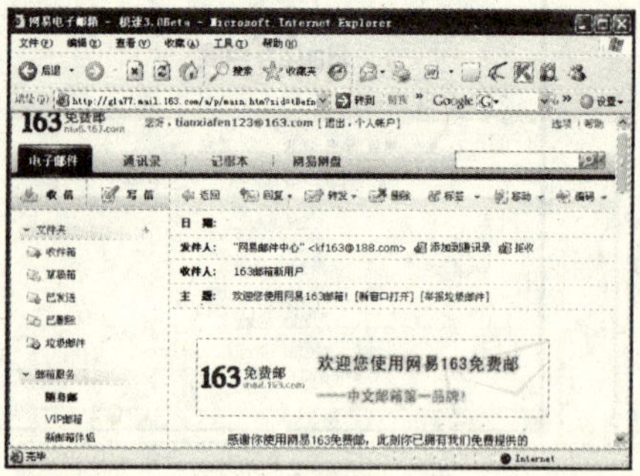

• 发送邮件

发送邮件可以发送文本、图片等内容。

1 双击桌面上的 IE 浏览器图标“ ”，启动 IE 浏览器，进入“网易”网站。

2 在该网站中进行操作，登录到自己的电子邮箱中。

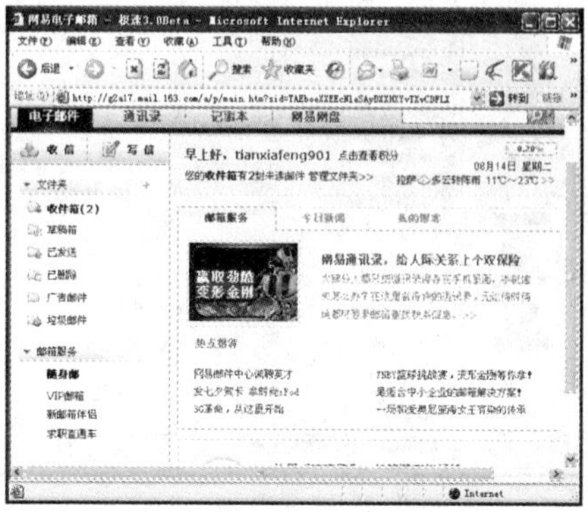

3 在该网页中，单击左侧的“写信”按钮。

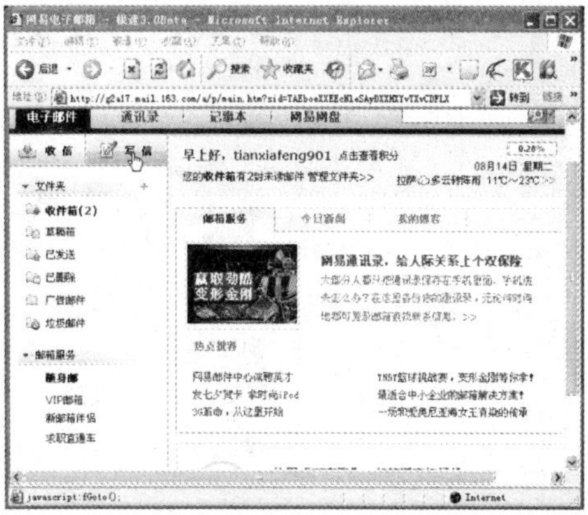

4 单击该按钮后，进入写信页面。在“收件人”文本框中输入收件人的邮箱地址，“主题”文本框即为发送内容的题目，在下面的大文本框中输入发送的文字内容。

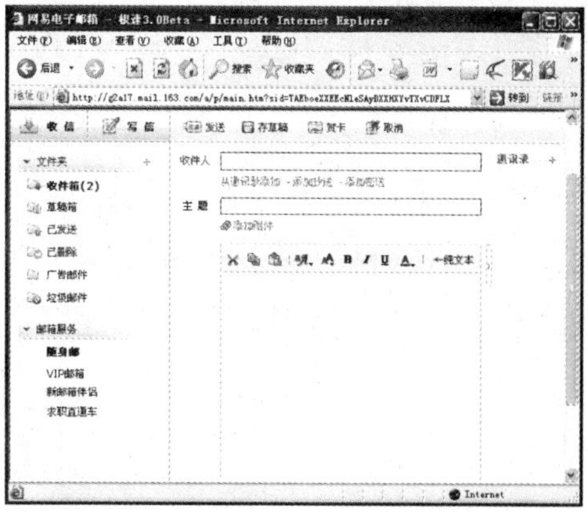

如果想将图片或文档等内容随电子邮件一起发送给对象，则单击“添加附件”按钮，打开“选择文件”对话框，选择需要发送的附件，如下图所示。

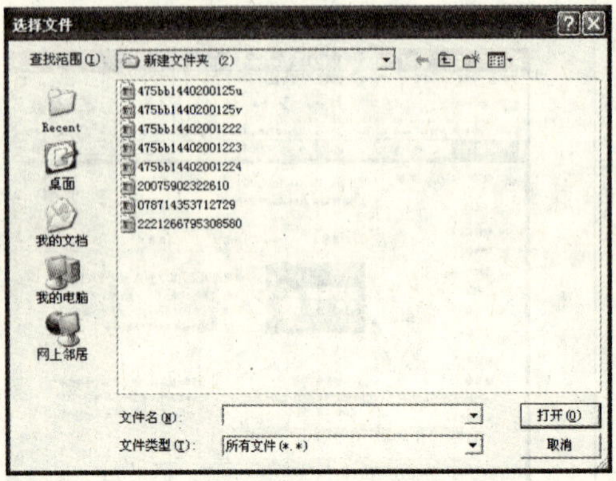

单击“打开”按钮，添加附件。回到邮件发送页面，单击底部的“发送”按钮，即可将邮件发送，成功后会出现一个提示窗口，如下图所示。

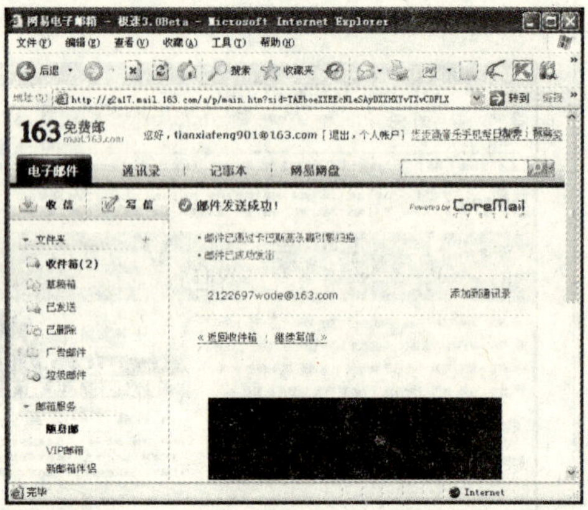